写给孩子的
趣味物理学
ENTERTAINING PHYSICS

Я.И.ПЕРЕЛЬМАН

[俄] 雅科夫·伊西达洛维奇·别莱利曼◎著
刘霈◎译

对培养孩子学习兴趣
有巨大贡献的科普经典

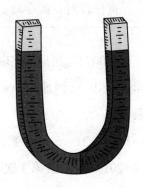

WUHAN UNIVERSITY PRESS
武汉大学出版社

图书在版编目（CIP）数据

写给孩子的趣味物理学 /（俄罗斯）雅科夫·伊西达洛维奇·别莱利曼著；
刘霈译 .—武汉：武汉大学出版社，2019.11
ISBN 978-7-307-21051-6

Ⅰ . 写… Ⅱ . ①雅… ②刘… Ⅲ . 物理学—少儿读物 Ⅳ .O4-49

中国版本图书馆 CIP 数据核字（2019）第 152160 号

责任编辑：黄朝昉　许　婷　　责任校对：孟令玲　　版式设计：新立风格

出版发行：**武汉大学出版社**　　（430072　武昌　珞珈山）

（电子邮箱：cbs22@whu.edu.cn 网址：www.wdp.com.cn）

印刷：固安县保利达印务有限公司

开本：710×960　　1/16　　印张：21　　字数：448 千字

版次：2019 年 11 月第 1 版　　2019 年 11 月第 1 次印刷

ISBN 978-7-307-21051-6　　定价：58.80 元

前　言

雅科夫·伊西达洛维奇·别莱利曼（1882—1942），出生于俄国格罗德省别洛斯托克市。别莱利曼出生的第二年，父亲便去世了，但他从身为小学教师的母亲身上获得了良好的教育。17 岁他就开始在报刊上发表作品，当时的人们迷信流星雨是即将毁灭人类的火雨，别莱利曼针对流星雨写下了《论火雨》的科学论文，他指出人们口中的火雨不过是一种正常的天文现象，即狮子座流星雨，它会定期地出现。

1909 年别莱利曼毕业于圣彼得堡林学院，毕业以后他就全力从事教学与科普作品的写作。1913 年发表了《趣味物理学》，这为他后来相继完成一系列趣味科普读物打下了基础。1919—1923 年，他创办了苏联第一份科普杂志《在大自然的实验室里》并担任主编。1924—1929 年，他在列宁格勒（即圣彼得堡）《红报》科技部任职，兼任《科学与技术》《教育思想》杂志的编委。1925—1932 年，担任时代出版社理事，组织出版了大量趣味科普图书。1933—1936 年担任青年近卫军出版社列宁格勒部顾问、学术编辑和撰稿人。1935 年，他创办和主持列宁格勒"趣味科学之家"，开展广泛的少年科学活动。在反法西斯侵略的卫国战争中，还为苏联军人举办军事科普讲座，这也是他为科普生涯做出的最后奉献。1942 年 3 月 16 日，别莱利曼在列宁格勒溘然长逝。

1959 年苏联发射的无人月球探测器"月球 3 号"在月球上拍摄了第一张月球背面的照片，人们将其中的一个月球环形山命名为"别莱利曼"环形山，以此来纪念这位为科学奉献一生的科普大师。

尽管别莱利曼在生前没有任何科学发现，也没有得过什么荣誉称号，但他是一位特殊意义的"学者"，趣味科学的奠基人。他一生发表了 1 000 多篇文章，共写了 105 本书，其中大部分是趣味科普读物，以《趣味物理学》《趣味物理学（续编）》《趣味力学》《趣味代数学》《趣味几何学》《趣味天文学》最为有名。他的趣味科普系列图书在俄罗斯就出版几十次，并且被翻译成多国语言，至今仍在全世界畅销，深受读者的喜爱。虽然别莱利曼从没把自己当成作家，但无疑他是一位享誉全球的科普作家，他的作品出版量无数作家难以企及的。

别莱利曼的文笔流畅优美，他将文学语言与科学语言完美地结合起来，善于将科学理论用生动趣味的形式表现出来，凡是读过他科普读物的作者无不被他的作品所吸引，人们不觉得是在学习知识，而是在欣赏妙趣横生的故事。他的作品堪称具有严谨科学性和优美趣味性的科普教科书。

　　与其说本书是要教授读者新的物理学知识，不如说作者想要帮助读者彻底认清他们已经知道的事物。比如每个人每天都会步行和奔跑，但是别莱利曼就可以告诉读者关于步行和奔跑大家所不了解的事。别莱利曼试图通过趣味性的讲述激活人们已知的物理学知识，并自觉灵活地把它们运用到生活中。

　　别莱利曼在书中引用了小说家儒勒·凡尔纳、威尔斯、马克·吐温等人的科幻小说的片段，在说理方面起到了精彩绝伦的例证效果。作者尝试各种神奇的故事、智力游戏题和出人意料的对比，就是为了避免枯燥的说教，而将科学理论趣味十足地表现出来，激发起读者对科学的兴趣。别莱利曼相信在兴趣引导下的阅读，才会使读者将已经知道的知识掌握得更加牢固。

　　最后需要说明的是，由于年代所限，书中的一些数据是作者当时所能得到的最新数据，经过几十年的发展和科学家们的不懈努力，现在很多数已变得过时。一些物理学单位，在作者写作时是通用的标准单位，但现在已经不再使用。为尊重原著，我们将相关内容保留。

目　　录

写给孩子的趣味物理学

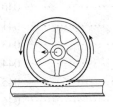

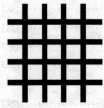

写给孩子的趣味物理学（续篇）

Chapter 7　热现象 ················ **237**

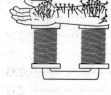

Chapter 10　声波 ············ **309**

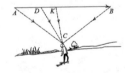

写给孩子的趣味物理学

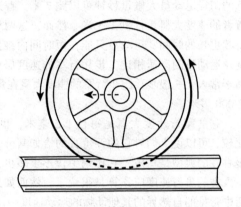

Chapter 1

速度和运动

1.1　我们能跑多快

什么是世界上行动最慢的动物？当人们心中浮现出这样的疑问时也会自己给出答案：不是乌龟就是蜗牛。在我们熟知的谚语中这两种动物以行动迟缓闻名，然而人的行动速度又如何呢？

速度快的田径运动员跑完 1 500 米，大约需要 3 分 30 秒，这么看来，身体素质好、经受过长期训练的田径运动员大概每秒钟可以跑 7 米，普通人步行根本达不到这个速度，一般步行者的速度大概是每秒 1.5 米。然而，这两种速度根本没有可比性，步行胜在能够持续更长的时间，运动员只能在短时间内维持这样的高速。和普通人的一般步行速度及运动员的高速相比，步兵行军的速度居中，但它不仅能维持较长的时间，还远高于常人，一般步兵跑步行军的速度大概在每秒 2 米，换而言之，他们每小时能够跑 7 000 多米。

行动迟缓的蜗牛，它的爬行速度大概是每秒 1.5 毫米，也就是每小时 5.4 米，和常人步行速度一比较，可以说人们对它的评价真的恰如其分，人步行的速度是它的一千倍。另一个慢吞吞的典型是乌龟，它比蜗牛快不了多少，大概每小时 70 米。和这两种动物一比，人类的步行速度应该算是很快了，然而如果换一个参照物，将人的行动速度和生活中常见的自然界的其他动物的运动速度一比，人类要逊色得多。

人类的速度虽然能轻而易举地超过大多数平原河流的水流速，也可能努力接近缓缓的春风的风速，然而比起苍蝇、野兔或者人的好朋友——狗，人类为了获胜只能借助各种工具了。要想和每秒钟飞 5 米的苍蝇打成平手，人至少要踏上滑雪板。更别提天空中的雄鹰和田野中的野兔，就算人骑上马也不见得能赛过它们。然而，人类发明创造的各种交通工具给我们提供了获胜的可能，当我们坐上飞机，我们的行动速度可以和老鹰一较高下。

人类制作的各种交通工具正在不停地刷新着速度记录表的新纪录，人们不断地调整着更快的目标。苏联建造的装有水下翼的客轮，使得人们能够在水中达到 60 ~ 70 千米/小时的速度。在陆地上，在某些路段上，客运列车的速度能达到每小时 100 千米，轿车的速度则能接近 170 千米/小时。在空中，人的行动速度能够更快，普通民航飞机的平均速度能达到大约 800 千米/小时，人们甚至发明出飞行速度能够超越声速（即 330 米/秒，也就是 1 200 千米/小时）的飞机，甚至有些装有强大喷气式发动机的小型飞机能达到每小时 2 000 千米。

这样的速度实在是难以想象，但这并不是人类制造的交通工具能达到的速度极限。在接近稠密大气层边缘飞行的人造卫星正以每秒钟 8 000 米的速度环绕着地球，而人们设计出的宇航飞行器，在飞往太阳系的各大行星时，速度甚至能超过第二宇宙速度，以在地球表面每秒钟 11.2 千米的初始速度前进。

如果想要了解一下其他动物或交通工具的速度，不妨看一看下面的速度对照：

	米/秒	千米/小时
蜗牛	0.001 5	0.005 4
乌龟	0.02	0.07
鱼	1	3.6
步行的人	1.4	5
骑兵慢步	1.7	6
骑兵快步	3.5	12.6
普通自行车	4.4	16
苍蝇	5	18
滑雪的人	5	18
骑兵袭步	8.5	30
水翼船	16	58
狮子	16	58
野兔	18	65
老虎	22	80
鹰	24	86
猎狗	25	90
火车	28	100
小型轿车	56	200
竞赛汽车	174	633
民用客机	250	900
空气中的声速	330	1 200
轻型喷气式飞机	550	2 000
地球公转	30 000	108 000

1.2　我们追得上时间吗

马克·吐温的《傻瓜出国记》中提到，人们在从纽约到亚速尔群岛的航行过程中发现在每天晚上同一个时间，月亮会从天空中同一个位置缓缓升起，这样奇特的现象对于人类而言一直是一个谜团。直到今天，随着科技的发展，人们终于了解了产生这种现象的原因。当人们运行的速度同月球运行的速度相同，也就是说当人们以每小时跨越 20 分经度的速度向东行进时，你就能在每天同一时刻同一位置见到月亮，仿佛时间没变过一样。

所以，人们通过自己的力量是可以追上月亮的。月球绕着地球运动的速度是地球自转速度的$\frac{1}{29}$（这里的速度指的是角速度），所以当一艘普通货轮在中纬度地区沿着纬线行驶时只要速度能达到25~30千米/小时，就能够追上月亮。

人不仅能追上月亮，还能追上时间。假设一个人在上午八点的时候从符拉迪沃斯托克起飞，那这个人能不能在同一天的八点抵达莫斯科呢？这个问题看似荒谬，实际上却是可行的。符拉迪沃斯托克所在的时区同莫斯科所在的时区之间有九个小时的时差，换而言之，只要飞行时间在九小时以内，人们就能做到上面的假设。从符拉迪沃斯托克（海参崴）到莫斯科的飞行距离为9 000千米，也就是说只要飞机能达到每小时1 000千米的速度就能做到。

人不仅能追上时间，还能够"追上太阳"。所谓"追上太阳"更准确地说应该是追上地球，也就是说在地球自转的时候，如果地球表面的一个点运动的速度同地球自转移动的距离相等，太阳就是静止不变的。所以当一架飞机在北极高纬度地区如新地岛（北纬77°），按照正确的方向行驶并保持在大概450千米/小时的速度飞行，太阳对于这架飞机上的乘客而言就可能是静止在空中的。也就是说人们仿佛追上了太阳。

1.3 "眨眼之间" 我们可以做什么

千分之一秒对于你我而言究竟是怎样的一个概念呢？也许一眨眼睛千分之一秒就过去了。然而这样微不足道的时间却随着科技的渐渐发展开始影响着我们的生活。

曾经我们以为一分钟很短暂，不值得计量。对于古代人而言，日晷、沙漏、漏刻根本没有分钟这个刻度（图1-1和图1-2），最初人们甚至仅仅是根据太阳的高度或者太阳照在物体上影子的长短来判断时间（图1-3）。到了18世纪初，人们的计时工具钟表上出现了分针，又过了将近一个世纪，人们有了秒的概念。随着时间的推移，人们能测量的最小时段的值也越来越小。不过平常人还是需要一些数字才能直观地感受到短暂时间的威力。

区别于人类，生活在人们身边的昆虫能感知到的时间要短得多。蚊子在1秒钟之内翅膀能够上下扇动500~600次，对于它们而言，或许千分之一秒就是举起或者垂落一次翅膀的时间。然而对于人来说，千分之一秒是火车移动3厘米、声音传播33厘米等这些无法直接感受的事情。

对于人来说，千分之一秒和一眨眼一样，都是无法直接感受到的时间单位。眨眼已经是人体能做出的极快的动作之一，然而事实上如果用千分之一秒做衡量单位，眨眼是一个进行得相当缓慢的事情，这一点很少有人知道。在经过数次的精确测量后，人们终于发现完成"眨眼"这个动作需要的时间大概是0.4秒，然而人自身是感觉不到视野受到遮蔽的，所以认为很快。0.4秒也就是400个千分之一秒，当你垂下眼睑时，你已经花费了75~90个千分之一秒，垂落后的眼睑静止130~170个千分之一秒，才能再次抬起，再次抬起的过程大概又将花费 170 个千分之一秒。这样漫长的过程却不为人知的主要原因是人类的神经系统无法感应到这一切，所以很多人在想，如果能够发明出一种东西使人们的神经系统能够捕捉到千分之一秒甚至更短的时间内发生的事情，是不是对于我们而言这个世界就会大不相同呢?

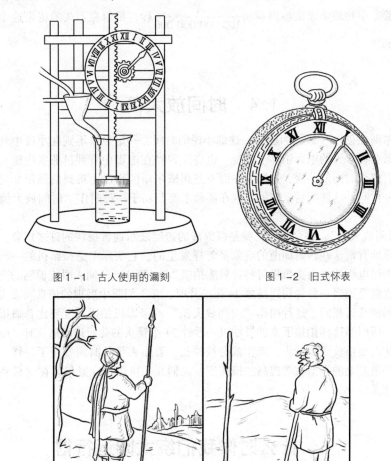

图 1-1　古人使用的漏刻　　　　　图 1-2　旧式怀表

图 1-3　根据太阳的高低（左）和影子的长短（右）来判断时间

　　在小说《最新加速剂》中，英国作家威尔斯用丰富的想象力向我们展示了能感知转瞬即逝现象之后人类眼中的世界。当人们的感觉器官能够敏感地捕捉到千分之一秒甚至更短的时间内发生的事情时，世界确实将变得大不相同。书中的主人公在服用一种被称为加速剂的神奇药水后，被风吹起的窗帘在主人公的眼中像是冻在了空中一样，一角微微卷起一动不动。从空中坠落的玻璃杯也不会一下子摔在地上，而是停在空中缓缓地下落。

虽然千分之一秒已经是一个很短的时间单位了，然而并不是人们能测量的最小时段的极限。早在 20 世纪初，人们运用现代技术手段就能够测量到 $\frac{1}{10\ 000}$ 秒，而现在在实验室中物理学家能够测量出 $\frac{1}{100\ 000\ 000\ 000}$ 秒，相信在不久的将来这个数据还会被刷新。

1.4　时间放大镜

威尔斯在创作《最新加速剂》这部小说的时候，一定想象不到在小说中创作的一些情景会在今天的电影银幕上展现。也许你曾经在电影中看到过那些慢镜头拍摄的情景，或者时间的停滞，这样的画面不是跟威尔斯的小说中提到的服用加速剂后的情景一样吗？这样的情景能够出现在屏幕上要归功于一种叫作"时间放大镜"的装置。

"时间放大镜"，顾名思义，就是以放慢的速度展示通常极快的许多现象，让人们更细致地看清这些转瞬即逝的现象是怎样发生的。它实际上是摄影机的一种，通常我们拍摄电影的普通摄影机每秒钟只能拍摄 24 张照片，这同人眼能识别的速度相一致。也就是说当一秒钟快速播放 24 张照片时，在人们眼中展现的情景同现实生活中人看到的几近相同。这种叫作"时间放大镜"的摄影机拍摄速度要比普通摄影机快许多，所以当这样拍摄下来的景物以一秒钟 24 个镜头的普通速度播放时，原来一样的动作需要播放更多镜头，动作就会被拉长，看上去像是时间变慢了一样。如果借助一些更复杂的类似装置提高拍摄速度，人们几乎可以再现威尔斯在《最新加速剂》中想象的场景。

1.5　什么时候我们绕太阳运行得
更快——白天还是夜间

曾经在巴黎某份报纸上有一则广告，说是只要公众愿意提供 25 个生丁（生丁是法国辅币名称，过去法国货币的 1 法郎等于 100 生丁），就有机会体验一次奇妙旅行而且不会感到疲倦。这个广告一时间在人们中流传开来，许多好奇的人向发布广告的人寄去了 25 个生丁，希望能够掌握这个秘密。可是这些付过钱的人只收到一封让人气愤的回信，上面写着："请您静静地躺在床上，然后尽情欣赏窗外的美景，记住我们所在的地球无时无刻不在旋转，在巴黎所在的纬度上，您每昼夜都行走了 25 000 千米，请享受您的旅行吧！"

后来发布这则广告的人被人控告欺诈，最后还交了一大笔罚款。据说在交钱的时候，想出这个鬼点子的人，还郑重其事地重复伽利略那句名言："地球无论何时都在转动。"

即便这个人被判有罪，但是他所说的的确是事实。地球每时每刻都在自转当中，这个事实已经被大家认同并且接受。除了自转，地球还在以某种速度绕着太阳进行公转运动。这样就有了白天和夜间的交替。我们所在的地球究竟是在白天运行得快还是夜间呢？

这个问题很难回答，毕竟地球并不是同时处在白天或者夜间，总是一面在白天一面在夜间。如果单单这么看，这个问题连提的必要都没有，因为白天和夜间的地球都是整个地球的一部分，速度应该是一样快的。然而事实并非如此。众所周知，地球的公转运动和自转运动是同时进行的，也就是说当这两种运动叠加在一起时，白天所在的半球和夜间所在的半球的速度并不相同。

如果你很难想明白，请看一下图1－4。在子夜时分地球的公转速度要加上自转速度，正午时分则刚好相反。这样一来，我们在太阳系里运行

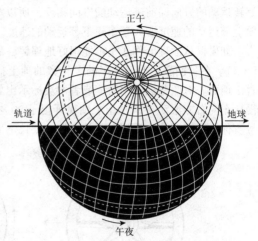

图1－4 地球夜半球上的人比白半球上的人绕太阳运动得更快

时，子夜时分要比正午时分的速度快。因此对于在地球赤道上的点来说，每秒钟要运行约 0.5 千米，这样一来子夜时分要比正午时分快大约 1 千米/秒，学过几何的人可以轻松地算出，在北纬 60°的列宁格勒也就是今天的圣彼得堡，这个差数会减少一半，也就是说，生活中列宁格勒的人每秒钟在太阳系中运行的时间不过比正午时快 0.5 秒。

也就是说当你居住的地方处于昼半球时，你在太阳系中运行的速度要远远比同纬度处于夜半球的人慢。

1.6 车轮转动之谜

有时候我们会忽然看到自行车轮胎上粘了一张纸条什么的，当纸条位于滚动的车轮上方时我们还能看清它的运动轨迹，然而一旦随着车轮的转动它变成位于车轮顶部时，往往还没看清它怎么动，它就又跑到车轮下方去了。再看下滚动着的车轮的上部和下部的辐条，竟然也是这样。轮胎下部的辐条一根一根清晰可见，然而轮胎上部的却连成一片影子，无法看清。这究竟是为什么呢？难道车轮上部要比车轮

下部移动得快？

事实确实如此。产生这种现象的原因是由于对于滚动中的轮胎来说，它上面的每一个点都在做两种运动，一种是围绕着车轴旋转的动作，另一种是同车轴一起向前移动。这两种运动同时进行，从而出现了两种运动的合成。运动合成的结果对于车轮上下两个部分的作用各不相同。对于车轮上部来说，由于两种运动的运动方向相同，所以车轮绕着车轴旋转的速度要加上车轮前进的速度。而对于车轮下部来说，旋转运动的方向同前进运动的方向相反，所以车轮下部运动的速度是两者的差。车轮上部运动的速度要大于车轮下部运动的速度。

如果仅从原理上你还是不能很好地理解，那么不妨用一个小实验来验证（见图1-5）。在一辆静止不动的车的车轮旁的地上插一根棍子，让棍子正对着车轴并垂直于地面。对照着棍子用粉笔或者木炭标示出轮圈的最高点 A 和最低点 B，然后缓慢让车向右方滚动一下，让车轴离开棍子 20～30 厘米，观察移动过程中做好的记号。你就能够清楚地看到上面的标记 A 要比下面的标记 B 移动得多得多。

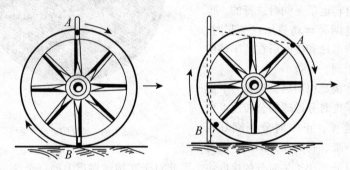

图 1-5 证明车轮的上半部比下半部运行得快，试比较
右图上的 A 点和 B 点与固定的棍子之间的距离

1.7 车轮哪部分移动得最慢

既然转动的车轮上并非所有的点都是按照同样的速度移动，那么究竟哪一点在车轮滚动的过程中移动得最慢呢？答案不难得出，滚动的车轮上有一些点是接触地面的，当这些点接触地面时是完全不动的，速度为零，所以这些接触地面的点就是车轮上移动最慢的点。

这个规律只对向前滚动着的车轮有效，而不适用于在固定轴上转动的轮子。因为固定轴上轮子上的各点都在以同样的速度运动着，比如飞轮，无论是轮圈上部还是下部每一个点的运动速率都是相同的。

1.8　这不是玩笑话

在一列从甲地开往乙地的列车上，是否有一个点或者一些点，对于静止不动的路基来说是朝着相反方向，即从乙地到甲地运动呢？这个问题值得人们认真思考。也许在某些时刻列车的车轮上会有这样的点存在，但是它究竟在哪个位置呢？

我们用一个小实验来寻找这些在列车行驶过程中向后退的点。首先我们把一根火柴固定在一个比较小的圆形物体上，比如硬币或者纽扣等，使这根火柴沿着圆形物体的半径，并且留有一部分超出圆形物体的边缘，将突出来的部分视作点 F、E、D。然后，我们再将这个不大的圆形物体抵在直尺上的点 C 上（见图 1–6），让它开始从右向左滚动，然后观察点 F 的运动轨迹。经过仔细观察你就会看到，F、E、D 等点并不是向前运动的而是向后运动的。距离圆形物体边缘越远，向后移动的现象就越明显（图中 D 点移动到 D′点处）。

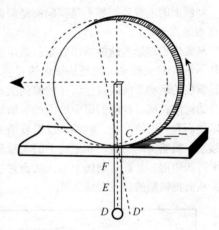

图 1–6　当硬币向左移动时，火柴露出硬币
外面的部分 F、E、D 各点向反方向移动

在实验中，火柴探出来的部分同火车轮缘的各点相同，所以我们不难发现在列车从甲地向乙地行驶的过程中，对于路基来说，火车轮缘的各点是做反向运动的。虽然这一事实有悖于常理，但是却真实存在，图 1–7 和图 1–8 清楚地解释了产生这种现象的原因。

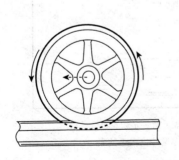

图 1–7　当火车轮向左移动时，轮缘
下部向右，即向反方向移动

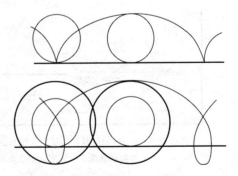

图 1–8　上图是滚动车轮上的每一点
画出的曲线，下图是火车车轮凸出
部分上的各点所画的曲线

1.9 帆船从何处驶来

假设你站在岸上，一艘划艇出现在湖上，图1-9中的箭头 a 表示了划艇的运动方向和速度。这时一艘帆船横向驶过来，箭头 b 表示帆船的运动方向和速度。对于你来说，那艘帆船是从哪里驶过来的呢？

划艇上的人看到帆船不是横向而是斜向朝他们驶过来的，即帆船的出发点不是 M 点而是 N 点。

只要你稍加思考就能给出答案：是岸边的 M 点。然而对于划艇上的人来说，帆船并不是从 M 处驶来的而是从较远的 N 点驶来（图1-9）。因为对于划艇上的人来说，帆船的运动方向同自己所在的船的航向并不是一个直角，而且，因为感受不到自身的运动，所以在他们眼中周围的事物是在以他们行驶的速度向相反的方向运动。所以他们看到的情形是，帆船不仅沿着箭头 b 的方向移动，还沿着虚线箭头 a 的方向移动。帆船实际的运动和划艇上的人感觉的运动方向构成了一个以 a 和 b 为邻边的平行四边形，并且让划艇上的人认为它应该是沿着这个平行四边形的对角线运动的，从而把帆船的起点看成 N 点。

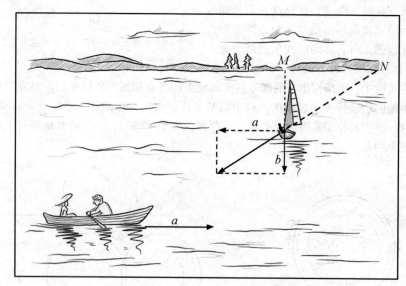

图1-9 帆船沿着与划艇航向垂直的方向行驶（箭头 a 和 b 表示运动
方向和速度），划艇上的人看到帆船是从哪个方向来的呢

当然，其他的视觉误差也存在于生活中，比如当我们随地球运行时看到的各个星体发出的光线后判断遇到的星体位置时，常常就犯和划艇上的人同样的错误，认为星体在地球运行的方向上向前移动，然而事实并非如此，地球运行的速度远远要

小于光速，大概是光速的万分之一。正是这样的差距让我们误以为星体接近于静止，但是通过天文仪器观测的话，人们能够清楚地看到这种位移。这样的现象被称为光行差。

如果这种现象让你十分感兴趣，不妨请你在帆船问题的既定条件下再试着回答下列问题：

（1）在帆船上的乘客看来，划艇正在朝什么方向前进？

（2）在帆船上的乘客看来，划艇正在划向什么地方？

在回答这两个问题时，你需要在 a 线上（图 1-9）画出表示速度的平行四边形，这个平行四边形的对角线就是帆船上的乘客眼中划船的运动轨迹。对于帆船上的乘客而言，划艇正在慢慢斜着靠岸。

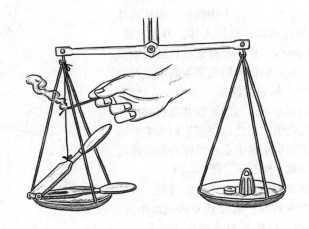

Chapter 2
重力、重量、杠杆和压力

2.1 请站起来

假如我说如果你按照我的要求坐在椅子上就不可能再站起来，你会不会认为我在开玩笑？可是如果你按照图 2 - 1 中的那个人的坐法试一试，你很快就会发现我说的并不是什么戏言。

当你坐在椅子上让躯干保持竖直且不改变双脚的位置，也不向前弯曲躯干的话，你会发现你根本无法站起来。要想知道个中缘由，得从物体的平衡说起。所有的物体包括人体，当立着时，它由重心作出的垂线只要不超过该物体的底面就不会发生倾斜。比萨斜塔和博洛尼亚斜塔以及阿尔汉格尔斯克的"倾斜的钟楼"至今没有倒塌，都是因为从它们重心所作出的垂线并没有超出其地面坐落的巨大范围，当然这也同它们牢牢的地基有关。反之，如果从物体重心所作的垂线超出物体的底面，它就必然倒下（图 2 - 2）。

就像这些建筑一样，人在站着的时候，从他身体重心作出的垂线要一直在他双脚的范围内，人才能保持平衡，稳稳地站在地面上（图 2 - 3）。这也是为什么走钢丝和金鸡独立都很难做到的原因。同理，当人坐着的时候，他的重心位于

图 2 - 1 用这样的姿势坐在椅子上，为什么站不起来

他体内靠近脊柱的位置，从这个位置引出的垂线是经过地面垂直于人双脚后方的。所以在他想站起来的时候，要通过身体前倾或者移动双脚的位置来做重心的交换。这也就是为什么一旦他按照图中的姿势坐下，便很难再站起来的原因。

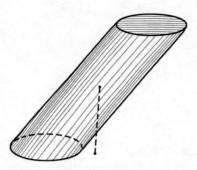

图 2 - 2 从圆柱体的重心所作出的垂线超过了物体底面，所以它必然倒下

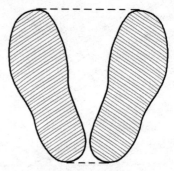

图 2 - 3 人站立时，从人的重心所作出的垂线在两脚外缘所形成的小面积内

　　平衡就是这样神奇的一件事。为了保持平衡感，人们的身体也会不由自主地塑造一些优美的姿态。例如当人们在顶起重物时，为了维持平衡，头部和身体要保持竖直，否则最微小的倾斜也会让你变得东摇西晃狼狈不堪。相反的是，有时候保持平衡也会让人的姿态变得格外难看。不知道你是否观察过那些长时间生活在海上颠簸的甲板上的船员，他们一旦到达岸上就会显得格外突出，总是大大叉开双脚，占据尽可能大的面积。他们的步态如此奇怪，主要是由于在海上漂泊时为了能够在颠簸的甲板上使重心保持平衡的缘故。

2.2　你真的熟悉走与跑吗

　　说完坐，我们再来谈谈人生中同样熟悉的两个姿势——走和跑。这两个动作如果要是数一数，一个人在一生中要做成千上万次，甚至根本数不过来。然而即便我们使用得再熟练，我们也并不是很了解人体究竟是怎样完成这两个动作的，这两种运动方式之间除了速度不同外还有着怎样的差异。

　　生理学家是这样描述人步行时的过程的（图 2－4）：如果一个人先用一只脚站立，然后轻轻地抬起脚跟并且身体前倾，只要他站立的重心垂线超出双脚支撑面的范围，即将要倾倒时，将悬空的那只脚向前踏进落到地面上，使得重心的垂线再次进入双脚支撑面的范围内，重新获得平衡，然后循环往复，直至他想要到达的地方。行走也就是一个人不停地重复向前倾倒，然后及时由原来在后面的一只脚提供支撑防止跌倒的过程。

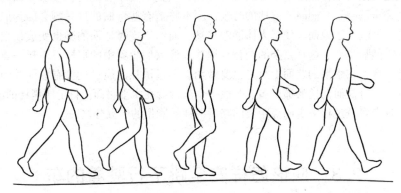

图 2－4　人步行时的连贯动作

　　对于奔跑来说，更确切地讲它应该是由一种双脚交替的跳跃动作组成。跑的时候由于腿部肌肉收缩的运动，身体会有一瞬间被弹到空中完全离开地面，然后再由另一只脚着陆。在人腾空的那一瞬间要快速向前迈进另一只脚，不然只是原地跳跃而已。

　　人步行时的双脚动作如图 2－5 所示，上面的 A 线表示一只脚的动作，下面的 B 线表示另一只脚的动作。直线表示脚接触地面的时间，曲线表示脚离开地面的时间。

从图上我们知道，在 a 时间段里，双脚接触地面；在 b 时间段里，A 脚在空中，B 脚接触地面；在 c 时间段里，双脚同时接触地面。步行的速度越快，a、c 两段时间越短（请与图 2－6 进行比较）。

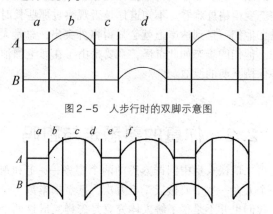

图 2－5　人步行时的双脚示意图

图 2－6　人跑步时的双脚示意图

从图上可以看出跑步时，有时 b、d、f 双脚腾空，这是步行与跑步的区别所在（请与图2－5进行比较）

　　让我们来回顾一下步行时人体肌肉的运动过程。当你踏出第一步后，你的一只脚仅仅刚接触地面，另一只则重重地踏在地面上。只要步幅不小，刚接触地面的那只脚的脚跟应该是微微抬起的，只有这样才能使身体前倾。同时踏在地面的那只脚应该先是脚跟着地，随后渐渐变成脚掌着地，当这只脚掌着地时，接触地面的脚应该已经完全腾空了。同时，着地的时候，原本膝盖有些弯曲的这只脚会因为股三头肌的收缩而垂直于地面，使得人体能够移动，而原本支撑地面的脚也变成仅仅用脚趾支撑，然后离地。这样复杂的交替过程并不像人们想象中的那样不消耗一点儿能量，而是即便在水平的路面上行走也要做功，不过消耗的能量远没有登同等距离的高度使身体升高而消耗的那么多。一般一个步行者在水平路面上行走所消耗的能量，大约是他在攀登过程中走同等距离的路所消耗的能量的十五分之一。

2.3　应该怎样安全跳下行驶着的车

　　我们常常看到电影中有一些惊险刺激的跳车场面，究竟怎样才能跳下正在行驶中的汽车并安全地落在地面上。这其中发生了怎样的事情呢？

　　通常听到这样的疑问，人的第一反应是应该顺着行驶的方向向前跳，然而很快，人们就会意识到由于惯性的作用，正确的方法应该是逆着行驶的方向向后跳才对。惯性定律虽然在这个过程中发挥了极大的作用，更主要的是因为当你从车厢内跳出时你拥有了车的速度，向前跳是顺着车行驶的方向，你还会有一个向前冲的力加速这个运动，从而人更容易跌倒。如果是逆着车行驶的方向，人跳出时的冲力会抵消由于惯性保持的向前的力，所以便能平稳着陆。

但无论是朝哪个方向，人都有跌倒的可能。因为当你腾空时，两只脚是停止运动的，然而人的上半身依然保持着运动，这一运动的速度在向前跳时要比向后跳还大。因此到了万不得已的时刻非要跳车，请大家还是顺着行驶的方向朝前跳。因为在朝前跳落时，人们会习惯性地伸出脚来防止跌倒，而向后跳跃，双脚无法做类似行走一样的补救措施，危险性会增加很多。

甚至你也可以学那些经验丰富的电车售票员或者铁路查票员，他们通常会选择面朝着行驶的方向向后跳，做到双重保险。这样的结论同人体的力学是分不开的，因此无生命的东西并不适用。当你要从车上往下丢行李时，还是要将行李向后丢才好保持物体完整。

2.4　徒手抓子弹

人能不能徒手抓住子弹呢？在一些电影或者图书中，故事的主角似乎轻而易举地就抓住了敌人的子弹。这样的事情在我们看来简直就是不可思议，却在第一次世界大战中确确实实地发生了。当时一位法国飞行员驾驶着飞机飞行在两千米的高空，他突然发现一个东西飞在自己脸庞前，起初他以为是昆虫就随手将其抓在手里，仔细一看才发现手中握住的竟是一枚德军射出的子弹。

这并不是敏豪生男爵（《吹牛大王历险记》的主人公）在吹牛皮，在现实中确实是可能发生的。

首先，子弹虽然初速度能达到 800～900 米/秒，但是因为飞行中遇到的空气阻力，它的速度会逐渐降低，最后当冲力接近停止时，它的速度不过是 40 米/秒。飞机能轻而易举地达到这样的速度，且一旦飞机达到这个速度，对于飞行员而言，子弹就像是静止在空中的一样，虽然子弹由于同空气摩擦产生大量的热，但是要知道飞行员在飞行时是会戴手套的，所以抓住烫手的子弹，也不过是手到擒来。

2.5　水果炮弹

武器并不见得一定要是刀剑枪戟或者手枪炮弹之类的，一旦物体在抛掷时达到一定速度，就算扔出去的是西瓜、苹果，也能产生一定的杀伤力。在 1924 年的汽车拉力赛中，许多赛车手就被沿途农民丢出去的西瓜、甜瓜和苹果等礼物误伤。原来，车本身的速度加上丢过来的西瓜、苹果的速度，这些东西一下子就变成了伤人利器（图 2-7）。砸向以 120 千米/小时的速度飞驰的汽车的 4 千克重的西瓜和 10 克重的子弹，在这一瞬间是拥有一样的动能的。但是由于物体形状和硬度等原因，西瓜的穿透作用并不能与特制的子弹相提并论。

图2-7　向疾速行驶的汽车投掷过去的西瓜，会变成"炮弹"

这种情况一旦放到大气高层（平流层）中，情况就变得大不一样。当飞机以3 000千米/小时的速度飞行时，哪怕是他无意中丢出的物品，也足以使另一架飞机遭殃，即便那架飞机从侧面而来。这些出现在超高速飞机上的物体，对于天上的飞机来说能构成致命的威胁。因为这两种情况的相对速度是相同的，所以一旦发生撞击破坏，后果也是相同的。

与之相反的是，如果子弹或者物体是跟在同样速度的飞机的后面，即便两者相碰也没有什么杀伤力。在1935年，一个火车司机避免了一场铁路灾难，就是因为了解这样的原理。在南方铁路局负责的叶利尼科夫—奥利尚卡区间，在鲍尔晓夫驾驶的列车前行驶的另一列火车由于蒸汽不足停了下来，那趟列车的司机为了按时到达前方车站补充燃料，就先带着几节车厢向前方驶去，而他丢下的36节车厢，由于没有阻滑木顺着斜坡以大概15千米/小时的速度向鲍尔晓夫驾驶的列车迎面而来。这位机智的司机发现了这个险情后，急中生智，先停住自己的列车，然后让自己的列车以相当的速度向后滑行，成功地避免了两车相撞的危险，渡过了难关。

这一原理不仅仅能在关键时刻救人一命，还在生活的细节中应用。我们都知道在行驶的列车上写字是很艰难的一件事，由于车厢不停地震动，写出的字不是扭扭曲曲就是断断续续的。后来人们根据同样的原理设计出了一种装置，使人们能够在行驶的火车上流畅地书写。

如图2-8所示，这个装置就是将执笔的手系在木板 A 上，木板 A 能在板条 B 的凹口处移动，而将板条 B 固定在车厢小桌的木框横槽里移动。人们书写时，铺在木板上的纸与拿笔的手同时受到震动，这样一来，笔尖和纸就相对静止。有了这个装置，你就能够流畅地书写了，不过这个装置也是有缺点的，由于头受到的震动和手受到的震动不同步，人的视线会在纸上跳来跳去，这让人不易看清东西。

图2-8　可以在行驶的火车上方便写字的装置

2.6　跳来跳去的体重值

磅秤在人们的日常生活中太常见了，可用同样的磅秤测量时，人的体重忽上忽下总是不固定。哪一个数值才是人真正的体重呢？

其实磅秤数值的变化是和站在上面的人乱动有关，当磅秤的人弯腰时，由于上半身弯曲肌肉同时牵动了下半身，减轻了对支点的压力，所以数值会变小。反之，你站直了，肌肉的力量又会向上下两个不同的方向推动，下半身对磅秤的压力增加，读数会明显增加。所以只有当你一动不动地稳稳站在磅秤上时，称出的数值才是你最准确的体重。

由于有些磅秤非常敏感，即使不做弯腰这样的大的动作，而只是挥挥手臂也会使读数改变。因为我们所测量的体重实际上指的是对支点的压力。当人举起手臂时，与肩膀连接的肌肉会把整个人向下压，磅秤承受的压力就会增加，而当人举起手臂停在空中时，由于肌肉的反向位移，使得体重对支点的压力减小了。

所以磅秤上的数字总是不断变化的，不需要再为上下浮动的读数担惊受怕了。

2.7　物体在哪儿更重些

我们都知道物体的重量同地球引力是分不开的，物体受到的引力随着物体与地面的距离的增加而减少。既然如此，那么放在哪儿的物体更重一些呢？

当我们将1 000克的砝码拿到6 400千米的高空测量时，弹簧秤上的数值显示只有250克。因为当砝码距离地面的高度达到6 400千米时，它处于一个相当于离地心两个地球半径远的地方，它所受到的引力会减少到原来的四分之一。当砝码的高度上升到12 800千米处，引力就会减少到原有的九分之一，那弹簧秤显示的数值应该是111克。

据此，我们得出一个结论：当物体越靠近地心时，它的重量就越大。事实证明这种想法是不对的。虽然根据万有引力定律，地球对外的物体都有引力，但是地球的引力因子并不是仅仅位于物体的一个面，而是均匀分布在物体的各个面。如图2-9所示，位于地心附近的砝码上下两面都受到地心引力的作用，两个引力作用由于方向不同而相互抵消了，从而使砝码成为没有重量的物体。

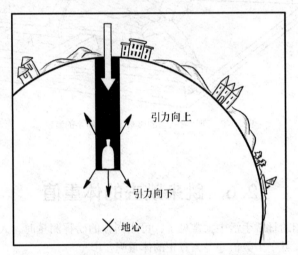

引力向上

引力向下

× 地心

图2-9 物体重力随着物体向地球内部深入会减弱的原因

综上，我们能够得出一个结论：在测量物体重量时真正起作用的是半径等于地心到物体所在地距离的球体引力。也就是说，只有当物体放在地面上时，它的重量才最大。

2.8 物体落下时的重量

"失重"这个概念，大家都不陌生，这个概念同坠落物体的运动情况有关。最直观的体验就是坐电梯。当我们步入电梯，让电梯下行时，我们会有一种飘起来的感觉，完全感受不到自己的体重，可很快就会恢复正常。在你感受不到自己体重的时候，这时的感觉就是失重。其实并不是你的体重变轻了，而是在电梯启动的时候你脚下的电梯板已经具备一个下降的速度，而你自身还不具备这个速度。在那一瞬间，你对于电梯地板几乎没有任何压力，所以你感到体重变轻了，自己好像浮在空中。可很快你也开始下降，对地板产生了压力，那种失去重量的感觉也就消失了，仿佛是你又恢复了自己的体重。

如果我的描述依然不是很直观，那么我们就用一个小实验来证明。把一个砝码挂到弹簧秤的秤钩上，为了便于观察秤和砝码一起运动时数值的变化，我们在秤的缺口处放上一小块软木，然后观察软木的位置变化。

现在将挂好砝码的弹簧秤向下迅速移动，你会发现读数显示的重量值要远远小于砝码的重量值。如果你让这个秤做自由落体运动，并且你有方法能够在秤落到地面之前观察读数的变化，你会发现，砝码在坠落时是没有重量的，指针一直停留在零这个位置上。你也可以用另一个方法来证明，先找一个天平，再找一把我们常用的夹坚果的钳子，放在天平的一个托盘上，放置的方法如图 2-10 所示，把它的一个柄放在天平的托盘上，另一个柄用细线系在天平的横梁钩上，然后在另一边的托盘上放置重物，使天平达到平衡。之后点燃一根火柴，用火柴烧断细线使前面提到的那个钳柄完全落入盘中。这样一来你会看到在钳柄落下的那一瞬间，它所在的盘子会上升。

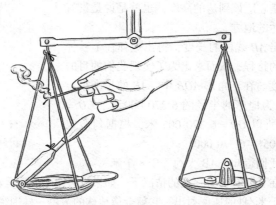

图 2-10 证明落体不会失重的原因

这两个实验都说明了一个问题，在坠落的过程中，再重的物体也会变得完全没有重量。我们在这里所说的"重量"是指物体牵拉悬挂点或者压迫支撑点的力。而物体在坠落过程中，不会对秤上的弹簧产生任何压力，所以坠落的物体不会有任何重量。

早在 17 世纪力学的奠基人伽利略就意识到这样的情况，他曾经说过："假如我们和我们肩上的重物同时下降，重物还怎么能压迫我们让我们感到沉重呢？"

2.9   《从地球到月球》

著名科幻作家儒勒·凡尔纳因为他的一系列科幻作品吸引了世人的关注，他小说中的一些设想在今天已经实现。不过，小说《从地球到月球》中提出的向月球发射一个载人特大号炮弹式车厢的构想究竟能不能实现呢？虽然凡尔纳在小说中已经提出了自己的解决方案，但这个方案仍然仍有许多疑点。

首先，我们应该探讨一下向月球发射一枚炮弹让它永远不落回地球，是否具有理论上的可行性。我们都知道由于万有引力的关系，水平射出的炮弹的飞行路线会发生弯曲，迟早会落到地面上。尽管地球是个球体，它的表面是一个曲平面，然而炮弹飞行路线的弯曲度要远远大于地面的曲率，假设我们能够使炮弹的路线的曲率变得和地球表面相同，那么这枚炮弹只会沿着地球的圆周同心曲线飞行，并且由于万有引力的作用无法摆脱这个曲线，从而变成像人造卫星一样的东西。

那是不是有可能使炮弹的飞行路线曲率小于地球表面的曲率呢？首先它必须具备同样的速度。图 2–11 是地球一部分的剖面图，假设我们在山上的 A 点放置一门大炮，在不存在万有引力的情况下，炮弹水平射出 1 秒它就可以到达目的地 B 点。然而事实上，一秒钟后它仅仅能到达低于 B 点 5 米的 C 点处。我们假设我们的炮弹下落 5 米后恰好是它应该到达的高度，也就是说是没有引力的情况下到达的地方。

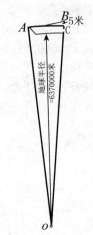

图 2–11 计算永远不会落回地球的炮弹的速度

那我们先算出 AB 线段的长度，得出炮弹在 1 秒钟水平方向要走过的路程，从而求出为了实现我们的目的炮弹需要的初速度。在三角形 AOB 中，AB 的长度很容易就得出了，AO 为地球的半径约 6 370 000 米，CO = OA，BC = 5 米，所以 OB = 6 370 005 米，根据勾股定理，$AB^2 = 6\ 370\ 005^2 - 6\ 370\ 000^2$。

经过计算，我们得知，AB 大约等于 8 千米。

所以，即使在有万有引力存在的情况下，如果没有影响快速运动的炮弹的空气，只要炮弹是以 8 千米/秒的速度射出，它就会像地球的卫星一样围绕着地球运转。

当大炮射出的炮弹速度大于 8 千米/秒的时候，它将围绕地球做椭圆运动。根据天体力学，从炮口飞出的炮弹初速度越大，椭圆就越长。经计算，当初速度达到 11.2 千米/秒时，炮弹就能够永远地离开地球飞到宇宙中去（图 2–12）。

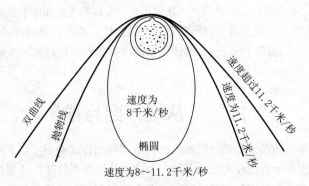

图 2–12 以 8 千米/秒以上的速度射出去的炮弹的命运

所以从理论上来说，如果大气不阻碍炮弹运动，只要炮弹达到足够大的速度，它就能够飞到月球上去。因为现实中大气阻碍运动，形成这种高速度是一种极大的困难。

2.10 儒勒·凡尔纳笔下的月球旅行

在凡尔纳的《从地球到月球》一书中有诸多描述，有些地方的描述是完全正确并且符合科学道理的。其中有一个情节是描写乘客抛出狗的尸体并发现狗的尸体同炮弹一起继续飞驰。凡尔纳的描写完全正确，并且解释也很合乎道理。

大家都明白，在真空的环境中，物体都以相同的速度坠落就是由于地球引力的作用。在太空中，当人们脱离地球引力的范围时，所以小说中炮弹和狗的尸体具有同样的加速度，它们在旅途的各个点上始终都保持同一个速度，当人们将狗的尸体从炮弹中抛出去后，狗的尸体应该一直跟随炮弹不会落后。

然而，凡尔纳的小说中却有一个很大的漏洞，也许你也会惊讶自己竟然没有想到，那就是一旦炮弹车厢飞跃引力相等的点之后，炮弹车厢中的所有物体都应该失去了重量。在炮弹内部的所有物体也应该悬浮在空中，没有任何固定的地方。因为对于乘客和炮弹内部的所有物体来说，它们都具备炮弹的速度。而凡尔纳在书中描绘到，乘客们一直费力思考自己是否已经踏上了星际航行的路线，因为车厢内的一切没有发生任何变化。

他认为在只处于重力作用下自由飞行的炮弹中，物体将继续挤压它们的支撑点。事实上，物体和支撑点都在宇宙中时，由于所有物体都处在同一个加速度上，它们彼此之间不会发生挤压。一旦乘客们到达空中，乘客们就没有任何重量，能够在炮弹内部自由自在地飘来飘去，车厢内的所有物体也会失去重力，漂浮起来。

凡尔纳的小说世界是个虚构的世界，即便他的一些设想没有什么科学依据，还存在着各种各样被忽略的漏洞，比如在炮弹的车厢内各种物体应该保持着原有的姿态，水也不会从倾斜的瓶子中流出来，从手中掉出来的东西还悬在空中。然而正因为这些不可思议的现象，才吸引了无数读者不断探索着未知的世界。

2.11　在不准确的天平上进行准确的称重

究竟什么是准确称重的关键，天平还是砝码，还是两种同等重要？实际上只要手中有准确的砝码，即便天平不准确也能够进行准确的称重。人们不仅能利用准确的砝码在不准确的天平上称重，而且方法不止一种。

其中一种方法叫作"恒载法"，它是由化学家门捷列夫发明的。尤其是在需要连续称出几个物体重量时，这个方法显得格外有效。首先在天平的一个托盘上放上某个重物，不管你放什么只要你放置的物品比你想要称的东西重就行。然后在天平的另一个盘中放上能使天平平衡的砝码。最后在装有砝码的盘子中放入要称的东西，然后从盘中减少砝码，使天平维持刚才的平衡。这样一来，从盘子中取出的砝码就是要称的东西的重量。

第二种方法叫作"博尔达法"，这是以发明这种方法的学者的名字命名的。这种方法又叫作代替称重法。首先把要称的东西放在天平的一个托盘中，然后在另一个托盘上倒些沙子或者铁砂，直到天平平衡。然后取出要称的东西，在盘中放入砝码，直到天平再次平衡。那么，你要称的物品重量轻而易举地就知道了。

另外还有一种方法，甚至不需要用到天平，只需要有一个带托盘的弹簧秤。操作的方法也类似前两种，只需要准确的砝码而已。首先把要称的物体放在弹簧秤的盘子中，记住指针所指的刻度，然后取下物体，在盘中添加砝码直到指针指到刚才的刻度为止。此时盘中砝码的重量就是刚取下的物体的重量。

2.12　我们的实际力量

你用一只手最多能提起多重的东西？10千克，20千克？你是不是认为这就是你这只手臂肌肉的力量了呢？其实人类的潜力是难以想象的，你真正能提起的重物的重量要远远超过这个数值。

不知道你是否理解手臂的构造，在图2-13中你能直观地看到所谓的二头肌是怎样作用的。人的手臂是一个小的杠杆，前臂骨是杠杆的支点，二头肌就固定在这个支点的附近，而重物的力却是作用在这个人体杠杆的另一端的。从你手中提的重物到支点，也就是从前臂骨到肘关节的距离，大概是从肌肉末端到支点距离的8倍。如果你知道杠杆原理，你就知道其实当重物为10千克时，肌肉需要用8倍的力量去提它。既然肌肉能够达到的力量是手的力量的8倍，那么实际肌肉可以直接提起的力量应该是80千克。

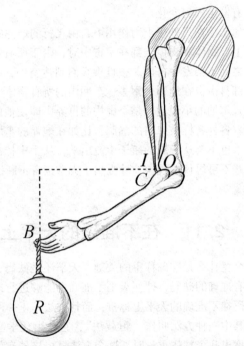

图2-13　人体的前臂骨（C）属于第二类杠杆。二头肌作用在 I 点；杠杆的支点位于关节上的 O 点；克服重物 R 的作用点在 B 点。BO 的距离大约是 IO 的8倍

相信这时候你就能够骄傲地说，其实我也是个大力士。也许你会抱怨人体手臂的构造不合理，可有所失就必有得。力学古老的"黄金规则"中说道：当在力量上有所失时，在位移上必然有所得。我们手的移动速度是支配手的肌肉的移动速度的8倍。这样的现象不仅仅体现在人的身上，还能够在动物的身上看到。这其实就是大自然物竞天择的结果，四肢灵活敏捷在战斗中远比力量重要。

2.13　为什么针能轻易刺进别的物体

为什么在力气相同的情况下针能够穿透厚厚的绒布和纸板，而同样是头尖尖的钝钉子却做不到？这个问题涉及一个词——压强。

压强指的是物体所受的压力与受力面积之比。当用针穿透绒布和纸板时，同样的力量作用在针尖上，在第二种情况下，同样的力作用在比针尖大的面积上，针尖的压强就要比钉子的压强大得多。

所以人们在考虑力的作用时，既要考虑力的大小，又要考虑受力面积。这跟当别人告诉你一个人的工资是 1 000 卢布时，你要关心的不应该是这个数额的大小，而是这个金额究竟是月薪还是年薪一样。同样的力作用在 1 平方厘米的地方跟作用在百分之一平方毫米上效果一定不同。就像是同样重量的 20 个齿的耙要比 60 个齿的耙耙地要深一样。

人们对压强的运用体现在生活的各个细节。人们喜欢用快刀、利刀来切东西，也是因为受力面积小、比较省力，就能轻松地切开很难切的东西。对压强的运用除了受力面积小的应用，还有扩大受力面积的应用。比如滑雪的时候，人们发明滑雪板在松软的雪地上滑行，就是利用这个原理。当人踩在雪板上时，他的体重会均匀地分布在滑雪板上。如果滑雪板的底面积是人鞋底面积的 20 倍，那么对于松软的雪面来说，我们直接踩雪的压强是踩上滑雪板后的 20 倍。

人们在陷入沼泽或者经过薄冰时尽量采取爬行姿势也是为了将自己的体重分布在较大的面积上。坦克和履带拖拉机也是运用这个原理，大的支撑面能够使它们在松软的土地上顺利行驶。出于同样的理由，人们为在沼泽里干活的马设计了特制的鞋子，增大马蹄的受力面积，避免马陷入沼泽之中。

2.14　为什么睡在柔软的床上觉得舒服

同样是木制坐具，比起粗糙的木凳，光滑的椅子要舒服得多。因为普通木凳的面是平的，人们的身体只有很小的一部分能与之接触，而木制的椅子椅面是凹形的，人坐上去的时候躯干的重量分散在较大的接触面上，由于压力分布得均匀，所以人们觉得舒服。

如果用数据来描述这个差别会更加形象。一个成年人的身体表面积大约为 2 平方米，也就是 20 000 平方厘米。当我们躺在床上时身体与床接触的面积大约是身体总表面积的四分之一，也就是 0.5 平方米。对于一个中等身材的人来说，假设他的体重为 60 千克，那么平均下来每平方厘米的接触面上才 12 克。而当我们躺在平面的板子上，身体与平面的接触面积大约为 1 万平方厘米，每平方厘米承受的压力是躺在柔软的床上的 10 倍，差别立刻就能被人体觉察。

所以，其实人感觉到舒服的关键不一定是要接触面足够柔软，而是在于均匀分配压力，让身体和接触面充分接触。一旦压力分摊到很大的面积上，就算是睡在再硬的地方也不会觉得难受。请想象一下，假如你躺在很软的泥地上，你的身体很快就会陷入泥里，当你起身时地面上已经有一个和你身材完全符合的凹陷。然后将泥地变干，但是仍然保留你身体的凹陷。直到泥地变成像石头一样硬的模子时，你躺进去也会觉得十分舒服，好像躺在柔软的地上一样。

在罗蒙诺索夫的诗中有这样一段描述：

仰躺在棱尖角锐的石头上，
对硬邦邦的棱角浑然不觉，
具有神力的大海兽觉得，
身下不过是柔软的稀泥。

此时的你就如同传说中的大海兽一样，舒舒服服地躺在硬邦邦的石头上。

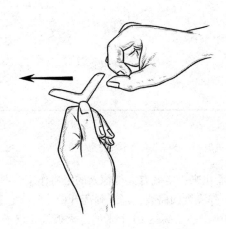

Chapter 3
介质的阻力

3.1　空气的阻力有多大

你一刻也离不开且看不见摸不到的就是空气。空气阻碍子弹的飞行，人人都知道这个事实。然而这看不见摸不到的空气究竟对快速飞行的子弹有多大的阻力呢？

如图 3 – 1 所示，左面的小弧线表示子弹在空气里飞行的实际路线，大弧线表示子弹在真空里飞行的路线。

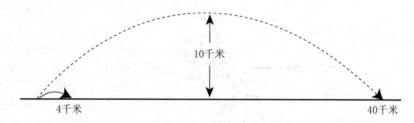

图 3 – 1　子弹在真空里和在空气里的飞行对比图

从图 3 – 1 我们能看出来，空气有大得惊人的阻碍作用。图中那条较大的弧线是假设没有空气阻力时子弹飞行的路线，当子弹离开枪管时，它获得 620 米/秒的初速度并沿着 45°角的方向画出一条高达 10 千米的巨大弧线，仅子弹的飞行距离就能达到 40 千米。图中那道较小的弧线，是现实生活中子弹飞行的轨迹。这两条弧线简直有天壤之别，如果没有空气的阻挡，在 10 千米的高空上，自动步枪能够在天空中轻松地带来枪林弹雨，甚至能够击毙 40 千米外的敌人。可实际上它的飞行轨迹仅为 4 千米，由于空气的阻力，子弹的威力被大大削弱了。

3.2　远程射击的起源

在第一次世界大战尾声，也就是 1918 年的时候，德军司令部下令炮击位于前线 110 千米外的法国首都。在当时，这一次攻击突破了英法空军对德军空袭的压制。

这样的攻击方式在当时是从未听过的，谁能相信一般射程大概不过 20 千米的大炮竟然能够从如此遥远的地方进行炮击。事实上，实现这样的超远射程源于德国炮兵的偶然发现。在一次射击中，他们以较大的仰角发射大口径的大炮时，意外地发现射程变成了 40 千米，要远远大于已知的 20 千米射程，几次试验后都得到相似的效果。图 3 – 2 描述的就是发射仰角的改变对炮弹飞行路线的影响。我们不难看出，当以极大的初速度和仰角发射炮弹时，炮弹会直接到达空气稀薄的大气层，在那里空气的阻力要小得多，自然就能够飞行更远的一段距离。

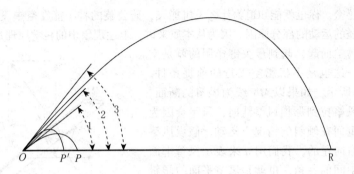

图 3-2　超远程炮弹的飞行距离

炮弹的飞行距离随着大炮射角的改变而改变。射角为 1 时，炮弹落在 p 处；射角为 2 时，炮弹落在 p′处；射角为 3 时，射程会加大很多倍，因为炮弹已经钻到空气稀薄的平流层里了。

这一次的意外发现成了德军用来轰击巴黎的远程大炮（图 3-3）的设计基础。那门远程大炮是由一根长 34 米、粗 1 米的巨型钢制炮筒为主体的。炮筒的末端壁厚达 40 厘米，炮身重 750 吨，就连炮弹也是特制的，用来发射的炮弹重 120 千克，长 1 米，粗 21 厘米，需要填装火药将近 150 千克。在发射的时候，炮弹能够产生 5 000 个大气压的压力，使得其具备近 2 000 米/秒的初速度，当发射仰角为 52°角时，炮弹的运行轨迹呈现为一个巨大的弧线。从炮弹发射到它抵达巴黎，全程 115 千米，用时 3.5 分钟，其中有将近 2 分钟的路程，炮弹是飞行在平流层的。

图 3-3　德军远程大炮的外观

这门大炮在当时堪称奇迹，它的发明为现代远程炮技术奠定了基础。我们都知道，子弹的初速度越大，空气的阻力就越大，然而这个阻力并不是单纯地成正比例增加，而是以速度的二次方甚至更高次方成比例增加的。

3.3　风筝为什么能飞上天

春天到了，天空中有各色各样五花八门的风筝。不知道在放风筝的时候，你会不会奇怪为什么当人向前牵拉风筝时，它会腾空而起，飞到风中？如果你弄明白风筝升空的秘密，你也就能知道为什么飞机能飞，蒲公英的种子能在空中飞舞，飞旋镖能做奇怪的运动的部分原因。因为从本质来讲，上述现象中的科学原理是一样的。

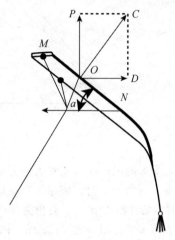

风筝腾空而起，起到最关键作用的就是空气的阻力，这也是飞机腾空飞行的前提条件。如图3-4所示，如果以 MN 线为风筝的断面，当人们放风筝拉到那根风筝线时，风筝会因为它尾部较重而在倾斜的情况下运动。假设风筝运动是由右向左的，我们用 a 来表示风筝平面和水平线中间的夹角，也就是风筝平面的倾斜角。此时此刻作用在风筝上的力有空气施加的阻碍风筝运动的压力如箭头 OC 所示。因为空气的压力一直是垂直于地面的，所以 OC 和 MN 成直角。压力 OC 根据力的原理可以分解为所谓的力的平行四边形，从而得到 OC 分解的两个力 OD 和 OP。其中 OD 阻碍风筝原有的运动速度，OP 则使风筝向上减轻了风筝的重量。当

图3-4　作用在风筝上的力

OP 的力量足够大超过风筝的重量时，风筝就会升起来。这就是为什么我们向前牵拉风筝，会让风筝飞更高的原因。

飞机腾空的道理也一样，只不过手的牵拉力变成了螺旋桨或者喷气式发动机的推进力。我们在这里仅作简要的介绍，在后面的章节中会给大家详细讲解飞机是如何升空的。

3.4　活的滑翔机

很多人认为飞机的构造应该是模仿在空中自由翱翔的鸟儿，然而事实上飞机的构造是模仿鼯鼠、猫猴或者飞鱼。这三种动物都具备飞膜，不过它们的飞膜并不是用来飞翔的，而是用来做远距离的跳跃。在飞行员看来，这个动作就是"滑翔下降"。

图3-5展示了鼯鼠是如何利用它的飞膜滑翔的。如图所示，在它们身上，图3-4中的 OP 分力不能够抵消它们自身的重量，只能减轻它的重量，使它们能够从高处向远处跳，寻找更适合自己的生存空间。在东印度和锡兰有一种个头儿很大的鼯鼠——袋鼯，它的大小和猫咪差不多。当站在树冠上想到达另一棵树的树枝上时，它会打

图3-5　鼯鼠能够从高处跳到20~30米以外的距离

开它的飞膜，然后腾空而起，甚至能够飞出大约50米的距离。有一种生活在菲律宾群岛等地的猫猴甚至能跳70米远。

3.5　植物的滑翔

　　除了人类的滑翔伞运用了风的力量，在克尔纳·冯·马里拉温的名著《植物的生活》中记录了许多植物，它们也利用滑翔来传播果实和种子。例如蒲公英、松树、柏树、槭树、桦树等伞形科植物。

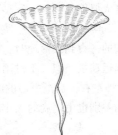

图3-6　婆罗门参的果实

　　对这些植物来说，飞行的重要性并不在于扩散传播，而是为了给自己的种子找到一个安身之处。在晴朗无风的日子，这些植物会凭借着垂直上升的气流上升到高空，然后在太阳落山后缓缓地降落，利用水平流动的气团将种子带往世界各地，如图3-6和图3-7。

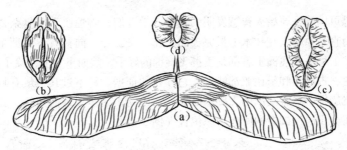

图3-7　会飞的植物种子
（a）槭树种；（b）松树种；（c）榆树种；（d）白桦种

　　在飞行中，有些植物的降落伞或者翅膀是和种子相连的。大翅蓟的种子就是这样，平时它在空中平稳地漂浮着，一遇到障碍，种子就会脱离降落伞，落到地面上生根发芽。甚至有些植物的"滑翔机"比人造的还要完善，它能够带着比自身重很多的物体飞行，还能自动保持稳定。即便是遇到障碍，也不会失去平衡而骤然落地，仍能缓慢地落下来。

3.6　运动员延迟跳伞

　　你应该见过从十几千米的高空往下跳的跳伞运动员，他们不立即拉开降落伞，为什么呢？难道不是说打开伞后，人的下降速度会降低很多，从而能够安全着陆吗？

然而实际上通常他们在跳出飞机后要在空中自由坠落一段时间，直到下降相当长的距离后才会打开伞环徐徐落下。

大多数人认为在开伞前，那些跳伞运动员就像是被从高空丢下的石头一样，空气的阻力使得跳伞运动员下降的过程由最初的加速运动变为匀速运动。用力学示意图和计算能够大致画出延迟开伞的伞图。当跳伞运动员从机舱内跳出时，他的加速下落只发生在最初的 12 秒或者更短的时间内，这个时间同跳伞运动员的体重有关系，体重轻的人需要的时间更短。在这短短十几秒内，运动员下降了 400 ~ 500 米，速度大概能达到 50 米/秒，直到他开伞前都维持着这个速度。

其实，物体从高空坠落的速度并不是像人们想象的那样，其下降速度是一直在递增的，直到快落地时，速度会非常大。从天空中滴落的雨滴，它下落的过程也与跳伞运动员类似，不过雨滴的质量较轻，它从空中滴落维持加速度的时间只能维持 1 秒钟左右，甚至更短的时间。雨滴最后的速度大概只能达到 2 ~ 7 米/秒，这个速度的差别也由雨滴的大小决定。

3.7　飞旋镖

飞旋镖可以算是原始人智慧发明的代表，学者们一直惊叹于其复杂奇特的运动轨迹。它简直是原始人在技术上最完美的杰作。飞旋镖一向被看作澳洲土著特有的武器，基本上每一个澳洲土著都是丢掷飞旋镖的好手。然而事实上，除了澳大利亚，在印度各地、古埃及和努比亚都能发现它存在的证据。只不过其中最有特色的还要数澳洲的飞旋镖。只有澳洲的飞旋镖能够在空中划出诸多奥妙的曲线，并且一旦击不中目标还会飞回投掷者的所在的原位置（图3 -8）。

图3 -8　原始人隐蔽在遮蔽物后，使用飞旋镖射杀猎物

　　投掷飞旋镖的关键在于最初的一掷、飞旋镖的旋转和空气的阻力。投掷飞旋镖的好手——澳洲的土著似乎具有一种本能，能够将这三点很好地结合起来，他们能够通过改变飞旋镖的倾斜角、抛掷力度和方向来实现既定的效果。

　　该民族的这个技能看起来像是上天所赐给的。其实只要你肯练习，你也能学会如何抛掷飞旋镖。你可以在室内练习飞旋镖，它的制作非常简单，可以用纸做一个，首先把明信片剪成图 3 - 9 所画的形状。每翼的大小尺寸为：长约 5 厘米，宽约 1 厘米。用左手大拇指的指甲按紧纸镖，用右手在朝前方稍微偏上一些的方向，用力弹它的一翼的末端。一般情况下，纸镖会在空中沿着曲线平稳地飞行 5 米左右，有时曲线会十分复杂。假如纸镖在前进途中不碰到什么障碍物，它就会落回你的脚下。

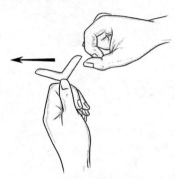

图 3 - 9　纸制飞旋镖及其使用方法

　　如果能够把纸镖做到最合理的尺寸，再加上多次的练习，你一定能让你的纸飞镖在空中划出几道复杂的曲线后回到起飞的点。

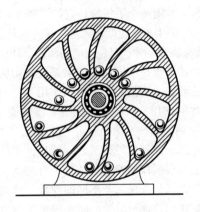

Chapter 4

不知疲倦的"永动机"

4.1　怎样区分熟鸡蛋和生鸡蛋

怎样在不打破蛋壳的前提下区分生鸡蛋和熟鸡蛋呢?

这个难题,我们可以利用鸡蛋内部结构的不同来解决。不难想象,熟鸡蛋是没有间隙的整体,而生鸡蛋里的物质却是液态。由于物理学中的惯性,生鸡蛋中的蛋白和蛋黄在旋转时会像"刹车"一样延缓蛋壳的运动。

我们将鸡蛋放在平台上,用两个手指旋转它们 (图 4 - 1)。这时,没有"刹车"的熟鸡蛋会比装了"刹车"的生鸡蛋速度快,且持续时间长。与生鸡蛋有些费劲儿的旋转相比,熟鸡蛋的轮廓会连成一片,呈扁白的椭圆形,甚至尖端能直立起来。

而且,停止旋转时它们的状态也是不同的。如果是旋转中的熟鸡蛋,只要你用手指碰一下它就会立即停止转动,生鸡蛋会在手指的作用下停转片刻,而手指离开后会缓冲一下。这依然是惯性的作用,只是惯性是为延缓蛋壳对原本运动状态的改变,因此原本有"刹车"的生鸡蛋这次又像是装了"发动机"。

还有其他一些辨别方法,原理都是相通的。例如,用橡皮圈分别将生鸡蛋和熟鸡蛋的子午线裹紧,并用两根同样的细线悬挂起来 (图 4 - 2)。然后将两个鸡蛋旋转相同的圈数,之后放开,就会发现二者不同的现象。熟鸡蛋会由于惯性作用反复向不同的方向旋转,且旋转圈数逐渐减少,而生鸡蛋虽然也会有改变旋转方向的现象,但圈数比熟鸡蛋少得多——自然是其中的液态物质起到了很强的制动作用,使生鸡蛋不能持久地运动下去。

图 4 -1　像这样旋转鸡蛋

图 4 -2　把熟鸡蛋和生鸡蛋悬挂起来,
旋转它们来辨别

4.2　无处不在的 "开心转盘"

我们在生活中所说的"离心力",其实往往是对惯性的错误认识。就拿常见的雨伞来说，下雨天旋转雨伞，会从边缘飞出水花；将伞尖支在地上然后旋转雨伞，扔进去一个纸团就会飞出来，这些都是惯性的体现而非所谓的"离心力"。因为离心力是一种沿着圆半径方向运动的力，而以上的现象都是沿着圆周轨迹的切线方向。

　　"开心转盘"是人们根据旋转运动的这种效应，制造出的一种别出心裁的娱乐设施，人们玩"开心转盘"可以领略惯性的威力（图4-3）。人们在转盘上找好自己的位置，并努力以各种姿势将自己与转盘固定在一起，以防转起来后被甩离原位置。然而事实证明无论怎样固定，当旋转达到一定速度时，人们都很难稳稳地坐着，慢慢被惯性拉离圆心，而且这种拉力会随着半径的增加而越来越大，直至完全被抛下转盘。

图4-3　"开心转盘"旋转时把人甩出去

　　事实上，地球也像一个"开心转盘"，不过它是个巨大的球体。地球当然不会把我们抛下去，因为它给我们的引力是足以克服惯性的，但它会在一定程度上减轻我们的体重。在旋转速度最快的赤道上，因为惯性，物体会减少原重力的$\frac{1}{300}$，再加上其他原因，每个物体一般都会减少原重力的$\frac{1}{200}$。因此，成年人在赤道上称重，会比在南北极轻300克左右。

4.3　墨水旋涡与大气旋流

　　怎么得到一个墨水旋涡呢？让我们先来制作一个陀螺吧！拿一张光滑的白色硬纸板，把它剪成圆形，将一根削尖的火柴棍儿穿过去，陀螺就做好了（图4-4）。想必大家都知道怎样让它旋转——没有什么技术性的要求，只要用两个手指捻一下火柴棍儿，然后把陀螺迅速用力地丢在平滑的平面上即可。

　　利用陀螺，我们就可以很容易地看到墨水旋涡的现象了。首先在我们做好的陀螺上的不同地方滴几滴墨水，在它晾干之前开始旋转陀螺。陀螺停下来后，观察一下纸片上墨水的状态和变化，每一滴墨水都会画出一条螺旋状的曲线。这些曲线合在一起的形状，就像一个旋涡一样。

图4-4 墨水滴在圆纸片旋转时流散的图形

为什么曲线会呈现旋涡状呢？这种现象说明了什么？

曲线其实就是墨水流动的轨迹，"开心转盘"上的人们就像每滴墨水一样，被惯性作用抛到了圆盘的边缘。在墨水滴被"抛"的时候，它会自然流向纸片上圆周速率比它自身速率大的地方。此时圆纸片在墨水滴的下方，随着相对运动的进行，纸片走在墨水滴的前面，便会出现以下现象：

看上去似乎是墨水滴落后于圆纸片运动，因而沿着所在的径线滞后了。同时纸片在做圆周运动，墨迹就会弯曲，也就形成了我们所看到的曲线运动的轨迹。从地球大气运动的角度来看，也会有同样的现象。在大气的高气压区是会有气流流出的，而低气压区会有气流流入，习惯上前者被称为"反气旋"，后者则被称为"气旋"。事实上墨水旋涡的形成，便是解释巨大空气旋流的现实模型。

4.4 欺骗植物

当物体做速度较高的圆周运动时，惯性作用可能非常大，甚至超出重力作用的范围。有人就做过实验来证明这一点：一个普通的轮子，在旋转时向外的惯性力量有多大。生物学告诉我们，植物生长的方向是有一定规律的，即朝着与重力相反的方向生长，也就是人们通常所说的"向上生长"。有趣的是，一百多年前，英国一位植物学家奈特做过这样的实验：把种子放在一个旋转的轮子上，让它自然生长，就会有奇异的现象出现。

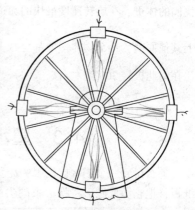

图4-5 种在旋转车轮上的幼苗，它的根伸向轴轮，而茎向外长

实验中，幼苗生长方向完全发生了变化，根会顺着轮子的半径向外扎，而茎则在同一直线上沿反方向生长（图4-5）。植物就像是被轮子欺骗了一样，因为它不再是主要受重力的影响来决定向上的生长方向，而是主要受另一

个力的影响。这个力的产生便是由于惯性，而施力方向是沿着半径向外，在幼苗看来，这个力远大于重力，似乎这才是它们眼中的"重力"。因此从幼苗的角度看，它确实是沿着自己以为的重力方向生长，但在我们看来，它以为的重力并不是真正的重力，而是惯性产生的力。幼苗的根开始朝里扎，茎开始朝外长，对幼苗产生极大影响的，是人为创造的、作用超过了自然重力的"重力"。因此幼苗被欺骗了，改变了正常的生长方向。

4.5　完美的"永动机"

"永动机"（拉丁文为 Perpetuummobile）这个词对于人们来说并不陌生，也不难理解。这个词从字面意思理解就是不停运动的机器，但是深层探讨时，就会发现并不是每个人都清楚"永动机"的真正含义。事实上在物理学范畴，人们已经对"永动机"这个命题研究了相当长的时间了。它作为想象中的一种特殊机械，意味着可以自行运转且日夜不息，此外，人们还幻想它能做功，也就是具有"空手套白狼"的效果。为了研究出这样完美的机器，人们进行了无数次的尝试，15 世纪以后的好几百年里，制造永动机的实验从未停止过，但奇怪的是再聪明的科学家也无法制造出这样的机器，包括著名科学家达·芬奇和意大利机械师斯特尔。后来，随着物理学的发展，人们逐渐意识到这些尝试都是徒劳。1775 年，法国科学院甚至宣布"本科学院以后不再审查有关永动机的一切设计"。最终，德国著名物理学家和生理学家亥姆霍兹（1821—1894）从永动机不可能实现的这个事实入手，研究发现了能量转化和守恒定律。人们更加坚信永动机是不能被制造出来的。

图 4-6 是停留在图纸上的自动机械。这是最早出现在人们视线里的永动机的设计方案之一。直至今日，还是有一批幻想家存在，虽然他们从没实现他们的想法，却依旧在想方设法，试图造出一台永远运动的机器。当时的图纸显示，设计者在转轮的边缘安装了一些活动短杆，并在它们顶端挂着一些重物。设计者希望达到的效果是，无论转轮处在什么位置，从它的局部来看，右半侧的重物距中心的距离都会比左半侧的远，因此理论上讲，右半侧总是比左半侧重，似乎这样，转轮就会转动起来了。如果这个理论成立，完美的"永动机"就已经被创造出来了，它会无休止地转下去，而

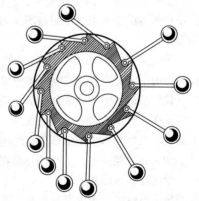

图 4-6　中世纪时设想的永动轮

且外界不必施加任何力。但实验结果并不会跟理论的那样理想，在现实中，转轮不会对设计者言听计从，反而是一动不动。结果为什么会是跟理论预期不一致呢？

经分析，看起来右半侧的重物总是离中心比较远，但是设计者忽略的一个因素是重物的数量问题。右半侧重物的数量总是比左半侧的少，事实上这正是远离圆心的后果，由此便出现了不可避免的结果。如图4-6所示，右半侧重物的数量是4件，而左半侧却有8件之多。结果，从整体来看，转轮是平衡的，而事实上，从受力和力矩的角度分析，轮子只可能因为惯性而旋转起来，即便如此也会有空气阻力或摩擦。因此所谓的永动机最终还是会停在原来达到平衡的位置。

而在此之后很长一段时间的中世纪，人们都没有意识到，在发明"永动机"上花费的大量时间和劳动都是没有结果的。当时人们甚至觉得，拥有这种永动机比从廉价金属中提炼黄金更富有诱惑力。

普希金在最早的戏剧作品《骑士时代的几个场景》中，就曾经描写了这样一位幻想家——别尔托尔德。马丁问什么是 perpetuummobile，别尔托尔德回答说："那就是永恒的运动。只要得到了永恒的运动，人类的创造就不会再有止境。"在他看来，提炼黄金当然是很诱人的事，也可能又有趣又实惠，可要是得到 perpetuummobile，是远远超过这个成就的。

人们前前后后设计出了上百种"永动机"，但没有一台机器能实现人们的永动之梦。在这些失败的尝试中，我们可以观察出，就像我们前面举的例子中的那样，发明家都忽略了某种因素，而恰恰是这某种因素，会使其计划全部落空。还有人设计了一种"永动机"：一只装有很重的滚珠的轮子（图4-7）。发明家的设想是，滚珠在轮子的一侧总要更接近边缘，轮子利用滚珠自身的重量就会旋转起来。但是现实中，这样的设计并不能使轮子自己动起来，原因与图4-6中的设计所犯的错一样。

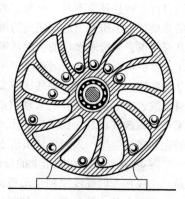

图4-7　装有滚珠的"永动机"

关于永动机，还有一个可笑的事情发生过。在美国的一座城市，一家咖啡店想到了一个关于完美的"永动机"的主意来招徕顾客。他们制造了一个硕大的轮子（图4-8），虽然人们视觉上会认为，轮子转动的原因是在空隙里滚动的沉重的圆球，可实际上竟然是被巧妙地隐藏起来的另外一台电动机。当然，那些被堂而皇之地挂在钟表店橱窗里，以及其他徒有虚名的"永动机"也都是这类货色，无一例外是在暗地里可笑地用电动机带动的。

经过许多实验和设计，人们终于相信完美的永动机是造不出来的，之前的努力和幻想都不科学，让机器自身不停歇地运动还能做功，这怎么可能？

还曾有一个具有广告性质的"永动机"给我添了不少烦恼。我有一些工人学员，被橱窗里看似完美的"永动机"蒙蔽了眼睛，以为这恰是我平时举出的能量定律和"永动机"不存在的例子的强有力反驳。他们甚至开始对我的观点表示不屑。在他们眼里，看到的就是事实，轮子被圆球的滚动带动着转动，这仿佛就是想象中的"永动机"，眼见为实，远比我的道理有说服力多了。他们当然不肯相信，那有名无实的机械奇迹竟然是利用电流驱动的。在当时，假日里城市电网是不供电的，我想正好利用这个机会，拆穿"永动机"的真实面目。在我的建议下，学员们半信半疑地在假日去看望了他们的"永动机"，却无比失望地回来了。

图4-8　加利福尼亚洛杉矶市为了做广告建造的假想的"永动机"

　　当他们被问到有关永动机的事情时，就脸有惭态，因为永动机根本就不存在，更不可能被展示在橱窗里。

　　从此他们再也没有对能量守恒这个理论产生过怀疑，因为所有的"永动机"在停电的时候也都只能消失不见。

4.6　耍脾气的"永动机"

　　俄国有许多"永动机"的狂热粉丝，他们往往闭门造车，自己独立研究这个东西很长时间。不只是科学家，甚至其他各行各业的人都十分爱好这种探索。西伯利亚有个农民叫亚历山大·谢格洛夫，正如 19 世纪下半叶俄国最杰出的讽刺作家谢德林的小说《现代牧歌》中所描写的"小市民普列津托夫"一样。谢德林描写的这位俄国农民大概三十五岁，身材瘦削，面色略苍白，眼睛很大，给人一种他若有所思的感觉，长发是披到颈后的发髻。他住在自己宽敞的木房里，这同时也是他的研究室。整个房间的一半都是他那只大飞轮，连进屋都是一项困难的工程。他的轮子不是实心的，中间有辐条。轮圈像是用薄木板钉成的空荡荡的大箱子。就在这空膛里藏有机关，那是发明家的秘密所在。当然，这秘密也不怎么高明，好像就是若干袋装满沙土的袋子，起平衡作用。一根辐条上插着一根棍子，使轮子固定在静止不动的状态。

小说中有一段对话，是描写这位农民与完美机器的，当小说主人公表现出想要一观此庞然大物的威风时，农民既欢喜又骄傲，就领着主人公绕着轮子转了一圈。主人公前前后后看了一下，觉得它不过就是只轮子而已。有趣的对话就发生在这个时候，主人公问农夫它真的转吗，农夫的回答很含糊，说貌似应该能转。但似乎它在耍脾气，农夫接着说得给永动机点儿推动力。

他双手使劲抓住轮圈，摇动了好几下，之后松开手让轮子转起来了。起初轮子转得相当快，也很均匀，然后听得见轮圈里面沙袋一会儿撞到隔板上，一会儿又从隔板上掉下去。轮子转得越来越慢，发出咯咯吱吱的声音，最后轮子纹丝不动了。"其实是点小故障"，发明家十分窘迫地解释道，接着他使出吃奶的力气，把轮子猛推了一下。果然，第二次还是出了点"小故障"。

主人公问这位农夫有没有考虑摩擦力的因素，他很不屑："当然，我怎么会不考虑摩擦力？不过……这情况与摩擦力无关，好像是……这机器要花招，闹脾气，一会儿讨好我，一会儿又突然……突然不转了！它要是用上等木材做的，一定不会这样顽劣的！但我用的都是些边边角角的材料。"

这位发明家认为，这个机器无法正常运作，只是因为一点"小故障"和用料不好。但事实是这样吗？所谓的"小故障"究竟是微不足道的还是罪魁祸首呢？如果所有的"永动机"都要靠"给点儿推动力"才能转几下，那怎么可能是完美机器？在制造"永动机"之前，发明家是否想清楚了其中的原理和思想，恐怕是个值得怀疑的问题。时至今日，我们终于知道能量的守恒定律了，但对于当时的人来说，这还是个未曾触及的领域。

4.7　神奇的蓄能器

库尔斯克有一位发明家叫乌菲姆采夫，曾经建立了一座风力发电站，与以往传统的风力发电站不同，这种新型发电站装了一种蓄能器，它的造价十分低廉，呈飞轮型，利用惯性转动实现发电。他的这一举动，差点让人们再次陷入了对永动机的憧憬和幻想之中。但事实上，所谓乌菲姆采夫机械能蓄能器只会告诉我们这样的道理，仅从表象来评论"永恒运动"，而不深入地挖掘其中的物理原理，一定会误入歧途。

这位发明家成功制造出自己设计的蓄能器的模型是在 1920 年，结构大致是这样的：在抽出空气的机箱里放一个圆盘，一个在装着滚珠轴承的竖轴上旋转的圆盘。根据推测，转数达到每分钟 20 000 转时，圆盘可以在十五个昼夜期间持续不停地旋转！如果是一位不求甚解的观察者的话，就只会看到这样的现象——这种圆盘似乎是不需要外部能量输入的，但它确实在不止息地转动，于是走入了"永动机"的迷潭，以为真的创造出了完美的机器。

4.8 "永动机" 的意外收获

"永动机"作为很多人不会有任何结果的追求，也致使无数人在这个过程中失去了很多。俄国农民是它的忠实追求者，还有一些收入并不丰厚的人也把自己全部的工资和储蓄花在了这个不可能实现的梦想上，最后往往不仅毫无收获，而且可能造成倾家荡产的后果。在目标错误的前提下，很多人成了人类通往"永动机"这个不可能到达的目的地的牺牲品。其中有一个"永动机"的追求者，已经到了食不果腹、衣不蔽体的地步了，说他坚持梦想也好，执迷不悟也罢，他却还是在不断地借钱，请求捐款，好让他再去尝试一把"永动机"。他还信誓旦旦地说："这次一定会让它成功地转起来的。"事实上让他贫困的不是他的一些顽劣的缺点，而是他坚持不懈的优点，只可惜他并没有真正理解物理，没有真正独立思考能量的生成与转换，从最开始就找错了方向。这难道不可悲吗？

方向选错，努力白费，一个正确的方向无论是对于一件事还是人的一生，都相当重要。一个人如果不是在原地打转，就一定会有所前进，如果是朝着错误的方向，那结局会不堪设想。反之，如果是朝着正确的方向，就会收到很好的结果。

历史上关于这一点有很多例证。在 16 世纪末 17 世纪初，荷兰有一位叫斯泰芬的学者，他并没有被后人大加吹捧，但他所做的探索和成就都是不可忽视的。除了发现斜面这个独特物理模型的一些力学规律之外，他还发明了小数，并最早将指数运用于代数，同时发现了流体静力学定律（后来这一定律又被帕斯卡重新发现）。他的这些发明被后人很好地继承和运用，为数学、物理学的发展做出了重要的贡献，他应得到更高的声誉。

斯泰芬探索斜面上力的平衡定律时，并不是按照常规方法，运用力的平行四边形法则，

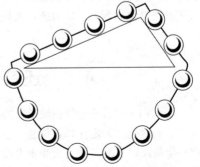

图 4-9　"不足为奇的奇迹"

而只是通过开动大脑，借助了图 4 - 9 所示的模型。他将一条奇特的链条搭在一个三棱体上，这个链条奇特就奇特在它是由 14 个同样的球串成的。大家可以推测一下，链条会出现什么情况呢？

吊在下面的部分和斜面上的部分能不能保持平衡，这个问题很关键。如果可以，那一切都说得通，即右侧的两个球和左侧的四个球能互相平衡。但如果不能的话，由于没有达到平衡的稳定状态，链条一定会自动寻求平衡稳定的状态，即下滑运动，而且由于每次虽然都有小球滑下来，但与之相连的小球又会补充到它原来的位置，这样是永远也无法达到平衡的。通过我们日常生活的观察就会知道，链条如果是搭在三棱体上，那么它是不会自动滑落的，不产生运动的状态一定是平衡态，也就是说，右侧的两个球和左侧的四个球奇迹般地实现了平衡，而两侧的球的重量是相差很大的。四个球的拉力竟然和两个球的拉力持平，这是为什么呢？

通过对这个问题的思考，斯泰芬得出了自己的结论。这个现象在当时看来是很让人惊诧的，但斯泰芬考虑了另一个角度，因此得出的是另一种不同于当时大多数人的结论。他的思路大概是这样：由于链条是均匀的，它的长度和质量就是成正比的。运用这个将两种参数联系起来的方法，他终于得到了如下结论：在这个实验装置里，只要左右两侧悬挂的物品的质量与左右两侧斜面的长度成正比，此时两侧便可以达到一种平衡的状态。

有一种比较特殊的情况，就是把其中一个斜面换成垂直面，这还可以推导出另一个十分常用的力学定理：放置在斜面上的物体，如果可以保持不下滑，一定是因为有一个沿斜面向上的力的支撑，这个力与重力形成一个矢量三角形，恰好与斜面侧面的三角形是相似的，即该支持力与重力的比，等于斜面的高度和斜面长度的比。

同其他定律一样，这一条力学定律的发现，也经过了科学家们缜密的思考和细心的推导。在生活中细心观察的科学家们出于对事物运动的好奇，往往醉心于做各种各样有趣的实验，探究力、热、声、电、光等自然界中神奇的现象，还饱含着为人类过上更幸福便捷生活的期望。但是，无数历史经验启发我们，任何努力和付出，都需要一些前提条件，那就是兴趣的引导和客观的思考，否则，人们很难摘取胜利果实，也难免渐渐失去动力或误入歧途。

4.9 还有两种 "永动机"

图 4 - 10 显示的是绕在轮子上的链条。从表象来看，整个链条处于一种受力情况不变的状态，无论在什么位置，右侧的半边链条总是会长于左边。看起来似乎右侧一半是比较重的，因此会受重力而不停地下落，从而带动机械不停运作。真的是这样吗？

恐怕不是的。如果我们对受平衡的理论很熟悉，就不难发现，即便链条被不

同的力从不同的方向牵引，较轻的一侧也会自动和重
的那部分形成一种平衡，而非带动其他部分运动。简
单地来理解就是，虽然右侧比左侧重一些，但由于右
侧链条是弯曲的，左侧是垂直的，在受力方向不一样
的情况下，我们是无法单从力的大小的角度来观察力
的作用的。就以上理论分析可知，这种"永动机"也
是不可能实现的。

　　在19世纪60年代的巴黎博览会上，有一个发明
家展示了一个自以为完美的发明，这个发明其实跟其
他"永动机"的原理类似，只是大轮子不再是直接悬
挂重物，而是在里面放了一些可以滚动的球。发明家
们断言这机器的运动是不可能被阻止的。从原理上
看，它几乎毫无缺陷。机器在一直转动，参观者们用
手扶住它，试图让它停下来，然而手一离开机器又会
恢复转动。事情的真相是，轮子的动力恰好是来自这
些源源不断地阻止它转动的手，他们向后推轮子的同
时，也拉紧了轮子上安装的机械弹簧，正是这弹簧的
弹力作用使轮子可以不停地转下去，而非什么永恒的动力。

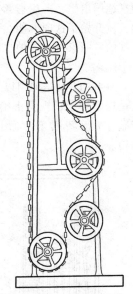

图4-10　这是永动机吗

4.10　彼得大帝与他热爱的 "永动机"

　　彼得大帝也是"永动机"的狂热爱好者。有批1715—1722年他在位期间的书
信被保存了下来，后人翻阅过后发现其内容与购买"永动机"有关。当时德国有位
叫奥菲列乌斯的博士扬言发明了"永动机"，同时他也由于这个"自动轮"而声名
大噪，他听说彼得大帝喜欢"永动机"后，打算将这完美的机器卖给他。当时彼得
大帝手下有一位官员，是管理藏书的，叫舒马赫尔，就被派往西方国家收集一些珍
品以供沙皇珍藏。这位官员与发明家谈判后，发明家提出了条件——费用是100 000
耶菲莫克（译者注：德国银币单位，当时在俄流通，与卢布等值），少一分都不行，
而且一手交钱，一手交货。官员问到这机器到底能否永动，发明家信誓旦旦地表示，
它是绝对完美的，如果有人对它表示任何怀疑或指责的话，那一定是出于嫉妒。全
世界都应对这台伟大的机器表示敬意和憧憬。

　　彼得大帝十分希望能在1725年1月的时候亲自前往德国，去考察一下那传说中
的机器，可惜直到去世他也没有达成这个心愿。

　　那么，这名神奇的博士究竟是谁呢？历史上他真的发明过这种完美的机器吗？
经过一番调查，我们终于得到了一些关于这位博士的资料。

　　贝斯莱尔才是这位发明家的原名，奥菲列乌斯只是他虚构的名字。1680年，

他在德国出生，一生曾经涉足神学、医学、绘画，后来对"永动机"十分感兴趣，就开始了这项发明。他的机器似乎比别人更胜一筹，因此他是那个时代最有名气的发明家之一。他也靠着这种名气获得了很多钱财，晚年过着富足而安逸的日子。

图4-11就是他引以为傲的完美机器的示意图。1714年他发明的"永动机"也是这个样子，视觉上给人的印象是，这个大轮子好像不仅可以轻而易举地不依靠外力旋转起来，而且还可以不费吹灰之力将重物提起来，也就是完成做功。

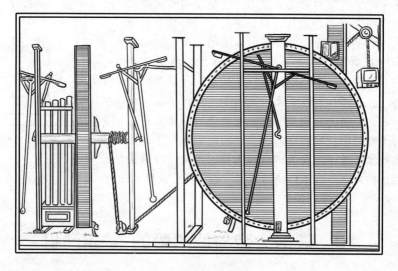

图4-11　彼得大帝一生也没买到的奥菲列乌斯的"可以自己转动的轮子"

依靠这台看似神奇的机器，这位博士辗转于各大展览会场，带着他的发明招摇过市，不仅为了炫耀，更试图寻找一些靠山。后来他的名声远扬，在德国已经十分著名了。波兰国王对"永动机"的极大兴趣让他成了博士的一个庇护者，这个靠山是十分稳固的。之后，德国一个黑森卡塞尔的侯爵也表示对博士的机器很感兴趣。结识这些有地位的人之后，甚至有人把免费的城堡提供给博士，用以存放和检验这台完美机器。

1717年12月12日，那是一个神奇的日子，博士的"永动机"被安放在侯爵的城堡里，在一个单独房间中，"永动机"被启动，然后房间上锁，保持房内无人，并贴了封条，门外有士兵守着，可谓无比森严。侯爵下令十四天之内谁都不准进入那个房间妨碍机器的运行或进行任何形式的参观，直到26日的时候，侯爵揭开了封条，和随从一起走进房间，惊讶地看到了依然在转动的机器。而且，轮子的速度并未减缓，保持在十四天前的良好状态。侯爵让人们把机器停下来，仔细地看了看有什么神奇之处，但并无大的发现，接着他又启动了机器，这次将期限定为四十天，依然用封条封住房间，让士兵严加把守，四十天后，再来看这机器，它竟然依然在不停地转动！

侯爵还是不放心，再次做了同样的实验，将期限调得更长，长达两个月。让人目瞪口呆的是，两个月后机器依然在日夜不停地转动！

侯爵终于彻底相信了这位博士的神奇发明，以为自己真的拥有了世上独一无二的永动机。于是侯爵亲自下令，颁发给博士一个含金量很高的官方证书。证书是这样写的：他创造了神奇的永动机，每分钟50转，可以把16千克的重物提升1.5米的高度，也可以带动锻铁用风箱和砂轮机。有了这张证书，博士可谓是走遍欧洲都会受人尊敬。之后他如果愿意将机器以不低于100 000卢布的价钱卖给彼得大帝，那么他不仅负有盛名，还可以做一个有钱人了。

此时，博士创造出举世瞩目的永动机一事已经传遍全欧洲，彼得大帝自然也知晓了这名神奇的博士。彼得大帝对精巧的机器感兴趣，众所周知。只要老百姓琢磨出什么新奇的玩意，彼得大帝都会派官员到民间搜集，并收藏在皇宫里。当彼得大帝得知永动机已经被创造出来时，他还在国外，于是派遣外交官奥斯捷尔曼去找关于这个机器的详细图纸和报告，研究一下这个传说中的机器。彼得大帝甚至有一个想法，将博士请到俄国来，作为一名卓越的发明家帮助俄国的一些科技发展。当时还有一位著名的哲学家叫赫里斯季安·沃尔夫（罗蒙诺索夫的老师），彼得大帝也和他谈论了博士，问这位智者对于博士的看法。博士的名声已经十分远扬了，各国人士特别是热爱科学和发明的人都对他表示崇敬，更有一些才华横溢的诗人为他作诗，赞扬他和他神奇的机器。不过，也有很多人对他创造出没有人可以造的永动机表示了深深的怀疑。毕竟当时的实验只是在侯爵的家里，并没有什么证据证明其真实性。即使有人公开指责，或是悬赏1 000马克（译者注：德国曾使用的货币，1马克=4.653 3人民币元）给揭穿谎言的人，大家还是很难展开关于这个骗局的调查。

可是，没有不透风的墙，有一次博士与妻子和女仆争吵，关于"永动机"的真相被别人听了去，最终真相大白，负有盛誉的博士和他那没有科学道理的"永动机"还是被揭穿了。从此人们才了解了这名神奇博士的"神奇"之处。我们在一本当时以揭露为目的所写的小册子里发现了一幅插图，现一并复制在这里（图4-12）。根据揭发者的看法，"永动机"的奥秘只不过是一个巧妙隐藏着的人在拉绳子，那根绳子瞒过了观察者的眼睛，拴在立柱里面的轮轴的一个零件上。其实真相无比简单，这永动机源源不断的动力竟然是来自人力，隐藏着的博士的弟弟和女仆在暗处偷偷拉着绳子，让这"永动机"堂而皇之地转着。

博士的骗局已经被揭穿了，他本人却始终不肯承认自己的急功近利和欺骗世人。死前他依然恨着自己的妻子和女仆，声称她们是不怀好意的告发，自己的机器并不是在坑蒙拐骗。然而人们都已经很明白事情的始末，再也没有人愿意相信他的话了。他还曾抱怨人们的不仁慈和不道德，似乎反倒是全世界欺骗了他似的。另外，他所提到的全世界无处不在的令人发指的恶人，似乎又是另有所指。

在彼得大帝如此"惜才"的时代，那些企图依靠华而不实的"永动机"创造无边的荣誉和财富的人，忘记了追求物理规律本身，变得利欲熏心，开始每天思考怎样通过旁门左道迅速发家致富，名利双收。

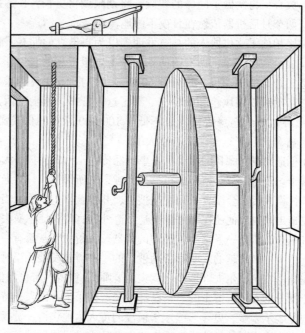

图4−12　奥菲列乌斯"自己转动的轮子"的秘密（根据古画绘制）

Chapter 5
液体和气体的特性

5.1　哪一把壶装的水更多

　　面对粗细相同、高矮不一的两把壶，该如何判断它们哪一个能装更多的水呢？图 5-1 显示有两把这样的壶，每当人们在这两把壶中做出选择时，总会不由自主地将手指指向那把高壶，并信誓旦旦地说自己说的就是正确答案。

　　但是，让你实际用水装满这两个壶的时候，你就会发现，其实两把壶能装的水是一样多的。为什么高壶高出那么多空间却只能和矮壶装一样多的水呢？仔细观察你会发现，在我们向高壶注水时，一旦水达到了壶嘴的位置，即便再倒水，水也只会溢出来，壶里的水不会增加一点。正是因为高壶和矮壶壶嘴的位置一样，所以它们盛的水才一样多。

图 5-1　哪一把壶装的水更多

　　道理十分容易理解，就像是连通器一样，壶体和壶嘴的液体应该保持在同一水平高度，即便壶嘴里的液体要比壶体的液体少得多也轻得多。只要壶嘴不够高，你是无论如何也无法灌满一壶水的，只要水位达到了壶嘴的高度，再多的水也只会溢出来。很多人可能会说，那么就把壶嘴设计得高一点，可是只要壶嘴稍稍高于壶体上沿，壶稍微倾斜时水就无法流出来。

5.2　缺乏常识的古人

　　古罗马的供水设施在当时堪称奇迹之一，这些牢固的建筑设施有些甚至到现在还得以沿用。不过当时指导和建设这些工程的罗马工程设计师的知识只能让人唏嘘。从慕尼黑德意志博物馆保存的设计图中，我们可以清楚地看到古罗马的设计师对于物理学的应用实在是让人不敢恭维。

　　根据慕尼黑德意志博物馆的一幅图，我们得知罗马供水系统中的供水管全是高高地架在空中的，建在高耸入云的石柱上。这样做的原因说来也可笑，当时的工程师担心这些用很长的管道连接起来的蓄水池的水面没办法维持在同一个水平面上。一旦把供水管建在地面，在一些地段水无法向上流，所以他们采取这样的笨办法，把供水管道都修得高高的，让它们在所有的线路上都保持着一个均匀的斜度，在一些地方甚至为了维持这个斜度，要么让水绕行，或者修建很高的拱形支架。如果他们对于连通器的规律认识得再全面具体些，也许就不会做这样费力不讨好的事情了。

　　就说罗马那个阿克克瓦·马尔齐亚的管道，其实按照连通器的原理去设计，直接连接两端只需修建50千米长的工程，而那个管道足足修了100千米。

5.3　液体的压力也可以向上

　　液体的压力究竟是朝着哪个方向的？关于这个问题许多人也许认为液体的压力是朝着容器的底部和侧壁的，却不知道，液体的压力也是可以向上的。也许有人会立刻反驳，认为液体的压力怎么可能向上呢？如果你不信，不妨做个小实验，让事实说明一切。

图5-2　证明液体从下至上施加压力的实验

　　用普通的煤油灯灯罩就能够证明。如图5-2所示，用厚纸板剪一个大小能够完全盖住灯罩的小口，然后用纸片盖住灯罩的小口。将纸片和灯罩都浸入水中。最初为了使纸片不脱落，需要用手指托住，或者也可以在纸片的中间穿一根线，拉住绳子来固定。等到灯罩沉入水中达到一定深度的时候，你会发现，即便你松开手指或者绳子，纸片还是稳稳地固定在瓶口。这个实验就证明了，液体的压力也有向上的。只有下面的液体向上施压托住纸片，它才会附在瓶口。

　　这个向上的液体压力也可以测量，就同其他方向的力一样。我们往灯罩内加水，当灯罩里的水增加，水面接近整个容器的水面高度，纸片脱落，可见，此时灯罩内纸片受到的压力同容器的水向上的压力一样大，从而能够算出纸片下面的水向上的液压究竟是多少。这就是液体对于各种浸入液体中的物体的压力规律。正是因为如此，才会发生阿基米德定律中所说的在液体中"失去"重量的现象。

图5-3　证明液体对容器底部的压力仅仅取决于底部面积的大小和液面的高度

　　如果你能再找来几个形状不同但开口相同的玻璃灯罩，你就能够通过下面的实验来验证液体压力的另一个定律，就是液体对容器底部的压力仅仅取决于容器的底面积和液面高度，同容器的形状无关。如图5-3所示，实验方法同验证液体压力向上的方法类似，就是把不同的灯罩按照同样的深度浸入水里。为了试验更加精确，需要在浸入水前在灯罩的统一高度上贴上纸条，这样能够更直观地观测到实验结果。当几个灯罩的水达到同一高度时，纸片就会脱落。也就是说，只要水柱的底面积和高度相同，压力也就相同。请特别注意，这里的高度并不是长度，而是指垂直于水面的高度。如果水柱是倾斜的，它对底部的压力也会同高度较短而垂直于水面的水柱对底部的压力一样。

5.4 天平会倾向哪一边

在天平一端的托盘中放一只装满水的桶，在天平另一端的托盘里放完全相同的桶，也盛满水，不过桶中漂着一块木头（图 5 - 4），你觉得天平的指针会倾向哪一边？

当我询问其他人这个问题时，有些人认为漂着木头的桶比较重，另一些人则认为全是水的比较重。可实际上，两边的重量是相等的，天平并没有倾向任意一方。

无论桶里面有没有木头，或者说水的重量比木头重多少，实际上，虽然第二只桶比第一只桶里面少了一些体积，但根据浮力定律，各种漂浮物浸入液体中排出去的液体的重量同浸入液体中的物体重量一样，所以天平才会一直维持平衡。

如果我们换一种情形，结果是不是还是一样的呢？假设我们在天平一端的托盘上放一只装着水的烧杯，再在烧杯的旁边放一个

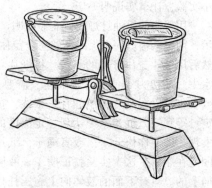

图 5 - 4　两只相同的桶都装满水，其中一只桶里漂着一块木头，哪只桶更重

砝码，在天平另一端的托盘上放上砝码，使得天平维持平衡。如果这时候把烧杯旁的砝码丢进烧杯里，天平还能继续维持平衡吗？

也许有许多人会认为天平不会维持平衡了，因为常识告诉我们当一个物体浸入液体里它会比在液体外的时候轻。然而事实上，虽然砝码丢进了烧杯中，但砝码排开了同样体积的水，使得水面上升，水对于烧杯底部的压强也增加了。烧杯的底部承受的这个原本不存在的附加力，恰好与砝码减少的重量相等。

5.5 液体有没有固定形状

通常人们的认识是，液体可以被装进各种形态的容器中，变成各种的形状，所以得出结论：液体无固定形状。如你把液体倒进容器里，容器是什么形状，它就变成什么形状。当你把它倒在平面上，它只会薄薄地散在平面上。其实并不是液体没有自己固有的形状，而是一直作用于液体的重力妨碍了液体呈现它的本来面目。

阿基米德定律告诉我们，当一种液体被注入另一种密度与其相同的液体时，它会失去重量。"失去"重量不受地球重力作用的液体，在此时此刻会呈现出它最天然的形状，也就是球状。

你可能不太相信，那我们就用生活中常见的东西做个实验验证一下。首先准备好水、酒精和橄榄油。我们都知道油要轻于水，所以当将橄榄油倒在水里时，它会浮在水面上。然而酒精能使橄榄油沉在酒精里，这个事实相信没有太多人知道。为了能够达到实验的要求，我们用水和酒精混合制成一种混合液，使橄榄油注入其中时不会沉底，也不会浮起。当混合液体准备好后，你找一个透明杯子，往杯中倒入适量的混合液体，然把少量的橄榄油注入这种混合液体中。很快你就能看到一种奇怪的现象，就像前文我们提到的一样。在混合液中，橄榄油聚成了一个很大的圆形油滴，一动不动地悬在那里，既不会上浮也不会下沉（图5-5）。

在做这个实验时，你一定要耐心仔细，否则你将看不到这样的奇景，只能看到几个较小的球状油滴悬在杯中，虽然这样也验证了阿基米德定律所说的，但是不利于实验的进一步进行。

当你看到悬浮的巨大球状油滴时，找一根长木条或者金属丝，让它穿过橄榄油圆球并加以转动，很快你会发现圆球会随着长木条或者金属丝的转动而转动。球体也在旋转的影响下变成扁圆形，然后渐渐变成一个圆环（图5-6）。你如果想更直观地观察这种变化，可以找一根长木条或金属丝，在上面装上一张用油浸过的硬纸片，这张纸片需剪成圆形，纸片不宜太大。

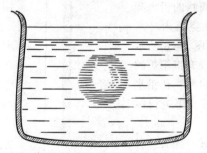 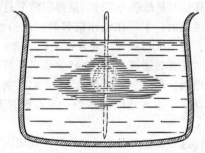

图5-5 普拉托实验：橄榄油在稀释的酒精　　图5-6 如果用一根木条穿过圆球的中心，
　　　里聚成一个圆球，既不沉下也不浮起　　　　　旋转油滴，就会有一个油环分裂出来

随着旋转的继续，圆环会渐渐分散成几个部分，这些新产生的不规则的碎块会随着时间的推移变成新的球状油滴，新的球状油滴会围绕着中间的球体继续旋转。

这个实验是由比利时物理学家普拉托发现的，上面是这个实验的标准做法。实际上这个实验还有另一种方式，不仅操作简单，而且实验的效果也不会差。

先找一个小玻璃杯，用水冲洗干净，在小玻璃杯中倒上橄榄油。然后把小玻璃杯放到一个比它大的玻璃杯里，在大玻璃杯里倒入酒精，让装了橄榄油的小玻璃杯完全浸入酒精里。再找来一个小勺，顺着大玻璃杯的杯壁倒入水，一直到小玻璃杯子里面的橄榄油表面开始凸起并从小玻璃杯中升起为止。在注水的时候，你能看到橄榄油一点一点地凸起，渐渐地变大，直到变成一个相当大的球形悬在被稀释的酒精中，如图5-7所示。

如果你没有酒精，也可以用苯胺来代替，这种液体在常温下比水重，当温度达到75~85℃时要轻于水。我们可以把水加热，让苯胺变成在水里悬浮的球形。也可以用水和盐以一定的比例制成盐溶液，这样在常温的条件下，滴状的苯胺就能悬浮在盐溶液里。

图5-7　简化版普拉托实验

5.6　圆形霰弹

通过上一节的内容，我们已经了解任何液体最天然的形状是球形。当液体不承受任何重力作用时，我们就能看到它呈现出本来的样子。不知道你还记不记得前几节提到的落体失重问题，如果忽略空气的阻力，坠落中的雨水确实是球形的。

霰弹作为一种武器，在制作时就运用了液体在不受重力作用时是球形的原理。霰弹实质上是由呈滴状的铅水凝固而成的，工厂在制作霰弹时，让铅水从高空落入冷水中，凝结成球状物。通常在工厂会有一个如图5-8所示的"霰弹铸造塔"，高约45米，并在高台处设有带熔炉的铸造间，地面上装有水槽。工人们在制造的时候，让铅水从高空中落入地面的水槽，铸造霰弹的雏形，再进行深加工。

这样铸造的霰弹又被称为"高塔法"霰弹。还有一种霰弹，每一个铅球的直径都在6毫米以上，人们称之为榴霰弹，它是将金属丝截成小块再磨圆制成的。在利用"高塔法"铸造霰弹时，水槽并不是用来冷却的，而是为了避免霰弹落地时受到撞击导致球形变形。因为滴状的霰弹，早在下落的过程中就已经冷却成型了。

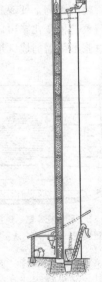

图5-8　制作霰弹的高塔

5.7　"无底"的高脚杯

盛满水的高脚杯还能装得下大头针吗？也许只能装一枚两枚吧？当你面对这样

的疑问时，估计会和我有同样的想法。可是，我们这样想对吗？让我们找来一个高脚杯和一些大头针，试一试盛满水的高脚杯究竟能容纳几枚大头针。

当然，为了防止由于大头针快速冲击而直接溅出水的情况，我们在测试时，要轻拿轻放，不可直接随手丢进去。一定要小心，不要用力推送，避免水面的震动会溅出水来。

一边丢大头针进去，一边数数，看着大头针静静地沉入杯底。就这样一枚，两枚，三枚，十枚，二十枚……甚至上百枚大头针丢了进去，水面依然没有任何变化（图5-9）。既然水面没有变化，就证明我们还可以往里面放大头针，那就让我们继续，两百枚，三百枚，四百枚，即便是四百枚大头针放进了高脚杯，也没有水溢出来。不过水面已经有了变化，原本水平的水面开始微微凸起高出杯口。那么还可装更多的大头针进去吗？如果你感兴趣，可以试一试，其实高脚杯至少能容纳1 000枚大头针。

图5-9　往盛满水的高脚杯里放大头针

事情的奥秘就在于凸起的水面。玻璃杯由于人的经常使用很容易蹭上油渍。只要杯口有一点儿油渍，水就很难浸湿玻璃，正因如此那些被大头针挤出来的水就形成了凸起的水膜。这样的凸起看起来并不大，但是如果拿大头针的体积和凸起的水的体积一比，你就会知道数字有多巨大。

让我们简单计算一下，大头针大约长25毫米，粗0.5毫米。运用圆柱体体积计算公式$\dfrac{\pi d^2 h}{4}$，可计算出一个大头针的体积大约是5立方毫米，再加上大头针的头部，一个大头针的总体积大约为5.5立方毫米。再让我们计算一下凸起的水面的体积，杯子的直径为9厘米，也就是90毫米，我们假设凸起的厚度为1毫米，那么它的体积大约为6 400立方毫米。换而言之，凸起的水的体积大约是一枚大头针体积的1 200倍，也就是说，如果我们一直放下去，可以放1 000多枚大头针，即便大头针充满了整个杯子，水也不会洒出来。

5.8　无孔不入的煤油

英国幽默作家杰罗姆在《三人同舟》这部中篇小说中写道：

船靠岸之后，我们将船系在桥头，准备到城里走走，但可恶的煤油味与我们如影随形，似乎满城都被煤油浸透了……我觉得煤油简直是无孔不入。当我们把煤油放在船头时，它会从船头跑到船尾，它一路经过的所有东西都被染上了煤油味。它穿过船板，滴入水中，污染了空气、天空、人体和所有的环境。风吹来的煤油味儿时而来自北方，时而又来自南方，一会儿自西而东，一会儿自东而西，在空中飘散。不管它是来自空旷干燥的沙漠，还是来自冰雪寒冷的北极，它总是不断侵袭着我们。每天的傍晚，因为这种煤油味，晚霞的魅力被破坏殆尽，那月亮的清辉也变得朦胧了。

作者的描述或许有些夸张，但那不是信口开河。如果你之前了解过煤油，你就相信，若是煤油灯里灌满了煤油，将外壁擦干，但外壁在一个小时之内又会变湿。并不是谁打翻了煤油灯再恢复原状，而是你没有将灯口拧紧。只要灯口有缝隙，煤油就会顺着灯口往外渗，跑到煤油灯的外壁。

煤油的这种特性叫作弥漫性。所以用煤油或者石油做燃料的轮船一直不受旅客的喜爱，因为在这样的船上，如果没有采取特殊措施，就会发生《三人同舟》中的那一幕，这两种液体会从人无法发觉的空隙弥漫出来，而不仅仅顺着油箱的金属面漫延并挥发得无所不在。即便人们想尽办法希望能够改变这种状况，也只是徒劳无功。最后，这些用煤油和石油做燃料的轮船只能用来运输煤油或石油，除此之外，再不能运送其他的物体①。

虽然说煤油能够透过金属和玻璃有些夸张，但是它真的能够顺着金属或者玻璃的外壁漫延开来，让人头痛不已不知该如何是好。

5.9 浮在水面的硬币

如果有人问你："硬币有没有浮在水面上的可能?"你或许会说："别瞎想，这可不是童话故事，没有魔法。"其实现实世界中有这样能够浮在水面不沉下去的硬币。如果你不相信，让我们开始动手实验吧，让奇迹在你眼前发生。

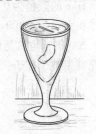

我们先从较小的物体试起，拿几根针，找一个玻璃杯在里面装上适量的水，然后将一小块卷烟纸放在水面上，接着轻轻地放一根完全干燥的针在纸上。现在让我们移开卷烟纸，用大头针或者另一根针按压纸的边缘，直到它被水浸湿沉入水底。我们就会看见那根没做过任何处理的针浮在水面上了（图5－10）。

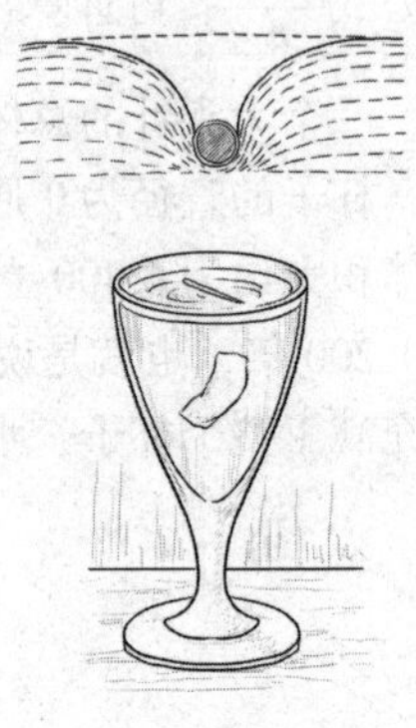

图5－10　浮在水面的针

图5－10的上图为2毫米粗的针的示意图和水面凹下时的实际形状，下图为用卷烟纸让针浮起来的示意图。

① 此处的说法夸张了。因制取方法和产地不同，不同用途的煤油其理化性质也有差异。用煤油和石油做燃料的运输设备也能用来运输煤油或石油以外的物体，比如现在的飞机使用的燃料就是航空煤油，而飞机能运输很多煤油以外的物体。

　　甚至你还可以拿一块磁铁靠近杯子操纵浮在水面的针，想象它是一个小潜水艇上下左右地移动着。如果你相信自己，觉得自己能操作得当，你也可以直接用手指捏着针的中部，在距离水面很近的地方松开，让针平稳地落在水面。

　　多试验几次，当你熟练掌握让针浮在水面上的技巧后，你不妨再换比较轻的纽扣试试看。接着再试其他金属的小物件。如果你都成功了，那么开始尝试下硬币吧！试着把 1 戈比硬币（戈比，俄国辅币名，100 戈比等于 1 卢布）丢在水面让它漂浮。

　　使这些物体浮在水面的不是别的而是人分泌的油脂。我们用手触碰后，这些物体甚至包括金属，会在表面形成一层油膜。就像是前面提到的装不满的高脚杯一样。如果你仔细观察在水面漂浮的针，你会发现在针的周围有一个能够看得清的凹陷，这就是水的表面为了恢复平面施加力的结果。正因为水的表面想要恢复原状，使得针受到一个向上的力，再加上针或者其他物体受到的来自液体的浮力，使得针能够浮在水面。

　　如果你不相信，其实你还可以把针涂上油，然后放在水面看看它会不会下沉。

5.10　能盛水的筛子

　　筛子是用来漏水的，不过当你将筛子处理一下后你就可以用它来盛水了。这样看似反常的事情真的可以通过实验做到。要完成这个看似不能完成的事情一点都不难，你只需要找一个金属丝做的筛子，再找来融化的石蜡。

　　先把直径大约 15 厘米，筛子眼大约 1 毫米的金属丝筛子泡在融化的石蜡中，然后再取出来。你会看到筛子眼上有肉眼勉强可见的薄薄的一层石蜡，但是筛子眼并没有被石蜡填满，依然可以让大头针通过。用这样的筛子再小心地盛水试一下，你会发现水不会从筛子眼漏出去。

　　如图 5 - 11 所示，当我们用浸了石蜡的筛子盛水时，筛子的孔隙里形成了一层凹下去的膜，正是有这么一层薄膜，才使得水没有漏下去，反过来，如果我们把刚才的筛子平放在水面上，筛子一样不会沉下去，而是浮在水面上。

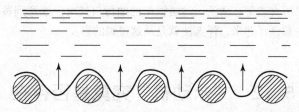

图 5 - 11　为什么水不会从用石蜡处理过的筛子里漏出

　　利用这个原理，我们还可以给木桶和船只涂上树脂让其不漏水，或者给所有我们想要不渗水的物件覆盖上一层油漆或者油类物质。对于不想渗水的织物，像是布之类的，可以用橡胶处理一下。这样的事情很常见却不被人注意，然而筛子盛水却显得特别反常。

5.11　泡沫的应用

在之前的实验中，我们让针和硬币都浮在水面上，这样的实验原理在人们的生活中也多有应用。采矿冶金工业为了能够"富集"矿石，就运用了这种方法来选取矿石。

"富集"矿石就是为了增加矿石中有价值的成分含量，采取的方法我们称之为"浮选法"。这种方法最具成效，远胜于其他方法。

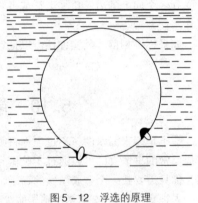

在用浮选法挑选矿石时，先将已经经过精细粉碎的矿石放在有水和油性物质的池子中。有形物质能够在矿物颗粒表面形成一种水无法浸湿的包膜。然后搅拌这样的混合物，让空气与搅拌物充分搅匀，在搅拌的过程中会形成许多极小的气泡——泡沫。包裹着薄薄油膜的有用矿物颗粒与气泡接触，附着并且悬浮在气泡上（图 5 - 12）。需要指出的是，泡沫的体积要比筛选的矿物碎粒体积大得多，以保证需要的矿物碎粒全部到泡沫上，浮到水面上来。否则就无法把需要的矿物碎粒全选出来。这样，再对这些泡沫进

图 5 - 12　浮选的原理

行简单的处理，就能把我们需要的矿物从大量的矿物碎粒中选出来了。

精矿石由于经过浮选法的提纯，使得其矿物含量是原始矿石的 10 倍左右，大大提高了采矿冶金业的产量。

现在的浮选技术已经先进到只要能够找到适当的搅拌用的液体，就可以对任何矿物进行分离。浮选法的产生最初是源自人们在生活中的观察。19 世纪末一位叫凯里·艾弗森的美国女教师在清洗装过黄铜矿的油污口袋时，注意到黄铜矿石的颗粒随着肥皂泡沫一起漂浮起来，浮选法就是从这得到的启发。

5.12　"永动机"究竟是否存在

人们做梦都想研发一种机器，这种机器可以不消耗能量且夜以继日地做工，尽管这是人们白日做梦的想法，可是总有些人耐不住好奇心强，去造出所谓的永动机而努力。

事实证明，永动机只是人类想象的产物，它并不能够在现实的条件下被创造出来。1575 年，意大利力学家斯特拉发明了一种"永动机"，这台机器靠水力驱动，是已知的最早关于永动机的完整构想。从图 5–13 中我们能够窥见这位科学家的思维脉络。他先设置了一个阿基米德螺旋引水机，让这个机器在旋转的过程中把水提升到上面的水箱中，然后被提升上来的水会顺着箱子的排水槽流下去冲击水轮，这样可以使水轮转动起来并带动磨刀石转动，再借助一系列的齿轮带动阿基米德螺旋引水机工作将水送到下方的水箱里。

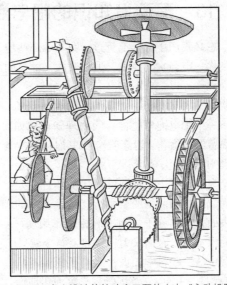

图 5–13 古人设计的转动磨刀石的水力"永动机"

事实证明这样的机器根本无法运作。后来人们经过理论上的推理论证后设计出了"真正的"永动机。它的设计如图 5–14 所示，在容器中放上油或者水，放置一根油绳连接上面的一个容器，然后在那里被油绳吸上去的油又被另一批油绳吸得更高。在最上面的容器有一个排油用的斜槽，吸上去的油会顺着斜槽滴落到轮子的叶片上，使得轮子旋转。也就是说，只要油不停地上上下下，轮子就会永远地旋转下去。

一旦这个理论的产物付诸实践，很快就能发现其不可行性。油不仅不会被吸到上面的容器里，更不会顺着油绳上弯曲的部分流动。绳子的毛细作用既让液体顺着绳子向上转移，又保持其不滴落，而且当油量达到一定程度后，本来理论上会被吸到上面容器的油会滴回原来盛油的器皿中。

事实证明上面的种种猜想只是理

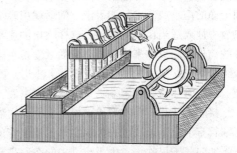

图 5–14 不能实现的旋转装置

论上的假说，在现实生活中是行不通的。其实，如果真的想设计永动机不用考虑那么多，找来几个绳子、滑轮和砝码就能快速制作简易的"永动机"。你找一根绳子搭在滑轮上，再找两个重量相同的砝码系在绳子的两端，一个砝码落下去，另一端的砝码就升上去，相反，升上去的砝码落下来时，又把另一端的砝码抬升上去。造"永动机"就这么简单。

5.13　蕴藏着知识的肥皂泡

吹肥皂泡的游戏，想必我们小时候都玩过。我看着那些纷飞在空中的彩色泡泡，总忍不住想打破它们。你一定会吹肥皂泡，但是又大又漂亮的肥皂泡你能吹出来吗？这就不一定了吧。

事实证明，如何吹出又大又漂亮的肥皂泡是需要练习的。小小的肥皂泡也有大学问。对科学家而言，一个肥皂泡里蕴含着的物理知识犹如大海一样无穷无尽。英国的科学家凯尔芬勋爵曾经说道："请您吹个肥皂泡并且看着它，您可以终身研究它，不断从中汲取物理知识。"

看着五光十色的肥皂泡，其中肥皂泡反射出的颜色就是物理学家用来测量光波长度的小助手，它让光波波长的测量变得可行。甚至薄薄的肥皂泡壁也有着你难以想象的奥秘，那就是表面张力和分子之间力的相互作用规律——也就是内聚力。内聚力是物质构成形态的根本，没有内聚力，世界上至今就只能存在细小的尘埃而已。

关于肥皂，除了其中的一些科学知识，我们更感兴趣的是肥皂泡可以让我们的童年更欢乐。在《肥皂泡》一书中，英国物理学家博伊斯设计了许多关于肥皂泡的小实验，帮助人们掌握吹肥皂泡的要领。

首先准备好实验器材，毕竟巧妇难为无米之炊。我们需要准备用来吹肥皂泡的溶液，还需要吹的物件。在准备溶液时，书中建议选用纯橄榄油或扁核桃油制作的肥皂来做原料。这两种肥皂制作出来的溶液很适合吹那些又大又美丽的肥皂泡。

肥皂液制作的要点是适宜的浓度，制作方法也十分简单。你只需切下一小块肥皂把它放在干净的冷水中，等待肥皂融化，你就会得到肥皂液。在选取水时最好使用干净的雨水或冷水，如果没有的话就用晾凉的白开水。普拉托建议在准备好的肥皂液中加入适当比例的甘油，这样吹出的肥皂泡能够保持长时间不破。最后，用找好的物件吹肥皂泡来检验肥皂液的浓度是否合适。选择吹肥皂泡的工具时建议找一根细的陶瓷管或者长约10厘米的麦秆儿，找到之后还要稍作处理，才能用来吹泡泡。陶瓷管要在管的末端里外都抹上肥皂液，麦秆儿则要记得将底端劈成十字形状。

接着，让我们用吹泡泡来检验肥皂液的浓度。先用小勺撇开肥皂液表面的泡沫，把细管直上直下地插进去再取出来，让细管的末端有一层薄薄的肥皂液膜，紧接着缓缓地向管子里吹气。由于吹进去的空气来自我们的肺里，温度较高且质量要轻于空气，所以吹好的肥皂泡会向上飘。

　　判断肥皂溶液浓度是否适合主要根据肥皂泡的大小，如果肥皂泡大概能达到直径 10 厘米，那么就不用再增加肥皂了。除此之外，真正合格的肥皂泡溶液，当你用手指蘸上肥皂液插进肥皂泡时，肥皂泡是不会破碎的。

　　把要用到的工具带来，我们找一个光线充足的实验地点，然后开启我们的实验。在这里我简要介绍四个有趣易操作的小实验。

　　第一个实验我们学习制作一个罩在花瓶上的肥皂泡，实验成功的话你会发现花瓶像是被罩在彩虹色的玻璃里一样［图 5 - 15（a）］。先找来一个盘子，倒上肥皂溶液，让溶液平铺在盘子上，溶液的厚度大概为 2 ~ 3 毫米，大致铺满整个盘子。把准备放在肥皂泡里的花瓶摆放在盘子的正中间，大小以能被玻璃漏斗扣住为准。然后我们开始制作彩虹色的"玻璃罩"，把漏斗扣在盘子上，缓缓提起漏斗，对着漏斗下部的细管缓缓地吹气，渐渐你会发现盘子上出现了一个大的肥皂泡。肥皂泡的大小取决于个人喜好，你慢慢倾斜漏斗，让肥皂泡的身体展现出来，这样你就会发现花瓶藏在了彩色泡泡里。

　　我们要做的第二个实验和第一个实验借助的原理相似。如图 5 - 15（b）所示，先找来一个人体雕像，然后在雕像的头上滴一两滴肥皂液，在头顶先吹一个大的肥皂泡，然后再用吹肥皂泡的细管蘸好肥皂液插进大泡里面吹一些较小的泡泡。这一切都做好了，你会发现那个雕塑上多出了一顶桂冠，那顶桂冠在阳光的映照下多姿多彩。

　　第三个和第四个实验略有难度，第三个实验是多层泡中泡［图 5 - 15（c）］，区别于一个大肥皂泡里面有几个小肥皂泡，而是像俄罗斯套娃一样在大肥皂泡里吹一个较小的，然后再在吹好的肥皂泡里再吹一个更小的，就这样依次下去。在做这个实验时，我们要借助第一个实验中的大漏斗来吹最外面的泡泡，然后如第二个实验一样先处理下用来吹泡泡的物件，再小心地穿过第一个肥皂泡的薄壁进入中心位置吹第二个肥皂泡。

　　第四个实验是把球形的肥皂泡变成圆柱体，具体做法如图 5 - 16 所示。我们需要新的道具才能做这个实验，就是直径大小相等的金属环。我们先吹一个肥皂泡，然后把肥皂泡放在其中一个球形泡泡上，然后用肥皂溶液浸泡金属环。之后，用已经浸泡过的金属环接触肥皂泡然后轻轻向上提拉，使得肥皂泡变成圆柱体为止。有些人不擅把握两个金属环中间的距离，使得本来应该变成圆柱体的肥皂泡一分为二变成两个完全不同的肥皂泡。

　　怎么样，这几个实验有趣吧。看起来不起眼的肥皂泡力量却不小，肥皂泡的薄膜受表面的张力作用，并且挤压着泡泡中的空气。当你用肥皂泡朝向燃烧着的蜡烛时，你能看到火焰明显偏向一方（图 5 - 17）。

　　而且如果把肥皂泡从暖和的房间拿到寒冷的房间，你能很直观地看到泡泡的体积在变小。反过来把它从寒冷的房间拿到暖和的房间，你能看到泡泡膨胀起来。这种现象是由于肥皂泡内部空气的热胀冷缩造成的。假设在零下 15 ℃的房间里，肥皂泡的体积是 1 000 立方厘米，那么当它转移到零上 15 ℃的房间中，它的体积会增加大约 110 立方厘米。

　　除此之外，其实真正的肥皂泡并不是易碎的，如果处理得当，你可以保存它数年之久。英国研究液化空气方面著名的物理学家杜瓦就曾经将几个肥皂泡保留了大概一个多月，美国的劳伦斯更是将肥皂泡沫保存了数年之久。所以转瞬即逝并不是肥皂泡的特征。

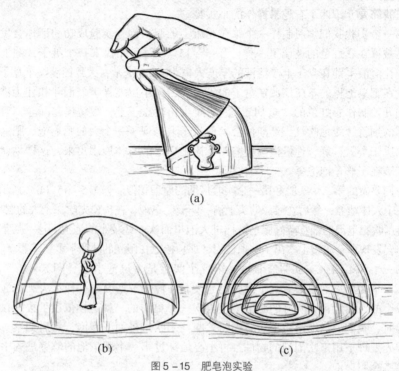

(a)

(b)　　　　　　　　　　　　　　　(c)

图 5-15　肥皂泡实验

（a）罩在花瓶上的肥皂泡；

（b）罩在大肥皂泡里的顶在石像上的小肥皂泡；（c）多层泡中泡

图 5-16　怎样制作圆柱形肥皂泡

图 5-17　肥皂泡薄膜将空气排出

5.14   什么东西最薄最细

我们总是说像头发丝一样细，或者像纸一样薄。这只是一种比喻，其实在人能够接触的事物中最薄的要数肥皂泡的膜。也许你不会相信，肥皂膜的厚度只有头发丝和纸的五千分之一。

一根头发被放大200倍后，能达到直径1厘米，而将肥皂膜的剖面放大200倍，你什么也看不见。只有当你把肥皂膜的剖面再扩大200倍，才能看到像一条细线似的肥皂膜剖面。如果把头发放大到同样的倍数（即40 000倍），将会超过2米粗。从图5-18，你能鲜明地看出它们之间的差异。

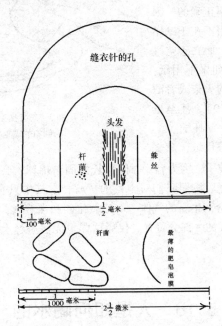

图5-18   上图：把针孔、头发、

杆菌和蛛丝放大200倍；

下图：把杆菌和肥皂膜放大40 000倍

5.15   不沾水也能从水中取物

找一个平底盘子，放一枚硬币进去，然后往盘子里倒水，使水面没过硬币。现在你可以用手将硬币取出而手指却不沾到水吗？

其实这很好办好，只需一个玻璃杯和一张纸就够了。首先将一张纸点燃，然后将其放在玻璃杯里，将杯子快速倒扣在盘子中的硬币附近。等纸上的火熄灭，你会发现盘子的水都进入到杯子里，硬币却一动不动地待在原地。再等一会，只要硬币上的水也干了，你就可以徒手拿起硬币了。

是谁在控制着水吗？为什么水会自动地跑进杯子里？其实那个控制的人是大气压，燃烧的纸加热了杯子里的空气，使得压力产生变化，一部分空气排了出去。随着火的熄灭，杯子里的空气变冷，使得压强再次改变，原本被排出去的那一部分空气的位置被从杯外赶进来的水填满。

关于这个实验，还有一种说法：杯子里的纸燃烧，耗尽了杯中的氧气，导致杯中的气体数量减少。当然这种解释是不正确的，因为杯子吸水的根本原因不在于纸燃烧消耗的那部分氧气，而在于空气受热导致密度改变。如果不用纸，也可以用插入软木塞的火柴或者酒精棉球代替（图5－19）。甚至也可以只用烧开的水涮一涮杯子。

图5－19　怎样把盘里的水收到倒扣的玻璃杯里

当你用酒精棉球替代纸，燃烧氧气的说法就不攻自破了。因为燃烧时间更长的酒精棉球，会使杯子里的水面几乎上升到杯子一半的高度。按照我们对空气的了解，空气中只有百分之二十是氧气，尽管燃烧掉"氧气"会产生新的气体——二氧化碳和水蒸气，二氧化碳溶于水，而蒸汽多少能够取代氧气的一部分位置。仅凭这样也无法解释上升至杯子二分之一高度的杯子里的水。

5.16　人是如何喝水的

我们生活中的许多常见现象都蕴含着神秘的科学知识。就像人们喝水一样，不知道你有没有思考过为什么水会流进我们的嘴里。

其实在"喝"这个简单的动作中，真正起到作用的不是和容器接触的嘴，而是肺。在我们喝水时，胸腔扩大，肺部扩张，使得口腔内的空气变得稀薄。由于空气的大气压作用，水会自动进入到压力较小的空间，就这样水流进了我们嘴里。

其实这个道理同液体的连通器的情况相同。当我们把连通器的一根管子里的空气变稀薄，管内的液体就会在大气压的作用下上升。反之，如果我们喝水的时候用嘴唇含紧瓶口，无论怎样用力也无法成功地喝到水。因为这么做之后，嘴里的空气与水面的空气压强相等。

5.17　漏斗的发展

在最初，漏斗的外壁是光滑的杯壁，后来人们渐渐发现在使用漏斗往瓶子里倒液体的时候，总要时不时地提一下漏斗，否则液体会停留在漏斗里流不下去。

这是由于瓶子被漏斗中的液里盖住了口，瓶子成了封闭状态，瓶中的空气出不去，就用自己的压力托住漏斗里面的液体不让它流下来。起初虽然会有少量液体顺着杯壁流下来，但是瓶中受到挤压的空气会因此变得具有更大的弹性，这个弹性足以同漏斗中的气体重量抗衡。只要稍微提一下漏斗，让瓶子中的气体找到向外的通道，液体就能顺利地流下来。

所以现在我们见到的漏斗在渐渐变细的部分有几道纵向凸起，使得漏斗不至于封闭瓶子，让液体能够一直顺畅地流下去。

5.18　1 吨木头和 1 吨铁哪个沉

如果有人问我们："一吨木头和一吨铁哪个更重?"我想不少人第一反应是："一吨铁更重。"哈哈哈，那真是大笑话，这是个脑筋急转弯。如果他回答一吨木头比一吨铁重，估计笑声更大。无论笑声多大，在某个层面，严格来讲 1 吨木头确实比 1 吨铁要重。

听到这个答案，很多人可能会惊讶得合不拢嘴。然而这确实是事实。

我们熟知的阿基米德浮力定理在气体中也同样适用，所以在测量时，空气中的每个物体都会排开与它同体积的空气的重量。木头和铁在空气中自然会失去这么一部分的重量，所以即便测量重量相等的 1 吨木头和铁，它们的真实重量绝不是一样的。

在去掉空气浮力作用的情况下，1 吨木头的实际重量应该是 1 吨加上与 1 吨木头体积相同的空气重量，一吨铁的重量也是如此计算。然而，1 吨木头的体积约是 1 吨铁所占体积的 15 倍，这样一来，一吨木头的实际重量就要大于一吨铁的实际重量。严谨地说，在空气中 1 吨木头的实际重量要大于 1 吨铁的重量。

1 吨铁的体积大概是 $\frac{1}{8}$ 立方米，1 吨木头的体积大约为 2 立方米，那么它们各自排开的空气重量相差 2.5 千克，也就是说，实际上 1 吨木头比 1 吨铁重 2.5 千克。所以当你再次回答这个脑筋急转弯时，不妨说出实际上的答案，顺便给那些哄堂大笑的人科普一下。

5.19　失去重量的人

人们总是向往着高空，希望自己能够更轻一些，最好能够摆脱重力，任凭心中所想地飞在空中。可是人们却忽略了人们之所以能够在地面上行走，恰恰是因为他们重于空气。

人们对于变轻和飞翔的幻想在多部文学作品中都有所体现。在威尔斯的科幻小说中，一个胖得出奇的人在服用友人的神奇药方后，失去了自己的重量。友人前去看望这个胖子，他打开门看见了乱七八糟的东西，满地狼藉像遭了贼一样。屋子的主人却不见踪影不知道躲到哪里去了（图 5-20）。

直到派克拉弗特发出声响，这位友人才发现胖子像黏在天花板上的气球一样待在靠门的角落处，他的脸流露出恐惧和气愤的情绪。

"万一哪里出了差池您派克拉弗特就会掉下来摔断脖子的，你快小心些。"我说。

"我正期盼能掉下来呢！"他说。

"你都这把年纪了，怎么还有心思恶作剧。可了不得了，你是怎么支撑住的啊？"尚且不明状况的我问道。可话刚说出口我就发现了这根本不是什么恶作剧，飘在天花板上并不是他的本意，他的行动也恰好证明了我的猜测。

他拖着他肥硕的身躯努力离开天花板，沿着墙向我爬来。他好不容易抓住一幅钉在墙上的版画框，很快就发现那东西根本吃不住劲儿，只听"砰"的一声，他就这样直直地朝天花板撞去。"这药，实在是太灵了，我几乎没有重量了！"派克拉弗特边喘着气说话，边小心谨慎地尝试着从壁炉回归地面。

听了他的话我才恍然大悟，怪不得他这副模样，原来是不知道又吃了什么药。"我说，朋友，你要知道你需要的可不是什么灵丹妙药，你需要的是减肥。来来来，别白费劲儿了，让我帮你一把。"说罢，我像是拖着风筝一样，将他从空中拉了下来。

刚接触地面的派克拉弗特滑稽地在屋里深一脚浅一脚地挪动，根本无法站稳，每一步都迈得异常艰辛，就像是正刮着台风一样。

"桌子，你，假如你能把我塞到桌子底下……"不等他说完，我就把这位不幸的朋友塞到了桌子下面，他为终于摆脱了无法站稳的窘境而庆幸，可实际上，那张桌子根本解决不了问题，似乎整张桌子都跟着摇晃起来。

图 5-20 "我在这儿，老兄！"派克拉弗特说

看到他这副模样，我不由得开玩笑说："嘿，你可不能脑袋一热就走出这屋子啊！保不准你就像那氢气球一样升到高空中，甚至到达外太空。"

听了我的话，派克拉弗特哭笑不得，"我的朋友别开玩笑了，这，这让我怎么睡觉，怎么吃饭啊？"

我灵机一动，帮他在床屉的铁丝网上固定了一个褥垫，然后把他需要用的东西用带子绑在上面，再把被子和床单的两边都钉上扣子，这样一来他想睡觉的时候就可以把自己扣在里面。

至于吃东西，我更是想到了妙招，把吃的都放在书柜顶上，这样派克拉弗特就能从容用餐了。为了帮助他适应新生活，我们想到了各种各样的妙招，甚至鼓捣出应有尽有的装置方便他生活。

最后，我终于想到了最好的办法，就是给他的衣服加个铅衬，这样一来派克拉弗特就能够四处走动了。甚至当他凑齐了铅底的箱子、鞋子，等等，他还能出国旅行呢！

是不是当人真的摆脱重力后，就能够轻如鸿毛地飘在空中。如托里切利所说的，我们"生活在空气海洋的底部"。当人们失去体重变得比空气还轻时，当然会浮到空气海洋的表面，然而，威尔斯的描写却不会成真，因为就算派克拉弗特肥胖的身躯排开的空气重量很轻，但是只要他穿的衣服和衣服口袋里的东西重量大于它排开的空气的重量，他就不会飞到天花板上去。

一个人的体重大概等于与人体同体积的水的重量。假设一个人重 60 千克，那么他的体积大概等于同重量的水的体积，而空气的密度大概是水密度的 $\frac{1}{770}$，也就是说，人体排开的空气重 80 克。我们假设身体肥胖的派克拉弗特大概重 100 千克，无论如何他都不能排开相当于 130 克的空气。他身上的穿戴肯定超过 130 克，所以这个服用了不知名药剂的胖子即使处于一个相当不稳定的状态下，也不会浮在天花板，而是留在地面上。除非他脱光所有的衣服才会浮在天花板上，否则，穿着衣服的他无论如何都不会浮起来。

因此，穿上衣服的他就算浮起来最后也会稳稳地落在地面。真的难以想象当人真的飘在空中会有怎样的境遇，也许会像大文豪普希金写的那样："不管你信不信，我突然像羽毛一样飘起来了。"最后人类沦为大气气流的俘虏，随着气流飘到难以想象的地方。

5.20　不用上弦的时钟

永动机我会已经了解了，它是造不出来的。然而今天我们要谈一谈"全自动"的原动机。也就是说不需要我们做任何事情，这种机器就能无限期地工作下去，它工作需要的能量来自它所处的环境。

气压计这东西大家应该不陌生，无论是水银气压计还是金属气压计，它的指数变化来自大气气压的变化。水银气压计的水银柱随着大气压的变化而上升下降，而金属气压计的指针会随着气压的上升下降而左右摆动，这就是一种原动机。

在 18 世纪，一位发明家发明了一种利用气压计的运动为钟表机械上弦的物体，从而制造出了能够自动上弦的时钟。这项发明赢得了英国力学家和天文学家弗格森的高度评价。在弗格森看来，"这个时钟在制作的想法和工艺上都是我曾经见过的机械里最巧妙的机械。仅仅凭借着专门设计的气压计的水银柱的升降就能够带动机械不停地走动。不要认为它会停止，即便你拿掉气压计，由于水银柱上升下降积蓄的力量也足够维持这座时钟走动整整一年。这实在是太巧妙的设计了。"

不过这项伟大的发明没有被很好地保护起来，真令人遗憾，我们现在只能通过观看当时的设计图纸联想这个机器的精巧（图 5 -21）。

根据结构设计图不难看出提供动力的是一个被特别设计的大尺寸的水银气压计。它由可以移动的玻璃罐和瓶口向下倒置的烧瓶组成，这两个器皿中总共装有重 150 千克左右的水银。这两个器皿还构

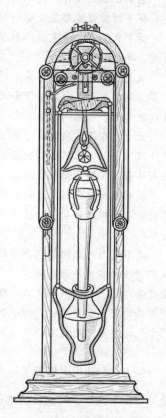

图 5 -21 18世纪"永动"的时钟

成了一个巧妙的杠杆结构，使得大烧瓶和玻璃罐会随着气压的变化做着相反方向的运动。也就是说当气压上升时，玻璃罐上升而大烧瓶下降。如果气压不动，杠杆会静止不动，连接着大烧瓶和玻璃罐的齿轮也会静止不动。而使时钟走动的摆锤只能通过以前积累下的能量走动。这种既依靠机械运动积累能量推动摆锤上升，又利用摆锤的升降推动机械运动的做法实属不易，然而其中还有一个不容忽略的问题，就是摆锤上升和下降的时间并不是相等的，这需要加上一个特殊的装置，才能改善。

最后，经过人们的努力，摆锤终于能够进行规律的周期性升降运动，整个机械设计的精巧性也显而易见。原动机不同于永动机，它运动的能量来自外界而不是像永动机那样来自机械自身。这个巨大的区别，也就是为什么这样的全自动原动机能够在现实中实实在在被创造出来的原因。然而，想通过利用外部能量而节省燃料或能源费用的想法并不理想，因为制造出这样的原动机花费的钱非常多，如果制造成本能够降低，它或许可以得到推广。

在后面的篇章中，我们能够了解其他类型的"全自动"的原动机，并且会通过实际举例来论证为什么这样的机械通常不会在工业生产中得到应用。

Chapter 6

热 现 象

6.1　什么季节的铁路更长

你知道哪个季节的铁路最长吗？如果有人这样问，很多人都知道这是在考热胀冷缩的知识呢。答案应是夏季，当然还有一个前提条件，就是不考虑钢轨和钢轨之间的空隙长度，单单计算钢轨的长度。

在这个前提下，夏季的十月铁路（指的是从莫斯科到圣彼得堡之间的铁路）要比冬季长 300 米左右。钢轨会随着温度的上升而延长，这是金属的延展性。通过测量，当温度上升 1 ℃时，钢轨会延长自身长度的 $\frac{1}{100\,000}$。这样一来，在温度高达 30 ℃甚至 40 ℃的夏季和温度低至零下 25 ℃左右的严寒，钢轨的长度都会发生改变。而其中变化值的范围可以通过计算冬夏两个季节的温差得出。也就是说当温差为 55 ℃时，总长 640 千米的铁路会相差将近 300 米。

不过这里发生变化的并不是铁路的长度，而是钢轨的长度。两者不能等同，我们都知道铺设铁路的钢轨不是紧密连接在一起的，在钢轨的结合处留有空隙，设计时设计师们就考虑到了钢轨受热变长的情况，所以预先留出空间。但是事实上，单单计算钢轨的部分，十月铁路确实在夏天要比冬天长 300 米。

6.2　无法逮捕的窃贼

每一年寒冬都有人偷盗几百米价格昂贵的电话线和电报线，奇怪的是人们明明知道窃贼是谁却无法惩罚他，因为这个小偷每到温度上升时就会把偷走的电线还回来。相信你一定猜到了，这个小偷就是寒冬。电线和铁轨一样也会热胀冷缩，铜电线随温度而变化的程度是钢的 1.5 倍，所以变化更为明显。

圣彼得堡（原列宁格勒）到莫斯科的通信线路大概每年夏天都会被寒冬盗走差不多 500 米的电线，不过电线变短并没有带来通信故障。但是当这样的热胀冷缩发生在电车钢轨或者桥梁上，那后果就会变得非常严重。

前面我们学到了钢轨在冬天和夏天的长度不同，工人在铺设钢轨的时候就预先留了空隙。但是电车的钢轨与火车的不同，电车的钢轨是嵌在地内的，温度波动并不是很大，所以在铺设的时候并没有预留空隙，而且采用的是完全固定的方法。通常情况下电车钢轨不会发生弯曲外翻的现象。但当天气变得极度酷热时，还是会发生弯曲。这样的钢轨不仅无法通车，还可能酿成事故。

铁路的钢轨在斜坡的位置也容易发生类似现象，主要是因为列车在斜坡上行驶的时候很容易带动钢轨和铺在下面的枕木一同移动，使得预留的空隙消失，钢轨和钢轨紧密地连接起来。

　　一旦这样的现象发生在桥梁上，后果将不堪设想。1927 年 12 月，法国遭遇罕见的严寒天气，导致巴黎市中心的塞纳河大桥严重损坏，大桥的铁质骨架因为受到严寒天气的影响而收缩，使得铺在桥面的方砖凸起并碎裂，最终桥面只能禁止通行。

6.3　什么时候埃菲尔铁塔最高

　　在了解了金属会热胀冷缩后，当有人询问你埃菲尔铁塔有多高时，你在回答前还应该追问一下是夏天还是冬天。

　　埃菲尔铁塔是一座钢筋结构的塔，那么它必然也会发生热胀冷缩现象。这个高大的庞然大物不可能在任何时候都维持着同样的高度，它的高度应该是有变化的。我们得知的 300 米，是在常温下测量的结果。

　　我们已经知道温度每上升 1 ℃，长 300 米的钢筋就会增长 3 毫米。换而言之，也就是周围的环境温度每上升 1 ℃，埃菲尔铁塔就会增高 3 毫米。夏天的巴黎受到太阳照射时的温度大概能够达到 40 ℃，阴雨天气时它的温度可能会下降到 10 ℃，等到了冬天大概能够跌到 0 ℃。巴黎铁塔对于温度波动的敏感程度，甚至比我们更敏感，所以它的高度几乎每时每刻都在进行微弱的变化。但总的来说它高度伸缩的幅度不会超过 $3 \times 40 = 120$ 毫米，即 12 厘米。

　　正因为如此，埃菲尔铁塔的高度测量有很大的难度，所以在测量时我们要借助一种特殊的钢丝，一种由特种镍钢制成的钢丝，这种优质合金几乎不会随着温度的波动而发生长度变化。因此这种合金又被称作"因瓦合金"，"因瓦"在拉丁文中是不变的意思。

　　开个玩笑，当你在参观埃菲尔铁塔时可以挑一个天朗气清的好天气，最好是在炎炎夏日，因为这样你能花一样的价钱攀爬更高的高度。

6.4　从茶杯说到水位计

　　不知你有没有遇到过向玻璃杯倒入滚烫的热水时，玻璃杯突然发生炸裂的情况。这样的意外事故让我们措手不及，很有可能因此被爆炸的玻璃划伤。玻璃杯为什么炸裂呢？

　　玻璃杯在接触到热水时，并不是一下子整个杯壁都开始升温，而是由内而外地依次变热。当滚烫的热水倒入玻璃杯中时，玻璃杯的内壁因为受热膨胀，而外壁还没有感受到水的温度，没有及时产生膨胀现象，因而承担了来自内壁的巨大压力。当这个压力达到一定程度时，玻璃杯就发生了炸裂现象。据此看来，玻璃杯发生炸裂现象的罪魁祸首是玻璃的受热不均匀，膨胀不同步。

所以在选购玻璃杯时，我们要选择那些杯壁和杯底都很薄的。因为厚玻璃杯要比薄玻璃杯更容易炸。原因很简单，薄壁受热比较快，玻璃内壁和外壁很容易达到温度平衡，同时膨胀，不会因为受热不均和膨胀不均而发生炸裂。而厚的玻璃杯因为玻璃厚，对于热的传递比较缓慢，所以更容易发生意外。

而且在选择薄玻璃器皿时一定要记得杯底也应该薄，因为在注入热水时，最先受热的就是杯底，杯底厚的话，无论杯子的侧壁多薄，杯子还是会炸裂。只要你观察过炸裂的杯子总结一下经验，你就会发现，容易炸裂的不仅有厚的玻璃杯，还有那种带着一圈较厚底脚的玻璃杯或者瓷碗。

玻璃杯的炸裂不仅仅发生在倒入热水时，当原本温度很高的杯子快速降温时也会发生炸裂现象。产生这种现象的原因不再是因为玻璃受热膨胀不均，而是因为玻璃遇冷收缩不均产生的。外层玻璃因为快速冷却而发生收缩给还没有冷却收缩的内壁施以巨大的压力，导致杯子破裂。所以不要把装着热果酱的玻璃罐直接放到冰箱里或者冷水里。

如果你的漂亮玻璃杯很厚，你也想更换，也不用担心炸裂，自有妙招教你。就是在倒热水之前在杯子里放上一把茶匙，最好是银制的茶匙。茶匙能够有效地传导热并缓解受热不均的现象。我们都知道滚烫的热水能够使杯子炸裂，温水虽然温度也很高，但是却不会发生炸裂现象。那是因为温水不会造成受热上的明显差距，在杯子里放上茶匙之后，滚烫的热水在把玻璃加热之前，会先传导一部分热量给金属茶匙，从而接触到不良导体的玻璃的水的温度就变低了，热水变成温水也就不会损坏杯子。这时候继续倒热水也不会有危险，因为杯子已经变热了。

而跟我们生活中常见的金属相比，银质物品的导热性更好，吸收热量的速度也更快，所以才说银质茶匙更有效。如果你无法判断茶匙的质地，就把它放在茶杯里看是否烫手，其他金属制成的茶匙是不会烫手的。

因为玻璃器皿存在着受热或者遇冷不均的问题，所以学习化学的人使用的器皿常常是由很薄的玻璃制成的。就算把化学实验使用的器皿直接放在酒精灯上加热也不用担心其破裂。如果资金充足，其实最理想的器皿应该是由石英制成的。石英是一种很少遇热发生膨胀的材质，它的膨胀系数是玻璃的十五分之一到二十分之一，所以石英制成的厚器皿，无论你如何加热都不会破裂。甚至你将烧得已经微微发红的石英器皿直接丢入冰水里也不用担心，因为石英还具备良好的导热性。

当然，硬器皿的价格也更昂贵些。为了避免玻璃管破裂，在日常应用中我们还是比较青睐价格低廉的玻璃。蒸汽锅炉中用来观察水面高度的水位计通常是由玻璃制成的，不过水位计的制作吸取了玻璃受热炸裂的教训，用不同品种的玻璃制作的双层水位计能够有效地预防玻璃内壁受到炽热的蒸汽和沸水而炸裂。

6.5　洗浴之后难穿靴是由于热胀冷缩吗

是不是所有的事物都会受热膨胀遇冷收缩呢？在契诃夫的小说中有一个角色发

出了这样的感慨："为什么冬天昼短夜长，而夏天却恰好相反呢？难道这也是由于热胀冷缩的原理？冬天昼长是因为那些看得见和看不见的都遇冷收缩，而夜长则是因为点亮的灯火使得这些东西再一次受热膨胀？"

这种说法实在是经不起推敲，惹人发笑，像这种无稽之谈，我们确实创造了不少。不知道你有没有听说洗过热水澡后很难穿靴子是因为"脚受热后体积变大"的说法。这个说法简直就是误解物体受热膨胀，遇冷收缩的典型。

首先，人的体温在洗澡时几乎是不升高的。人的肌体能够抵御外界环境产生的热影响，维持自身的温度。在浴室一个人的体温最多能够上升2 ℃，这还得是在俄式浴室的浴床上。当人体体温上升1 ℃~2 ℃时，人体体积的变化也是十分有限的，因为人体无论是骨骼还是肌肉，膨胀系数最多能达到万分之几。受热后人脚掌的宽窄和小腿的粗细最多能够增加百分之一厘米，也就是大概一根头发的粗细，人在穿靴子的时候根本不能觉察，因为缝制靴子的精密度达不到0.01厘米。

至于为什么人在洗澡之后靴子变得难穿，问题不在于受热膨胀上，而要从其他地方去找，也许是因为洗澡后皮肤的光滑度、湿润程度发生变化，等等，这些事情跟受热膨胀是毫无关联的。

6.6　祭司们的把戏

我们总认为"头顶三尺有神明"，也没少听到有关神仙"显灵"的传闻，古希腊亚历山大城的力学家海伦为我们留下了两种神灵"显灵"的招数揭秘。他通过文字描述了当年埃及祭司是怎样运用物理学知识欺骗人们，为他们灌输"神灵显灵"的观念的。

第一个就是自动开启的庙门。它的奥秘在于图6-1中那个空心的金属祭台，开启庙门的机械就藏在祭台下面的地洞。人们在祭拜神明的时候，先点燃架设在庙宇外面的祭台上的火把，祭台中的空气受热膨胀，增加了对藏在地下容器里水的压力，水因此顺着管子流出并流进桶里。装满水的水桶变沉之后下沉启动机械，从而打开庙门（图6-2）。此时此刻站在庙门口的观众，只会看到当祭司一点燃祭台上的火，寺庙的大门就依照祭司的祈祷打开了，仿佛神灵听到了祭司的祈祷后应声开门一样。

第二套骗人的"显灵术"是在祈祷者供奉过于微薄的时候用的，每当这时祭司们就会耍花样，找借口让祈祷者多捐献一些供奉（图6-3）。当祭台上的火被点燃时，空气膨胀会把油从下面的储油桶压入事先藏在祭司塑像内的管子里，所以油就会自动流入火中，让火燃烧得更加旺盛。一旦祭司认定供奉的人给的供奉太少，他们就会悄悄地拔掉储油罐盖子上的塞子，让祭台上的火苗变得微弱，祭司趁机告诉祈祷者说神灵对供奉不满足，以便索要更多的财物。

图6-1 祭司们"显灵"的把戏：庙门打开是由于祭台上的火的作用

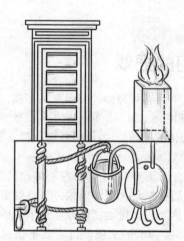

图6-2 庙宇大门的构造。当祭台里的
火烧起来时会使门自动打开

图6-3 第二套"显灵术"：
油自动流到祭台上的火中

6.7 自动上弦的时钟

前面我们探讨了利用大气压变化的知识上弦的时钟，接下来我们介绍一种新时钟，借助热膨胀原理自动上弦。这是一种新类型的"自动"原动机。从它的设计图，我们能摸索到它自动上弦的奥秘。

图6-4展示的就是这样一座时钟的机械设计图。依靠热膨胀原理自动上弦的时钟，其主要组成部分就是传动杆 Z_1 和 Z_2，这两个传动杆是由一种膨胀系数很大的

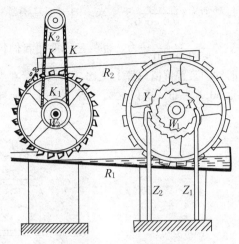

图 6 –4 自动上弦的时钟

特殊合金做成的。传动杆 Z_1 支在齿轮 X 上，一旦 Z_1 受热，它将会延长并使齿轮微微转动。Z_2 勾在齿轮 Y 上，当 Z_2 遇冷收缩时，它会带动齿轮 Y 旋转。两个齿轮固定在 W_1 轴上并且向着同一个方向旋转，在 W_1 轴旋转时会带动装有勺斗的齿轮旋转，勺斗因此可以舀取下面长槽中的水银，将它送到上面的长槽里。水银通过上面的长槽流向左侧带有勺斗的轮子，当勺斗装满时左侧的齿轮也开始转动。这样一来就会带动绕在轮 K_1 和 K_2 的链条 KK，K_1 轮和左侧的齿轮固定在轴 W_2 上，链条 KK 的运动使得用来上发条的 K_2 运动，从而上紧了时钟的发条。

从左侧轮子里的勺斗流出的水银终将流向何处？你一定很好奇，其实这些水银会顺着那条倾斜的长槽流回右侧的轮子，以达到循环利用的效果，结果就这么简单。

整个时钟的动力依靠的是传动杆 Z_1 和 Z_2 来运转，获得动力的必要条件只是气温的变化。理论上来说，这个时钟可以无限期地转下去，只要零件不磨损。那这个时钟算不算得上是"永动机"呢？当然算不上了，因为它并不是自身产生能量，它运转所需的能量靠传动杆热胀冷缩做功，虽然不需要人为地补充能量，但是很明显，它的能量来自太阳能，太阳给了物产生热量。

图 6 –5 和图 6 –6 也是一种能够自动上弦的时钟，它和上文介绍的利用热胀冷缩原理上弦的钟结构相似。不过在这里起主要作用的是甘油。它依靠甘油受热膨胀而提高重锤，再依靠重锤下落的能量带动时钟的机械运转。因为甘油这种液体在 –30 ℃时才会凝固，而在 290 ℃时才会沸腾，所以这样创造出来的不用上弦的钟适合摆在大多数城市的广场和其他开阔地带。谁也不用去触碰它，它就会在那里忠于自己的岗位走动着。

那么这样一台"全自动"的原动机是否经济呢？如果你用数字计算，你会发现和你想象的完全相反。为一座普通的时钟上弦让其走一昼夜需要大约 $\dfrac{1}{7}$ 千克米的功，换算下来也就是每秒钟大约$\frac{1}{600\,000}$千克米。因为 1 马力等于 75 千克米/秒，所以说一座时钟的功率只要$\frac{1}{45\,000\,000}$马力。也就是说即便我们将第一种时钟的热胀冷缩的造价和第二种时钟的装置价值只算 1 戈比，那么花费在类似这样的原动机上几乎一马力要花费将近 50 万卢布。所以这么一看，使用"全自动"的原动机确实有些过于昂贵了。

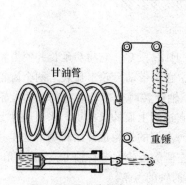

图 6-5　另一种自动上弦的时钟的构造

图 6-6　自动上弦的时钟。底座上安有蛇形管，里面有甘油

6.8　香烟的学问

你注意过燃着的香烟吗？它其实是两头都在冒烟，从烟嘴出来的烟向下沉，而从另一端出来的烟却向上飘，如图 6-7 所示。

为什么同样的烟却一个向上飘一个向下沉呢？原来香烟点燃后，点燃的一端上方有因为空气燃烧而产生的上升的气流，它带出了烟的微粒；然而烟嘴冒出的空气和烟已经冷却了，再加上烟的微粒要比空气沉，所以烟嘴一端的烟会沉下来。

图 6-7　为什么香烟一端冒的烟朝上升，而另一端向下落

6.9　沸水中不会融化的冰

　　沸水里面的冰块融化吗？或许你会说："傻子才会问这样的问题!"但是，确实存在这种情况，在沸水里的冰也有不能被融化的。

　　让我们做一个小实验。取来一个试管，装满水然后再在试管里放上一小块冰。用铅弹或者铜块等物品压住冰不让它浮起来，下面让我们把试管放在酒精灯上加热，不过我们让酒精的火焰对准试管的上方，如图6-8所示。很快你就会发现，水沸腾后水面冒出一团团的蒸汽，然而冰的体积并没有改变，冰一点儿都没有融化。

图6-8　试管上面的水沸腾，而下面的冰却不融化

　　之所以会发生这样令人难以置信的现象，是因为试管底的水并没有沸，还是冷水。所以并不是在沸水中的冰不融化，而是在沸水底部的冰块没有融化。因为水受热之后会膨胀变轻，停留在试管上部。温水的循环流动都是在试管的上部进行的。只有通过热的传导使试管底部的水也受热才会发生冰块融化的现象，然而水的导热性很差，所以试管底部的水不会发生任何变化，冰也就不会融化。

6.10　如何用冰冷却

　　我们若想让一个东西降温，是应该把东西放在冰的上面还是放在冰的下面呢？

　　这时，我自然而然就会想到，平时加热物体时，总是把要加热的东西放在火的上面，让其变热。因为火会使得物体周围的空气变热，变热后的空气质量变轻，会从四面八方上升，从而从各个方向各个角度加热容器。

　　那么，我们要冷冻某个物体时是不是也应该采取同样的做法呢？当然不是的。如果我们想让东西快速变冷，应该把它放在冰的下面而不是上面。因为冰块上方的空气遇冷之后质量变重会下沉，很快冰块的上部会被周围的暖空气代替，温度并没有下降。所以当我们想要冷却食物或者饮料时，应该把它放在冰块的下面。

　　接下来，我们以把水变冷为例来详细地解释一下。如果我们想要容器里的水变冷，当我们把盛水的容器放在冰的上面时，变冷的只有紧挨着冰的那一层水，其余的部分由于没有被冷空气包围，温度不会发生改变。反之当我们把冰块放在容器盖子上面时，一方面，容器里的水上层变冷后会迅速下降，下层温暖的水会上升，直到容器里所有的水都变冷；另一方面，冰块周围的空气冷却下降，把容器包围起来，使得容器里的水快速降温。

6.11　紧闭的窗户会透风

在冬季，为什么当我们把屋子里的窗户关得严严实实时，也不会感觉到屋子里变闷，有时甚至会认为窗户好像透风一样。

屋子里的空气并不是静止不动的，空气在屋子里也会悄无声地随着气流走动，形成无声的循环。这只看不见的手其实就是温度。也就是说当空气受热之后，由于质量变轻而飘在上面，而这些空气冷却变重后会缓缓落下到达地面。尤其是在冬天，这种状况会更加明显，那些暖气或者炉子附近的空气加热后会排挤周围的冷空气向上飘直到天花板，而当空气到达窗户边或者温度较低的墙壁处时，会因冷却而变得沉重，重新流向地板。

你不妨找一个氢气球，在它下面挂一个物件，使氢气球刚好悬停在空中，此时，氢气球就会随着屋中的气流开始飘动。你把它带到烧得很暖和的炉子附近，你会发现气球像是在服从谁的命令一样，从炉子到天花板再到窗户，从窗户下降到地板然后慢慢地又回到炉子旁边。

正是这样周而复始循环着的气流让我们感觉到屋子不闷，仿佛窗户透气一般。

6.12　无风却能转动的风车

风车做起来极简单。让我们找来一张薄薄的卷烟纸，把它剪成一个长方形。然后我们沿着横竖两条中线各对折一下再展开，在两条线交叉的点扎上一根针，让纸片的重心恰好由针尖支撑。

当纸片处于平衡的状态时，只要它感受到一点儿气流的变化，就会开始转动。神奇的是，即便你不用嘴吹它，只要小心地将手靠近做好的纸风车，你就会看到它开始旋转，速度会越来越快（图6-9）。只要你一把手拿开，纸片就立刻停止转动。

图6-9　为什么纸片转起来了

这种神奇的现象曾经引发人们的热议，这个现象让神秘主义的信徒找到理由，让人们相信自身具有某种超自然的力量。其实真相非常简单，人的体温高于周围的空气，当人的手靠近风车时，被人的体温加热的空气向上升起，吹动纸片随着气流转动。留心观察的人能够发现风车在转动的时候恰好沿着手腕到手心再到手指的方向。因为手指末端的温度要低于手心，所以手心附近形成的上升气流较强，也对纸片产生了较大的冲击。

6.13　皮袄能带给人温暖吗

一到冬天我们就会里三层外三层地穿衣服，想要让自己变得更暖和一些。其实真正御寒的并不是厚厚的皮袄。如果你不相信，你可以找来一个温度计，记下它的指数，然后把它放进皮袄里，过几分钟取出来再观察它的指数。这时候你再看看指数，一点都没有改变。

所以皮袄不会给人带来温暖并不是一句玩笑话，在事实面前不容许人表示怀疑。你甚至可以猜想皮袄会不会反而让物体变冷。

让我们找来两个装有冰的小瓶子，把其中的一个先裹在皮袄里再放在室内，另一个直接放在室内。等到裸露在空气中的瓶子里的冰融化再打开皮袄，观察瓶子里冰的变化。你会发现冰几乎没化，还保持着原来的大小。这足以证明皮袄不会给冰带来温暖，反而能够推迟冰的融化。

这些结论都有事实做依据所以很难推翻。如果"给人温暖"指的是提供热量，那么皮袄确实无法给人体提供温暖。灯、炉子、暖气之所以能给人带来温暖是因为它们本身就是热源。皮袄不可能提供热量，但是它能够防止热量流失。人体本身就是一个恒温的热源，所以我们会觉得穿皮袄比不穿皮袄要暖和得多。而用来做实验的温度计，自身不能产生热量，所以它的指数也不会随着裹进皮袄而改变。反倒是冰块，由于被皮袄阻挡了热量交换，在更长的时间内都不会融化。所以确切地说，是我们给皮袄温暖，而不是皮袄带给人温暖，皮袄只起到一个保暖的作用，它阻挡了人体自身产生的热量流失，让人感觉到温暖。

凛冬之季，地上的厚厚的雪所起的作用和皮袄一样，使大地能够保持一定的温度。雪和其他粉状物是导热性能很差的热导体，它覆盖了土壤阻止热量从土壤中流失，所以插在被雪覆盖的土壤里的温度计要比插在没被雪覆盖的土壤里的温度高。

6.14　地下是什么季节

我们正在过炎热的夏天，那么地下三四米以下的地方究竟是在过什么季节呢？中国的延安以窑洞闻名，据说居住在窑洞里会感到冬暖夏凉，是不是因为地下的季节跟地面上不一样，人们才会有这样的感觉呢？

首先我们能够肯定的是地上和地下不是同一个季节，因为土壤并不是热的良导体，所以地面的冷热很难影响到地下几米的位置。如果地下几米的温度和地表温度相同，那么那些埋在地下两三米的自来水管就会全部结冰，事实上并没有发生这样的事情。

为了验证地表同地下是不是过着同一个季节，科学家曾经在斯卢茨克做过实验，实验的结果表明地下 3 米的位置和地上的季节是不同的。地下 3 米处一年温度最高的时候比地表温度最高的时候晚 76 天，而最冷的日子则要推迟 108 天。也就是说当俄罗斯位于夏天最热的时候，要再过 76 天，地下 3 米处的人才能够感受到同样的温度。而且实验的结果还验证了随着深度的加深，温度的变化会越来越迟缓和微弱。当深度达到一定程度时，温度恒定了，将与当地年平均温度持平，即使经过几百年，这个温度仍然恒定不变。

利用土地不容易导热的特性，在巴黎天文台深 28 米的地窖里，保留着当年拉瓦锡放置的一支温度计，200 多年过去了，温度计的读数没有发生丝毫的变化，一直维持在 11.7 ℃。

一系列的实验结果说明，我们身处的地上和地下并不是同一个季节。仅以地下 3 米为例，当我们已经开始过寒冷的冬天时，地下 3 米的地方正在过降温缓和的秋季；当我们步入炎炎烈日的夏天，可能地下 3 米的严寒还没消失。所以每当我们提到在地下居住的动植物，例如蝉、金龟子等，我们要知道它们身处的环境和我们是不同的。

6.15　纸能不能做锅

仔细看图 6-10 中那个用来煮鸡蛋的锅，你会发现其实那是一个纸做的帽子。纸做的锅居然没有被烧坏，而且还可以煮鸡蛋，这听起来一点都不合乎常理。然而图 6-10 中，确实是用纸做的锅来煮鸡蛋的。

眼见为实，你不妨自己试一下，用纸锅煮东西确实可行。让我们找来一张结实的牛皮纸，把它叠成一个锅的形状，然后固定在铁丝上做个实验，你就会发现纸做的锅不仅能烧水还一点儿都不会被烧坏。

其实纸也能做锅的原理十分简单。因为水在敞口的容器中只能加热到沸点的温度，也就是我们知道的 100 ℃，其被加热的水还有很大的热容量能够吸收纸上多余的热量，这样一来即使纸接触火焰，也不会超过 100 ℃，达不到纸燃烧的温度，纸锅也就不会被烧掉。

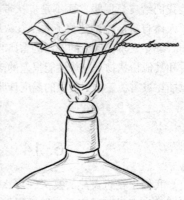

图 6-10　在纸锅里煮鸡蛋

其实只要能够从纸上吸收掉多余的热量就能保证纸的温度不达到燃点，其他物品也可以避免纸被点燃。

比如用扑克牌叠成的纸盒来熔化铅块，只要你能够保证火苗正好烧在铅块所在的位置，扑克牌就不会被点燃。因为纸面的温度高于铅的熔点 335 ℃，由于熔化的铅是热的良导体，能够吸收纸上多余的热量。

图 6-11 和图 6-12 的实验也验证了这一点，这两个实验都说明金属具备良好的导热性，所以那个紧紧缠绕在钥匙上的线才不会燃烧，而缠在铜棒上的纸即便被熏黑也不会燃烧，除非铜棒已经被烧得赤红，无法再继续吸收热。

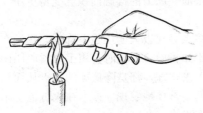

图 6-11　烧不着的纸条

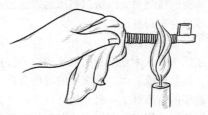

图 6-12　烧不着的棉线

现实生活中有很多现象都是由于这个原因。假如你忘记灌水直接把壶放在炉子上烧，你会发现壶开焊了。因为离开了能够帮助吸收热量的水，焊过的位置因为熔点低，很快因为达到熔点而被熔化。除此之外，因为这个特性，老式马克沁重机枪常常用水来防止武器发射子弹过久而熔化。

6.16　什么样的冰更滑

刚刚打完蜡的地板比没打过蜡的更容易让人滑倒，看着光滑的地面不免让我们想起冰面。是不是平整的冰面要比那些坑坑洼洼、凹凸不平的冰面更光滑呢？按理来说，光滑的冰面更好走，能够滑行得更快。可是日常生活中，我们往往发现在那些粗糙不平的冰面上，爬犁更容易行走，而且速度要比在光滑的冰面上快得多。这到底是为什么呢？

原因十分简单，因为冰的滑度取决于冰的熔点在压强加大的时候会降低多少，也就是说冰的滑度跟平整程度没有关系，更关键的是物体对冰面的压强。

当我们穿着冰鞋或者乘雪橇时，身体的重量依靠冰刀的冰刃和雪橇的管子与地面接触，形成很大的压强。再加上冰会在压强变大的时候降低自身的熔点，也就是说即便没有达到它的熔点 0 ℃，只要压强达到一定程度，冰也会发生融化现象。

假设冰的温度是 -3 ℃，冰刀的压强使得冰的熔点降低到这个温度或者这个温度以下，使得和冰刀接触的这部分冰融化，冰刀和冰中间就会出现一层薄薄的水①。

① 要想使冰的熔点降低 1 ℃，压强只需要达到 130 千克/厘米²，这个结果是通过计算得出的。这个压强也是滑冰者或者乘坐雪橇的人很容易能够达到的。因为对于不光滑的地面，紧贴在冰面的并不是雪橇的滑铁或者冰刀冰刃的全部表面积，而是其中的一小部分，所以这些接触部分很容易就达到这样的压强值，使得冰的熔点降低。（在本书列举的例子中，假设冰融化时冰和水都承受着同样的压强，且冰融化时形成的水也处于大气压之下，所以降低冰点需要达到的压强值并不大。）

人穿着冰刀滑行到哪里，哪里就会融化，从而减少了摩擦力，能够滑得更省力。

在所有的物体中，只有冰具备这一特性，怪不得苏联的物理学家要称冰为"自然界中唯一滑体"。

那么为什么粗糙的冰要比平整的冰更滑呢？我们知道当物体的受力面积较小时，它承受的压强更大。所以当冰的表面凹凸不平时，冰刀的接触面积会变得更小，所以冰就会变得更滑。

下面再来说说冰的另外一个特性，冰的熔点会在极大的压强下降低。我们在日常生活中多次无意中利用到冰的这一特点，比如我们打雪仗时会用手攥紧一团团的雪，让其变成雪团，堆雪人的时候会在雪地上滚雪球。都是降低冰的熔点从而让越来越多的雪冻到了一起。还有就是在冬天我们会奇怪地发现，原本在人行道上未被及时清理的积雪会在行人的践踏后渐渐变成密实的冰块。

6.17 冰锥是怎样形成的

每到冬天，屋子的房檐上总会挂着大大小小的各式各样的冰锥，它们晶莹剔透、锋利异常，如果被吹落下来还可能使路上的行人受伤。这些冰锥究竟是怎么形成的呢？

要想形成冰锥并不是一件简单的事情，它要同时具备两个条件：第一个就是融雪的温度，第二个就是结冰的温度。也许你会认为这是十分容易达到的，毕竟分界值为 0 ℃，只要高于它雪就会融化，低于它雪就会结冰，然而实际上却并不是像我们想象的那么容易。

冰锥的形成也是个水滴石穿一样漫长的过程。在晴朗的冬季，温度十分低，阳光普照着万物。虽然阳光的温度还不能使地面上所有的雪都融化，然而在房顶朝阳的斜坡上，阳光几乎与屋顶成直角照射着屋顶的雪（光线的作用与这一夹角的正弦成正比：如图 6 – 13 所示，因为 sin60° 是 sin20° 的 2.5 倍，所以屋顶上接触阳光多的雪获得的热量是地面上同样面积的雪获得的热量的 2.5 倍），所以阳光对于屋顶的雪的照射和加热作用就更大，屋檐上的雪就能够融化，顺着斜坡流下来，一滴一滴地悬挂在房檐。未接触阳光的房檐温度较低，这些滴下来的水因此变成了冰，随着水滴的陆续流下，渐渐变成了冰冻的小鼓包儿。随着时间的推移，这些鼓包就慢慢变成了冰锥。

其实地球上气候带和季节的差别与阳光照射角度的变化也有很大的关系。太阳在冬天和在夏天时与我们的距离是一样的，甚至太阳距离两极和赤道的距离也大致相等，仅仅因为阳光对地面的照射角度不同，使得赤道的温度要远远高于两极，而夏天的照射角度更大，就造成了冬夏明显的温差。

图 6－13　倾斜的屋顶比地面被太阳光晒得更热

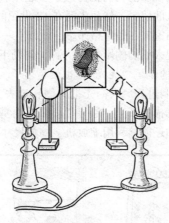

Chapter 7

光　线

7.1 影子的应用

还记得童年时有一个很好玩的游戏叫作踩影子，每当我们走在太阳下，身后就会拖着或长或短的影子，那么影子究竟能不能被踩住呢？

其实，我们都知道只要我们一动，身后的影子就会跟着移动，影子根本不能被踩住或者被捉住。其实在很早以前我们就已经学会利用影子了。当代的照相技术能够帮我们留下自己或者亲人的倩影，然而生活在18世纪的人们只能聘请画家才能留下自己的照片。由于聘请画家实在是价格昂贵，所以有一种叫作"侧影像"的画法十分流行。侧影像就是捕捉人们的侧影并且将影子勾勒下来。如果说照相利用的是光，而18世纪的人们利用的就是"无光"，也就是影子。

图7-1是侧影像的绘制过程。人们先把头侧转过去，显示出本人的轮廓特征，然后用铅笔把显示出的轮廓描在纸上，涂好墨，最后再剪下来贴在白纸上。如果你想要各种尺寸的侧影像，你还能够利用缩放机，缩放尺寸。

图7-1 古代绘制侧影的方法

这样绘制而成的侧影像仅仅凭借简单的轮廓就能表现原型的特征，渐渐引起了画家的注意。后来这样的手法被用在大型场面和风景画的绘制上，形成了一个独特的画派。

侧影像还有一个好玩的故事。法语"西卢埃特"是侧影像这个名字的来源，它本来是18世纪中叶法国财政大臣艾蒂安·德·西卢埃特的姓氏，人们为了纪念他指责同时代的人挥霍无度花费太多金钱在绘画和画像上的行为，就把价格低廉的侧影像称为"西卢埃特式"（la Silhouette）画像。

7.2 鸡蛋里小鸡的奥秘

你见过影子戏吗？它就像是魔术。这样的戏法表演起来一点都不难，只要你能准备好足够的道具并且能利用影子的特性，就能为自己的伙伴表演一下。

我们先准备一张油浸纸当屏幕，把它嵌在硬纸板的方洞上，然后在屏幕的后面放置两盏灯。当观众坐在屏幕前时，亮起其中的一盏，在亮起的灯和屏幕之间用铁丝固定一块椭圆形纸板，这时候屏幕上会出现一个鸡蛋形状的阴影。然后告诉观众你要打开 X 光机，让他们看看阴影里的小鸡，随即打开另一盏没打开的灯，一眨眼的工夫，鸡蛋形黑影好像被 X 光照亮了，我们十分清晰地在黑影中间部分看见了小鸡的侧影（图 7 -2）。

就这么简单，其实这个戏法的奥秘在于，在打开另一盏灯的时候，在光线经过的途中放置一个用纸板剪好的小鸡轮廓。这样一来椭圆形的黑影有一部分被后打开的灯照亮，从而显示出来小鸡的模样。而坐在屏幕另一端的观众，完全不知道你在背后做的手脚。不熟悉物理学和解剖学的人，也许真的会以为你在用 X 光透视鸡蛋呢。

图 7 -2　影子戏里的"X 光照片"

7.3　如何获得漫画式的照片

照相机是由机身和镜头组成的，这谁都知道，可是谁又知道其实照相机是可以没有镜头的，没有镜头的照相机也可以用来拍照。只不过这样一来照出来的照片会像漫画一样发生变形，看起来很有趣。

不用镜头照相，照出来的照片发生变形的主要原因是由于暗箱的结构。暗箱通常是"缝隙式"结构的，我们可以在暗箱中用两道互相交叉的缝隙代替圆孔，这两道缝隙是由装在暗箱前部的两块板子组成的。在一块板上挖一道横向缝隙，另一块板上则挖一道纵向缝隙。假如这两块板子紧紧地贴在一起，那么得到的图像就不会发生变形也不会失真，可是倘若它们隔开一段距离就会发生图 7-3 和图 7-4 的变形现象。

图 7-3　用缝隙式暗箱
拍摄的被压扁的照片

图 7-4　用缝隙式暗箱拍摄的
被拉长的漫画式照片

图 7-5 展示了光经过这两道缝隙时的情形。图形 D 是一个十字形，十字中的竖线的光线先通过第一道缝隙 C，这时候图像还没有发生变形，紧接着它通过缝隙 B，竖线光线也不会改变走向。所以事实证明，图像变形与缝隙 B 和 C 没有关系，而是跟竖线与它在毛玻璃 A 上形成的影像比例有关，也就是说和毛玻璃 A 到缝隙 C 或者 B 的距离有关。

我们再来看横线光线，这道光线先到达缝隙 C，不受任何阻碍地通过，紧接着通过缝隙 B，所以横线与毛玻璃 A 到第二块板上的缝隙 B 的距离和它在毛玻璃 A 上形成的影像的比例有关。

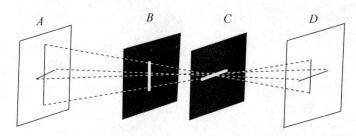

图 7 –5　用缝隙式暗箱拍摄出变形图像的原理示意图

总的来说，当两道缝隙并列时，竖线受前面缝隙的影响，横线受后面缝隙的影响，再加上前面的缝隙距离毛玻璃比较远，所以影像的竖向长度比横向长度投放在毛玻璃 A 上的比例更大，影像就变得像被纵向拉长了一样。

在调整位置后，你还可以得到横向拉长的影像。而将两道缝隙斜置时，你会得到完全扭曲的影像。

这样奇怪的现象，也为这种暗箱找到了用武之地。扭曲的影像具有独特的艺术效果，所以这种暗箱被用来拍摄漫画式照片，和制作各种各样的建筑装饰以及地毯、壁纸的图案。

7.4　我们看到日出的时候太阳刚刚升起吗

海上日出，何其壮丽，但是我们看日出的时间就是真正太阳刚刚升起的时间吗？我们都知道光的速度虽然非常快，但是它也不是瞬间就能传送过来的。它需要一定的时间才能从光源到达观察者的眼睛里。

也就是说当我们 5 点钟去看日出的时候，太阳应该在 5 点之前就已经升起来了。根据计算，光从太阳走到地球要花 8 分钟，也就是说如果光能够瞬间被传送，那我们在 4 点 52 分就能看到日出。但是这个答案并不精准，因为日出之时地球把表面的某一部分转到已经照亮的空间了，所以即便光能够瞬时传送，你依然只能在 5 点看到日出。

可是如果你用望远镜观察日珥，也就是太阳边缘的凸起时，情况就变得不一样了。只要光能够瞬时传送，你就能够比平时提前 8 分钟看到日出。

原因是这一过程减少了光的折射现象。减少的时间由观测地点的纬度、温度和其他条件决定。可能是 2 分钟，也可能是几昼夜，甚至会更久。于是，这就发生了一个有趣的现象，就是假使光能够瞬时传送，我们看到日出的时间反而要比非瞬时传送时晚。

产生这种反常现象的原因是"大气折射"。折射迫使光线在空气中传播的道路发生曲折，所以太阳还没在地平线上出现时，我们就能够看到日出。而假使光的速度无限快，折射现象就不可能发生，所以我们看到日出的时间反而会变晚。具体究竟是怎么回事，请在《您了解物理学吗？》一书中寻找答案吧。

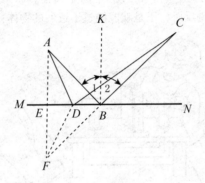

Chapter 8
光的折射和反射

8.1　能够看穿墙壁的机器

　　物理学原理应用非常广泛，即使是我们小小的玩具中。19 世纪 90 年代有一种在孩子们中风靡的玩具，叫作"X 光机"。第一次拿到它，让我十分费解，就这么一个小管子居然能够让人的视线透过不透明的东西？这简直是太难以置信了。

　　然而这个管子真的能够帮助人看透不透明的东西，甚至是连真正的 X 光机都无能为力的刀片，它也能够把周围的东西看得清楚。后来当我把它拆开来，看清了这种简易的"X 光机"结构（图 8 - 1），才恍然大悟。原来它里面有四面镜子，成45°角的镜子把光线几番反射，于是就能绕过不透明的物体，看到周围的情况。

图 8 - 1　玩具"X 光机"

　　军事中广泛运用光线的反射原理观察敌情。潜望镜就是利用这种原理制造的仪器。利用潜望镜既不必把自己暴露在敌人的火力下，又能够观察到敌人的情况，达到监视敌人的目的。

　　潜望镜的原理如图 8 - 2 所示，它采用光学玻璃来扩大视野，但是由于玻璃会吸收一部分侵入潜望镜里的光，所见的物体的清晰度会大打折扣，而且潜望镜的高度也受到限制。

　　我们知道，潜水艇制造起来要比陆地上的潜望镜复杂得多，潜水艇就是靠这种潜望镜来观察被攻击的船只。虽然应用了同样的原理，但是潜水艇的潜望镜光线首先要经过潜望镜露出水面的镜面（或棱镜）反射，然后再沿着镜管到达下端，最后才被观察者看到。

图 8 - 2　潜望镜

8.2 会说话的人头

魔术总是神奇的，有时候魔术师会走上台，给观众们看一张空无一物的桌子，无论桌子上面还是下面都是空的。然后这个魔术师会再请助手拿来一个关着的箱子，告诉大家里面有一个没有躯体的人头，能够说话。然后他把箱子放在桌子上，正对着观众打开箱子，里面装着的是一颗正在讲话方面的人头。

甚至在各地的博物馆或者陈列馆也有这样的巡回展览，展出的都是这些看似非常神奇的魔术，不知情的人看见后会大呼惊奇。有时候你会看到一张桌子，桌子的盘子里有一颗人头。这个人头会眨眼，会说话，会吃东西，尽管你无法走到桌前，但是你也能够肯定桌子下面什么都没有。

真的有被"砍下"后会说话的人头？谁都不相信，那么这个人究竟是怎么做到让别人只看到他的头的呢？你可以在看到这一幕的时候，悄悄丢一个纸团，这时候一切都会真相大白。原本空无一物的桌子下面，其实在四周每两条腿中间有一面镜子（图8-3），如果你再环顾四周，你会发现屋子为了配合镜子不被发现，四壁的颜色没有任何差别，就连地板也是单一颜色。

其实在银幕中许多魔术也运用镜子来做道具，通过视觉上的错觉让我们信以为真。之前提到的魔术，相信大家已经能够揭秘了，那个箱子其实是一个没底的空箱子，而桌面上有一块可以折叠的板子。一

镜子

图8-3 "被砍下的头"的奥秘

旦魔术师把没有底的空箱子放在桌子下，坐在桌子下面镜子后面的人就会把头伸出来。像这样的魔术还有许多种表现形式，不过我就不在这一一指出其中的奥秘了，还是留给读者自己去破解吧！

8.3 灯放在哪里合适

很多日用品我们天天接触，但却不知道其正确的使用方法。前面我们已经说过如何运用冰来冷却物体，下面让我们看一看照镜子时灯应该放在哪里。

很多人喜欢在照镜子的时候把灯放在身后，即便他本来的意愿是想清楚地看看自己的影像，可是实际上一旦他这么做就只会照亮自己的影像。其实灯放在身前更合适，这样才能够照亮自己，一旦本体距离光源较近，镜子里的影像也会变得亮一些。

8.4　镜子能被看到吗

很多人一看到这个标题，会感到诧异，大家可能会说："我们不看着镜子怎么照镜子呢？"可是你有没有想到第二节那个人头魔术，正是因为人们没有看见镜子本身，才会被自己的视觉所欺骗。

那些坚持说能看到镜子的人，其实看到的并不是镜子本身，而是镜框，镜子边缘，甚至是镜子中的影像。其实只要镜子不脏，人们就看不见它。因为镜子是一个反射面，它与能够向各个方向散射光线的散射面不同，反射面的本身是看不到的。我们平时称反射面为抛光面，而散射面就是毛面。

镜子自身是看不见的这一特性使得它成为特技、戏法、魔术必不可少的道具之一。

8.5　镜子里的人是你自己吗

这又是一个奇怪的标题，镜子里照的不是自己？是的，镜子里的影像能够反映出我们的特点和细节，甚至可以称得上是最精确的复制品。然而镜子中的那个人，真的是你吗？

站在镜子前，仔细看看你和镜子中的人，你的右脸有一颗痣，镜里的人右脸却是干净的。你的头发向右梳，镜子里的人头发却是向左梳的。你带着一块怀表，镜子里的那个人也有一块，可是看看镜子里那个人的表盘，你能认出那是你的表吗？甚至就连表上表针的运动轨迹也是和常规相反的。

想到这里你可能会有些毛骨悚然，那么镜子里的人究竟是谁？这个看似是你"孪生兄弟"的人，是个左撇子，无论吃饭、刷牙、洗脸、写字，他都用左手，即便你跟他握手，他也只会伸出左手。在阅读的时候，你根本无法判断他在看什么，他是否识字，是否会写字。因为你根本无法从他潦草的字迹中辨识他写了什么。

仔细想一想，镜子里的人根本就是一个陌生人，如果你是通过外貌来认定那是你，其实你也错了。因为大多数人并不是完全对称的，也就是说右侧的一半与左侧的一半并不完全相同，而镜子中的那个人把你左右的特征互换了，所以说他是个陌生人也不足为奇。

8.6　镜中画

如果你还坚持认为镜子中的影像和原物是一模一样的，你不妨跟着我做下面这个实验。

请你找来一面镜子立在桌子上，然后在镜子前面铺好纸张。现在你试着在纸上随意画一些简单的图形，画的时候注意观察镜子中的你握笔的手是怎样运动的。经过这样的观察你就能够意识到，其实镜子中的影像和原物的差别很大。

看上去如此简单的事情会变得复杂甚至无法完成，因为镜子中的影像破坏了长久以来形成的视觉和运动感觉的协调关系，当你向右画线时，却发现镜子中的人在向左移动，一下子你就变得不知如何下笔了。

接下来加大难度，看着镜子中握笔的手画一些复杂图案。等你缓过神来看纸张时，就会发现自己画的东西居然变成了鬼画符，毫无章法可言。

如果你能找来吸墨纸，把吸墨纸垫在刚刚写完的纸上，然后把吸墨纸拿起来，你甚至会认不清自己刚刚写的内容。这时候再找来一面镜子，把吸墨纸靠近镜子，你会突然发现熟悉的字迹又出现在你的眼前。因为第二面镜子能够把吸墨纸反转的字体恢复正常。

8.7 走捷径的光

光在同一种介质中沿直线传播，也就是说它会在传播时选择一条最短的路线，即便是那种不能够直接到达需要中途经过镜面反射的，它的特性也会帮助光线选择一条用时最短的路线。

这一点早在公元 2 世纪的时候就被居住在亚历山大城的希腊力学家和数学家海伦指出。让我们看一下图 8 - 4，上面绘制的是光线从蜡烛到眼睛的路线。我们用 A 来表示光源，MN 表示镜面，折线 ABC 表示光源 A 到眼睛 C 的路线，并且作一条直线 KB 垂直于 MN。

学习过光学定律的人知道，反射角 2 等于入射角 1，从 A 到 C 经过 MN 反射的所有可能路线中 ABC 是用时最短的。为了验证这一观点，我们把 ABC 同任意一个路线进行比较，以 ADC 为例（图 8 - 5）。

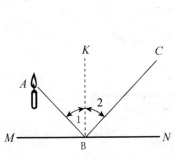

图 8 - 4 反射角 2 等于入射角 1

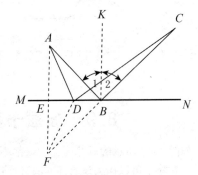

图 8 - 5 光在反射时选择最短的路线

从 A 点出发作 AE 垂直于 MN 且与 CB 的延长线交于点 F，连接 D 和 F 点。由于 ABE 和 EFB 都是直角三角形，且角 EFB 等于角 EAB，三角形 ABE 和三角形 FBE 共用直角边 BE，所以三角形 ABE 全等于三角形 FBE，从而推断出 AE = FE。

因为 *AE = FE*，*ED* 为直角三角形 *AED* 和 *FED* 的直角边，所以直角三角形 *AED* 全等于直角三角形 *FED*，所以 *AD = FD*。因为 *AD = FD*，所以 *ADC* 的长度等于 *FCD* 的长度。通过比较我们能够得出结论：*CBF* 要比 *CDF* 短，也就是说 *ABC* 比 *ADC* 要短。换而言之，只要反射角等于入射角，那么无论 *D* 点在哪里，就一定能够证明出同样的结论。

也就是说光一直在光源和镜子还有眼睛之间选择最短也是最快的路线行走。

8.8　如何使乌鸦啄米的路线最短

图 8 - 6 是一个示意图，在院子的地面上撒落着米粒，院子旁的树上落着一只乌鸦，乌鸦想要啄一颗米粒然后落在栅栏上，那么它在哪里啄米粒飞行的路线最短？

在解这道题的时候，我们不妨想一想上一节的内容。也就是说只有当乌鸦飞行路线中的角 1 等于角 2（图 8 - 6），才能使乌鸦的飞行距离同光线一样，都是最短的路线。

我们在做类似的找最短路线题时，就以这道题的解法为参考。

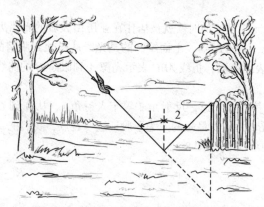

图 8 - 6　乌鸦的飞行路线及最短路线的答案

8.9　被赋予新角色的万花筒

如图 8 - 7 所示的万花筒，大家都不陌生，这不就是小时候那个让众人欣喜的玩具吗？它除了可以作为玩具还能有什么用吗？

让我们想一想我们都从万花筒里看到了怎样的图案。在这个小小的可以转动的直筒中，五颜六色的碎玻璃片经镜子的反射，变成丰富多彩变化多端的图案出现在我们面前。万花筒是由英国人发明的，据说早在 17 世纪它就被发明出来了并在社会上流行，后来人们开始用各色宝石来代替玻璃片子和珠子，经过这样改造的万花筒很快就从英国传到法国，继而传到世界各地。

当万花筒传到俄国时，它在俄国受到热烈欢迎。寓言作家阿·伊兹梅洛夫在《善良人》杂志（1818年7月）上是这样描述万花筒的：

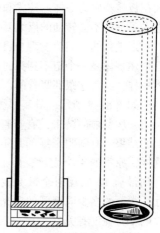

图8-7　万花筒

　　我看了万花筒的广告，找来这神奇的玩意儿。
　　我往里一望，
　　是什么在眼前发出灿烂的光芒？
　　是什么如此奇形异状，仿佛闪耀的星星？
　　原来是蓝宝石，红宝石，黄宝石，
　　祖母绿，金刚钻，紫水晶，
　　还有那大珍珠和珍珠母。
　　这哪里是什么万花筒，
　　分明是个大宝库。
　　动动手指，
　　眼前又出新景色。

诗歌由于受到体裁的限定，不能很好地描述出人们在万花筒中看到的奇观，然而它却道出了万花筒的神奇之处，只要你动一动手，眼前就会出现新的图案。那么，我们能够从万花筒中看到多少种图案呢？

假设我们在里面放了20块五颜六色的碎玻璃，然后每分钟转动十次来让这些碎玻璃片形成新的图案，我们要花费多少时间才能看全所有的图案呢？即便不知道解法，只要你试一试，你就会发现，根本没有什么重复图案出现，似乎这件事情没有尽头。其实经过计算，想把这些图案转出来至少要花上500 000 000 000年，更别提一一细看了。

正因为如此，万花筒引起了从事装饰工作的美术师们的兴趣，随着各种各样的玩具涌现出来，万花筒渐渐从一个玩具变成了一个辅助设计的工具，很多由它瞬间创造出的图案都妙不可言，美得让人折服于它无穷无尽的智慧。随着科技的进步，能够拍摄万花筒中图案的仪器使得这些图案在让人惊叹之余渐渐地融入壁纸的花纹和织物的纹饰上，给大家的生活创造了美的享受。就这样，人们赋予昔日的玩具新的意义。

8.10　幻景宫和海市蜃楼宫

我们总是赞叹万花筒中的美丽图案，那如果我们能够进入万花筒里又会见到怎样的奇观呢？1900年的巴黎世界博览会上，工作人员就建造了这样一个房间，让人们感受一下万花筒的世界。这个建筑就是所谓的幻景宫，整个房间是一个六角形的大厅，大厅的墙壁全部由高度抛光的镜子做成，而且在大厅的每个墙角都安装了与天花板雕塑融为一体的柱式和檐形的建筑装饰。如果你置身其中，你会感觉自己像进入了一个不会转动的巨大万花筒之中。

走进去的人们会发现自己淹没在人群中，而且还是被一群酷似自己的人包围。整个建筑像是一个望不到头的由无数大厅组成的庞大建筑，每一个大厅都装修得一模一样。其实这跟那竖着的六面镜子墙壁有关。

如图8-8所示，其实那些有水平阴影线的大厅是第一次反射的结果，有竖直阴影线的是第二次反射的结果，有斜阴影线的是第三次反射的结果。就这样，原本的1个大厅，由1个变成6个，12个，直到最后12次反射全部完成，能够看到468个大厅。大厅的多少同镜子的抛光程度和大厅中镜子摆放的平行程度有关。

其实只要你稍微了解光的反射规律，你就知道这样的奇迹其实一点儿也不难做到。

图8-8 中央大厅经3次反射就有了36个大厅

除了幻景宫，在那届世博会上还有一个令人们惊异的场馆——"海市蜃楼馆"。它也是运用光学原理为参观者创造了无数美景。

设计者设计宫殿的时候，不仅考虑到光的反射，还通过特殊的方法增添了景象的瞬间变换。原来，如图8-9所示，他们从离每个棱角都不远的地方把镜子制作的墙壁切开，角状镜面能够围绕着轴转动，而且还能够产生角1、角2和角3的轮换方式。如图8-10所示，在各个角摆放不同的景致，这样一来只要暗藏的机关一启动，墙角一变，整个大厅就变了个样子。

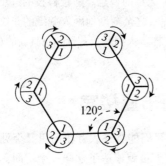

图8-9 "海市蜃楼"的示意图　　图8-10 "海市蜃楼馆"的奥秘

整个场馆的奥秘就建立在光线反射这样一个简单的原理上，我们不得不佩服建造者无穷的智慧。

8.11 光的折射现象

光线在传播的过程中，不仅会发生反射现象，还会发生折射现象。折射现象的根本在于光线从一种介质进入到另一种不同的介质。然而为什么会发生这样的改变一直引发着人们的思考，难道这一切是因为大自然在闹脾气？

当然这种说法是说不通的。我们先来做一个实验，看看实验能不能够给我们带来些头绪。我们在家里找一张桌子，在桌面一半的位置铺好桌布，如图8-11所示，使得桌面微微倾斜，然后找来固定在同一个轴上的一对小轮子。如果你找不到，你可以从玩具上拆下来一对，让这对小轮子从桌面上滚下去。你会发现如果轮子滚动的方向同桌布的边缘是一个直角，轮子滚下去的路线就不会发生任何改变，可是一旦轮子下滑的方向与桌布的边缘有斜度，轮子下滑的路线就会发生改变。

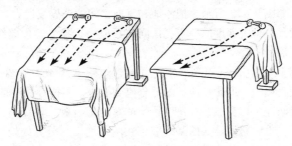

图8-11 解释光的折射现象的实验

这个实验说明两个问题，第一个是随着介质的改变，运动速度会发生变化；第二个就是垂直于不同介质分界面的物体的运动速度不变。如果你把这对轮子想象成光线，你就知道为什么光线会发生折射了。如果你还是无法理解，那请允许我引用19世纪著名天文学家和物理学家约翰·赫歇尔在这个问题上的叙述：

借助你们的想象力，假设我们眼前有一队士兵正在行军，在他们不远处以一条笔直的直线为分界线，路由平坦易走变得坑坑洼洼、凹凸不平。一旦队伍踏上凹凸不平的路面，行军速度会迅速变慢。假设队伍的前进方向与两种地面之间的分界线有一个夹角，当士兵一个个走过边界到达凹凸不平的路面上时，他们的速度就会变慢。同一排的士兵并不是同时踏上新路面的，有些人会因此落后于还走在好路面上的人。士兵们如果想保持队伍的完整，让队伍的纵队不落后于其他部分，就要求每一个士兵都要朝着前进的方向行进。只有这样，士兵在跨越分界线后所走的路才会与新的队伍正面垂直，其次又使得减速后所走的路程和在原本平坦道路上花同样时间所走的路程之比等于新速度与原速度的比。

也就是说，折射现象的程度取决于新介质和旧介质中光线运行速度的差。差别越大，折射的程度就越大。除此之外，光的传播还有许多让人深思的特点。比如，光在反射时会选择走最短的路线，而在折射时却选择走曲折的路线。

8.12 什么时候走远路比走近路还快

为什么光在传播过程中遇到折射时会选择曲折的路线呢，难道这样光线能够更快地到达目的地吗？其实由于不同部分的运动速度不同，光线走曲折的路线反而能够更快地到达目的地。

假设在两个火车站之间有一个村子，村民应该如何快速到达那个比较远的车站呢？他们会选择骑马直接过去，还是先骑马去最近的车站然后再乘火车过去呢？村民们一定会选择先骑马再乘火车，因为火车的速度要比马的速度快很多，即便他们骑马去最近的车站多走了很多路程，但是却能够更快地到达目的地。

再举一个更直观的例子，一名骑兵要把情报从 A 点送到 C 点的帐篷中，路经一块沙地和草地，如图 8 - 12 所示，把沙地和草地之间的分界线设为直线 EF，已知马在沙地跑的速度是草地上速度的一半，请问骑兵应该选择怎样的路线才能够在最短的时间内到达帐篷？

从图中我们不难看出，A 点到 C 点之间的最短距离是 AC，沿着 AC 走是否合理呢？要知道虽然路程短，但是在沙地的部分速度很慢，不符合最短时间到达的要求。怎样才能节约时间呢？那自然是在速度较快的草地上行驶大段距离，然后减少在沙地上行走的路程。也就是说骑兵的路线应该在两种地面的分界线处发生偏折，让草地的路线与分界线的垂线的夹角大于沙地上的路线与界线的垂线的夹角。

我们从几何学方面着手，看一下究竟直线 AC 是最快的路线，还是走折线 AEC （图 8 - 13）要更快些。

图 8 - 12 骑兵的题目：
求从 A 到 C 最快的路线

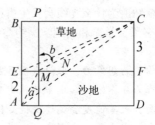

图 8 - 13 骑兵题目的答案：
最快的路线是折线 AMC

如图 8 - 12 所示，沙地宽 2 千米，草地宽 3 千米，BC 距离为 7 千米。我们不难运用勾股定理求出 AC（图 8 - 13）的长为 $\sqrt{5^2 + 7^2} \approx 8.60$ 千米。然后我们分别计算在草地上走的路程和在沙地上走的路程各是多少。经计算可以得出 AN（沙地上的路程）为3.44千米，又因为在沙地上的速度只是草地上的速度的一半，我们将路统一为草地。也就是说跑3.44千米的沙地所用的时间相当于跑6.88千米的草地，即沿直线 AC 跑8.6千米的时间相当于在草地上跑12.04米。

我们再依照同样的方法把路程 AEC，转换为草地，$AE = 2$ 千米，相当于草地的4千米，而 $EC = \sqrt{3^2 + 7^2} = 7.61$ 千米，AEC 的全程为11.61千米。

这样一来比跑直线 AC 少跑了将近0.5千米。虽然我们已经得出 AEC 要比 AC 用的时间少得多，然而我们并没有找到用时最短的路。

在计算最短的路径时，我们需要借助三角学原理，让草地上的速度和沙地上的速度之比等于角 b 的正弦值和角 a 的正弦值之比，也就是说，需要找一个方向让 $\sin b = 2\sin a$。也就是说，$\dfrac{\sin b}{\sin a} = 2$。通过计算，在这样的情况下，$AM = 4.47$千米，$MC = 6.71$ 千米。也就是说全长为11.18千米，远远小于直线距离12.04千米。

光线在传播过程中变换不同传播介质时，就会发生折射现象，因为这样可以帮它找到捷径。在传播过程中，折射角正弦与入射角正弦之比（图8-14）等于光在新介质中的速度与在原介质中的速度之比。这样一来光用时最短。另一方面，这个比值也相当于光在这两种介质中的折射率。

总的来说光在传播过程中总是沿着最快路径传播的。这也就是物理学家所说的"最快到达的原理"（费马原理）。

介质不均匀时，介质的折射能力会逐渐改变，然而光线最快到达的原理依然适用。以大气层为例，由于气体密度不同，会发生光线在大气层中折曲的现象，也就是被天文学家称为"大气折射"的现象。

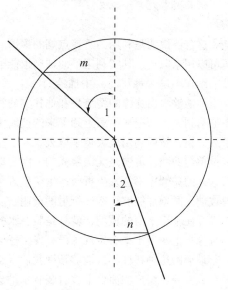

图8-14　线段 m 和半径之比即角1的正弦；
线段 n 与半径之比就是角2的正弦

声音和一切波状运动都遵循费马定理，也就是最快到达原理。这一原理除了适用于光现象，还具备普适性。

也许列举了这么多例子，你还是无法很好地理解光线是如何折射的，那么我应用当代物理学家薛定谔的解释。他用简单易懂的例子生动地描述了光线在密度渐变的介质中的传播过程。他说："假设有一列行进中的队伍，为了保持队形不变，让每一名士兵都手持着连接起来的长杆。如果指挥员发出口令让全体跑步行进，一旦路面性质发生变化，使得队伍的右翼会先加速然后队伍的左翼才会加速。这样一来队伍就会自行转弯，而队伍所走的路线就是这种情况下用时最短的道路。如果你仔细观察就能发现在每一个士兵都尽力奔跑的时候，这条曲线比走过的直线要省时得多。"

8.13　用水取火

罗蒙诺索夫早就在他的诗歌《话说玻璃的用处》中这样写道：

用玻璃盗取太阳火，
我们效仿普罗米修斯自得其乐。
骂那些卑劣无耻人编造的笨拙谎言，
借天火本就天经地义。

这首诗说的是利用凸透镜点烟的事情。我们都知道经过磨制的玻璃也就是凸透镜可以用来取火，其实利用平面玻璃也能够制作取火用的放大镜。最初这个想法是凡尔纳在小说《神秘岛》中描绘的。

他能够写出这样的情节是和他扎实的物理知识以及渊博的学识分不开的。在文中他写到工程师把从手表上卸下来的玻璃中间灌满了水，用泥粘住玻璃边缘制作出了放大镜，然后利用放大镜来取火。

单纯的两片玻璃是无法聚光的，因为玻璃的表面是平行的，光线即便是通过两层这样的玻璃也不会发生折射产生聚焦现象。为了让光线聚到一起，就必须在玻璃与玻璃之间增加能够让空气折射的透明物质。其中水就是很好的选择。

即便不用平面的玻璃，就算是装有水的玻璃瓶子，也可以拿来做取火用的透镜，而且你再把水倒出来会发现水没有发生任何变化。

玻璃的这种特性不仅能够帮助我们取火，在有些时候还会导致悲剧的发生。曾经有人在开着窗户的凉台上放着装有水的玻璃瓶，在阳光的照射下，汇聚出的光斑点燃了易燃的窗帘，最后引发了火灾。

不过不得不说水做的凸透镜没有玻璃做的凸透镜引燃效果好。首先光线在水中的折射要比玻璃中的小，其次水吸收了对加热物体有利的红外线。

8.14　用冰取火

《哈特拉斯船长历险记》中有这样一段情节，主人公哈特拉斯一群人在零下48 ℃的严寒中丢了火，无火取暖，最后这些人步行了很久，找到一块淡水凝结的冰，用斧子把它修平，然后又用刀子加工，最后用手一点一点磨光，做成透明的透镜用其来点火（图8-15）。那块冰做的透镜简直像是用优质水晶做的。

图8-15 小说中的人物把太阳光聚集到一起

或许当时凡尔纳只是幻想而没实践，其实那的确是可行的，后人已经证实了。早在1763年，英国人就用冰制作了一个很大的透镜，然后用其聚集阳光点燃木头。从那时起，人们用冰当作材料来制作透镜，并且用这样的透镜取火不止取得了一次成功。

只不过用冰制作的透镜很难用刀、斧子等工具，而需要用手来制作。后来人们发明了一个制作冰透镜的好方法，就是找来一个形状合适的小碗，在里面注满水，然后把它放在冰箱里或者其他寒冷的环境下让水凝结成冰，最后就是

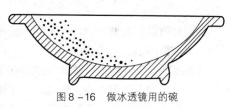

图8-16 做冰透镜用的碗

把碗微微加热，让里面的冰能够取出来（图8-16）。这样你就得到了一个简易的冰透镜。

8.15　阳光破冰

我们在夏天总喜欢穿浅颜色的衣服，认为这样穿更凉爽，这到底有没有什么科学依据呢？其实一个小实验就能够证明。在寒冷的冬季，找一片能被阳光晒到的土地，然后在雪地上铺上两块大小相同的布，一块是白色的，一块是黑色的。等过了一两个小时之后你再来看看布的变化，你会发现黑色的那块布已经陷在了雪里，它下面的雪也融化了不少，而白色的布没有发生多大的变化。

本杰明·富兰克林曾做过类似的实验，这个只是富兰克林实验的简化版。当年富兰克林找到各种颜色的布块，把它们铺在雪地上然后观察布下面的雪融化的程度。之后他得出了结论：颜色越深吸收的热量越多，颜色浅的布块能够反射大部分阳光。他把这一理论应用在了日常生活中，他写道："在烈日炎炎的夏日，浅色衣服比如白衣服要比深色衣服更合适，因为深色衣服会吸收更多热量，这样一来本来就觉得闷热的人，一旦进行一些会使自身发热的动作就变得无法忍耐。到了夏天无论男女最好戴白色的帽子，这样更有利于防暑降温，能够有效预防人被晒晕。也许，在冬天，应该考虑将房屋墙壁涂成黑色，没准这样一来就能够使夜晚屋子里保持一定的温度，能有效防止冻伤。只要你有双善于观察的眼睛，你就能够通过留心观察再找到些类似的大大小小的发现。一切智慧都在于观察与发现。"

富兰克林的实验结论给日常生活中的人们诸多启示，甚至在一些特殊领域发挥了出人意料的好效果。

1903 年赴南极科考的德国考察队乘坐的"高斯号"被冻在了冰层中，队员们为了脱困，运用了爆炸物和锯子，不过只是开出了几百立方米的冰，并未能使轮船脱离险境。最后一位科考队员想出了一个办法，求助阳光。在冰面上用煤渣和灰烬铺了一条长 2 千米，宽约 10 米的黑色大道，从轮船边一直铺到距离冰最近的冰缝。这个方法拯救了一船的考察队员，阳光就这样无声无息地融化了冰。

8.16　并不神秘的海市蜃楼

我们常听说有人见到烈日炎炎的沙漠突然出现其他地方的幻影，我们把这种情况称为海市蜃楼。

这是由于被暑气烤得极热的沙漠具有了镜面的特性，又因为紧挨着沙子的空气要比位于上面的空气密度小，使得远处物体斜射的光线达到这一空气层并发生了折射进入了观察者的眼中，从而产生了奇妙的海市蜃楼现象（图 8 - 17）。

确切地说，因为光线在被烤热的空气层发生的反射同光线与镜面发生的普通反射不同，而是物理学上说的"全反射"。除了海市蜃楼是全反射现象，从水下看水面时光线发生的反射也是全反射。光线发生全反射时要求光线以极大的倾斜度进入空气层，比示意图 8 - 17 的倾斜角度要大得多，否则就不会发生全反射现象。

这理论有些地方可能会被误解，就是出现海市蜃楼时空气的分布情况应该是较稀薄的空气在下，较稠密的空气位于上方。这一点不符合常识，其实这样的分布情况是由于大气层是流动的，而不是静止的。被地面烤热的一层空气并不是静止不动的，而是会不断上升，沉下来的空气也不会保持温度，而是会迅速被烤热。所以无论空气怎样交替，总有一层稀薄的空气紧贴着炽热的沙子。这样就达到了出现海市蜃楼的要求了。

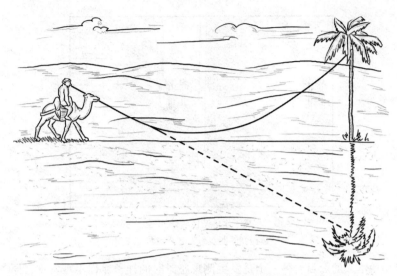

图8-17　这是教科书里常用的图,表示沙漠里发生的海市蜃楼。
但此图有些过分夸大,把光线的路径画得夸张地陡直

现代气象学又把海市蜃楼分为"下现蜃景"、"上现蜃景"和"侧现蜃景"。其中"下现蜃景"就是我们常见的这种,在这种海市蜃楼中,光线的行进路线如图8-18所示,只要你耐心观察就能够在日常生活中发现很多。"上现蜃景"是由于大气上部稀薄的空气层反射光线形成的。

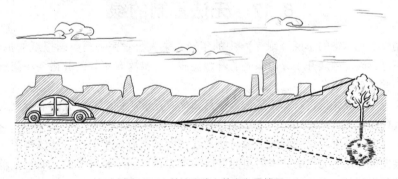

图8-18　柏油马路上的海市蜃楼图

最为独特的是"侧现蜃景"。由被太阳烤热的竖直墙壁反射光线发生的。有一个法国作者曾运用他美妙的语言描绘了这一现象发生时的样子:"他漫步走近一座炮台,突然发现平时凹凸不平的粗糙墙面像是镜子一样,亮晶晶的甚至还能反射出周围的景物,他有些不确信地再靠近几步,发现地面和天空也清晰可见。渐渐地,炮台的另一面墙壁也在他眼前发生了变化,灰色的墙面仿佛突然变成了被抛光的镜面一样。"

图8-19拍摄的就是炮台墙壁的真实面貌,左侧和右侧刚好形成了鲜明的对比,

图 8-19　粗糙不平的灰色墙壁 （左） 突然变为
似乎被抛光的能反射的光滑镜面 （右）

一个是墙壁本来的面目，另一个是发生侧现蜃景时的样子。你不难发现，原本凹凸不平的墙面变得像镜子一样，映射出近处士兵的身影。其实反射光线的并不是墙面本身，而是贴近墙面被烤热的空气。

在骄阳似火的夏季，不论是城市还是荒漠，只要符合海市蜃楼产生的要求，就能够看到海市蜃楼。这种现象并不罕见，只是人们没有留意而已。

8.17　无法复制的绿

儒勒·凡尔纳的小说《绿光》中的年轻女主人公看完一篇英国报纸的报道后，激动不已，因此她展开了寻访绿光的奇妙之旅。可惜这名年轻的苏格兰小姐没能看到这美妙的自然现象，与之无缘。

小说中的绿光虽奇特却不是传奇，只要你有足够大的耐心，就能够看到海上日落时发生的这一奇景。

所说的绿光现象是太阳的上缘与地平线若即若离时发生的一种特殊现象，这时候你会发现那灿烂无比的天体射出的最后一道光芒居然不是红色的，而是一种无论你在调色板还是大自然的植物或者大海的色彩中都无法复制的绿色。

这抹绿光究竟是怎样形成的呢？如果你曾用玻璃三棱镜观察过物体，你大概会有些头绪。当你把三棱镜宽面朝下水平地放在眼前，透过它观测钉在墙上的一张白纸时，你会惊讶地发现白纸边缘的颜色发生了变化，而且位置也比实际位置高得多。这种现象是由于玻璃对不同颜色的光的折射率不同造成的。我们看到白纸上边缘是由蓝色过渡到紫色，因为紫色和蓝色光线比其他颜色的光线折射程度大；我们看到这张纸的下边缘是红色的，因为红色光线折射程度最小。

再深入分析一下，其实是因为三棱镜把来自纸的白光分散成为光谱上各个颜色的光，然后这些颜色按照玻璃对该颜色光线的折射率大小排列。有些光相互叠加又合成了原来的白色，而纸的上边缘和下边缘却没有发生这种现象，呈现出了不曾混合的颜色。

著名诗人歌德在了解过这种现象后，认为这一现象证明了牛顿有关学说的错误，并著有专著《颜色学》来讲述这个事情。其实他的著作并没有理解实验深刻的意义，而且完全是建立在错误的概念上的。三棱镜并不能把所有的物体都改变颜色。

绿光的形成与三棱镜的这一特性关系紧密，地球的大气层其实就是一个宽面朝下的巨大气体三棱镜。平时地平线上天空中的太阳透过三棱镜时，强烈的光线压过了边缘比较弱的色彩，等到日落的时候，太阳的整体都藏在地平线以下，我们就能够看到它上缘的蓝边。边缘是双色的，上面是蓝色，下面是蓝色和绿色混合而成的蔚蓝色。然而蓝色的光线常常被大气散射掉，最后只留下绿色的边缘，也就是我们说的绿光现象。

苏联科学院总天文台的天文学家加·阿·季霍夫写有研究"绿光"的专著。在这本专著中，他提到了绿光现象发生的一些征兆："当太阳的颜色如往常一样黄中微微发白，且日落的时候颜色变得耀眼时，那么绿光出现的概率就会增大（即大气吸收阳光较少），就有很大的机会看到绿光。"他还提到其中最重要的一点是"绿光出现时，地平线一定是一条泾渭分明的线"。

也就是说，只有在天空十分晴朗的条件下，才能够看到绿光现象。在一些地平线处空气清澈的地方，绿光现象并不罕见。

许多贝尔纳小说的粉丝，热衷于探寻这一大自然的奇观。阿尔萨斯的两名天文学家用天文望远镜捕捉到了这一现象。他们描写道："……日落前的最后几秒，我们能够看到大部分的太阳，这时候太阳的边缘像是有起伏的波浪，有些模糊，然而轮廓清晰可见。在太阳上沿的边缘有一道绿色的窄边儿。这情景用肉眼无法捕捉，只有在太阳要消失的那一瞬才能看见。然而当你拿起高倍数的望远镜，你就能看得一清二楚。绿色的边缘在日落前最后十分钟越来越清晰，它就像是镶嵌在那里一样。在太阳的下部你能看到红色的边缘。绿边的宽度随着太阳缓缓下落而变宽，有时候整个视野里竟有一半都是。这边缘并不是光滑的，时不时能看到绿色的凸起。待到太阳完全消失，这些绿色的凸起会顺着太阳的边缘滑到最高的地方，有些甚至会像烟火一样脱离到空中，闪耀数秒才熄灭。"（图 8 – 20）

这一现象通常只会持续 1 到 2 秒，在极其例外的情况下会持续很长时间。据记载，曾有一个快步行走的观测者看到了绿光现象，并且这一现象持续了 5 分钟以上。他看到了太阳像是带上绿色边饰一样缓缓下落（图 8 – 20）。

太阳刚出地平线时，它的上部边缘会有绿光，这时候的绿光是真正的绿光。这时的绿光可以证明一个错误的说法：绿光只是落日时候耀眼的余晖刺激人们的眼睛而产生的一种错觉。太阳并不是唯一能发出"绿光"的天体，有时金星落下时人们也能看到绿光。

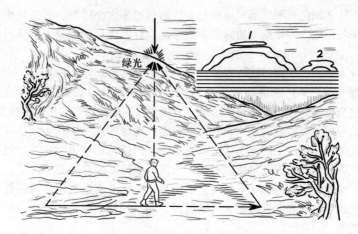

图 8 −20　长时间观察 "绿光"

　　观察者在5分钟内可以始终看见 "绿光"。在图中，通过望远镜看到的
"绿光"，日轮具有不规则的轮廓。在1的位置上太阳光很刺眼，妨碍肉眼观
察，无法看到 "绿光"；在2的位置上，太阳圆面几乎整个消失了，肉眼很难
看到了

Chapter 9

睁开你的眼

9.1　没有照片的时代

这是发生在匹克威克所进的监狱里的一件事。

有人告诉匹克威克，他要坐在那里，一直到画师把他的画像画完为止。

"坐在这里让人帮我画像？"匹克威克大声叫喊。

"是的，帮您画一幅肖像，先生。"肥胖的狱卒回答道，"我们这里的画师技艺都非常高超，这一点您应该非常了解。不要着急，很快就画好了。请坐吧先生，放松一点，不要拘束。"

匹克威克同意了，他坐了下来。这时候，站在他身边的仆人山姆小声对他说："先生，他们所说的'画像'的意思就是，狱卒们要仔细观察你的样子，以便把你跟其他犯人区分开来。"

"画像"开始以后，那个肥胖的狱卒随意看了匹克威克一眼。另外一个狱卒则直接走到匹克威克对面，全神贯注地注视着他。第三个狱卒有点绅士，他一直跑到离匹克威克特别近的地方，聚精会神地研究他的相貌特征。

最后，匹克威克的肖像画终于画好了，他接到通知，可以进入监狱了。

这段描述向我们还原了约一百八十多年前，英国国家机关记录犯人容貌时的情景。这是小说家狄更斯在他的《匹克威克外传》一书中所做的描述。

现在，照相对我们而言，再熟悉不过了。但是对于我们的祖先来说，却是不可思议的，即使是离我们很近的祖先也从未体验过照相这件事情。

约一百八十多年前，英国监狱通过上述的方式记录犯人的容貌，而更早的时候，人们是利用描述性的文字来记录各种面部特征的。在普希金的戏剧作品《波里斯·戈都诺夫》中，沙皇在他的文书中提到葛里戈里时说："他身材非常矮小，胸脯宽阔，两条胳膊不一样长，蓝眼睛红头发，脸上跟额头上各有一个瘤子。"

由此可知，过去没有相机的时代，我们去想知道一个陌生人的面貌还需要发挥想象。而在照相术十分发达的现在，事情对于我们来说就简单多了，只要在旁边附上一张照片，人们就能直观地看到一个人的容貌。

9.2　神奇的银版照相法

"我的爷爷为了照一张属于自己的无法复制的银版照片，竟然在照相机前坐了整整四十分钟！"列宁格勒物理学家鲍·彼·魏恩别尔格说。他所说的是发生在19世纪40年代的事情。

那时候，照相术刚刚开始出现在我们的生活中。最初，人们是用金属板来拍摄照片的，这就是"银版照相法"。利用"银版照相法"，可以获得一种印在金属片上的照片。但是这种照片有一个很大的缺陷，那就是被拍的人要长时间地在照相机前保持一定的姿势，有时候保持姿势的时间甚至要长达几十分钟。

除了这种缺陷之外，人们对于不用画家动笔就能得到自己的肖像画这件事情本身也不是很理解。1845 年，在俄国一本杂志上，对这方面有一段有趣的记载：

许多人到现在还不能接受银版照相法竟然能照出照片。有一次，一个人西装革履地跑去照相。摄影师让他坐下之后，调了调镜头，在照相机里装了一块板，又抬头看了一眼钟，并嘱咐他坐着别动，然后摄影师就走出去。摄影师刚一走出房门，这位本来端坐着的先生就站了起来。他嗅了会儿鼻烟，又从各个角度仔细观察了照相机的构造，还凑到镜头前看了一眼，然后摇了摇头，说了句"这东西真奇怪"之后，就开始在房间里走来走去。

可见，"银版照相法"对于这时的人来说还是非常新奇的一件事情，人们对于"银版照相法"还不能完全理解和接受。在照相术已经发展得非常成熟的今天，对于拍照，我们自然不会再有像 19 世纪人那样幼稚的看法。

但是，许多现代人对于照相，其实也不是十分理解。甚至有很多人对拍好的照片都不知道怎样正确地去欣赏。对很多人来说，看照片是一件非常简单的事情，拿起来看就可以了，甚至对很多摄影师和摄影爱好者来说都是这样。但是，事实上这并不是看照片该用的方法。很难想象，在照相术出现近两百年以后，很多人竟然还不知道如何去正确地看自己的照片。你是否想过，你每天跟照片接触的方式是正确的吗？其实一直以来都不正确。

9.3　怎样正确看照片

如果想通过看照片获得与看实物完全相同的视觉印象，那么我们在看照片时就必须注意以下两方面：首先，看照片的时候只能用一只眼睛；其次，必须把照片放在离眼睛距离适当的位置。这是从照相机的构造和成像原理两方面来考虑的。

照相机就像人的一只眼睛，它所成的像的大小跟照相机与物体之间距离有关，而显示在底片上的图像跟我们用一只眼睛在镜头的位置看到的东西是一样的。

虽然人们习惯用两只眼睛来看照片，但是这种看照片的方法本身却是非常不科学的。因为这样做，相当于给自己一种心理暗示：我所面对的就是一张平面的图画。这样，本来有远近不同的照片，在我们眼中也就变成了一幅平面的图画。

从视觉特性的角度来分析，当我们看一个立体的东西时，由于两只眼睛与这个东西的距离以及所成的角度不同，两眼视网膜所成的像是不一样的，这也是致使左眼和右眼看到的东西并不完全相同的原因。如果你把手放在离脸不远的地方，左眼和右眼看到的同一手指会不一样。正是因为两眼看到同一件物体时的这种差别，让我们能够感觉到物体的立体性。又经过意识的加工，两个不同的像融在一起之后就变成了一个凹凸不平的形象。立体镜所依据的原理就是这个。

这是我们面对立体的东西时，两只眼睛成像的原理。而当我们面对的是一个像墙面一样的平面时，情况就大不一样了。这时候，两只眼睛的视网膜所成的像是一样的，我们也是通过两眼所获取的相同印象而判断出自己所看到的物体是平面的。

所以，我们用两只眼睛看照片其实破坏了照相机所创造出的透视效果。本来应该用一只眼睛去看图像，却用两只眼睛去看，我们当然无法用这么不科学的方法看到本应看到的东西。

9.4　把照片放在多远的位置看

我们除了应当用一只眼睛欣赏照片，还应注意一个问题，那就是把照片放在与眼睛距离适当的位置上看。

为了能完整地还原拍照时照相机所成的图像，在看照片时，我们必须注意自己的视角。看照片的视角要与拍照片时，照相机镜头"看"被拍摄物体时的视角相同（图9-1）。这就是说，我们在看照片时，照片与眼睛之间的最佳距离应该是镜头焦距的长度。因为只有从这个距离看的时候，我们看到的才是当时照相机镜头所记录下的影像。从这个距离，我们的眼睛可以对所记录的图像进行最真实的还原。

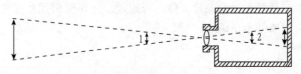

图9-1　照相机里角1等于角2

但是对大多数人来说，看照片的距离都远远大于照相机的焦距。留心观察，我们会发现，大多数摄影的人习惯把镜头的焦距调到12厘米到15厘米之间。恐怕只有眼睛近视的人和能够近距离看清物体的孩子们才会把照片放在这么近的距离来看。所以恐怕也只有他们可能在无意间用正确的方法看过照片。当他们闭上一只眼睛，并按照自己的视物习惯把照片拿到距离眼睛12厘米到15厘米的地方时，在大多数眼中是平面的图画，在他们眼中就与从立体镜中所看到的景象一样了。

对一个视力正常的人来说，最佳的视觉距离却是25厘米，这个距离接近镜头焦距的两倍。我们几乎不会把照片放在与眼睛距离适当的位置上去看，尤其是那些挂在墙上的照片，我们看的时候，距离更是远远大于镜头的焦距。这也就不难理解为什么我们总觉得很多照片都是平面的了。

由于我们缺乏这方面的物理认识，我们通常无法欣赏到照片能带给我们的全部效果，甚至有时还因此抱怨我们所看到的照片既呆板又平淡。从现在起，抛弃那些习以为常的错误方式，开始用正确的方式去看照片吧。闭上一只眼睛，将照片放在与眼睛距离适当的位置上，享受照片所带给我们的无穷乐趣。

9.5　神奇的放大镜

如我们上面所说，把照片放在距眼睛 12 厘米到 15 厘米之间来看，对于近视的人来说是很容易的一件事，但是对于最佳视觉距离为 25 厘米的视力正常的人来说，这个距离却可能会使他们的眼睛非常不舒服。视力正常的人在看照片时，要想获得完美的视觉效果，就必须依靠一种工具了，那就是放大镜。

为什么用一只眼睛再结合放大镜来看照片会看到立体的效果呢？虽然对立体镜原理的任何解释都经不起推敲，但是这个问题回答起来其实并不复杂。就像玩具店里出售的"全景画"，玩的时候，我们只需要用一只眼睛通过放大镜去看里面的普通风景画，就能够获得非常好的立体效果。

一个视力正常的人，拿着放大镜，就可以在不费力的条件下感受到照片的立体感、层次感和纵深感。这样，视力正常的人也很容易就获得了近视人群看照片时的良好感受。有了正确的看照片的方法，再结合适当的工具，我们看照片时几乎可以获得与立体镜相当的效果。

由于我们的眼睛对近处物体的立体起伏非常敏感，所以为了增强立体的感觉，人们有时还会把照片前景中的一些物体剪下来，放在照片的前面，这样照片的立体效果就更加明显了。

9.6　放大你的照片

对于视力正常的人来说，除了借助放大镜来获得立体效果之外，还有没有一种方式可以让他们不用放大镜也能感受到立体效果呢？答案是有。我们可以通过使用长焦镜头拍照来"扔掉"放大镜。

前面提到过，看照片时，眼睛与照片最适当的距离就是镜头的焦距。所以，要想在普通视觉距离的前提条件下获得明显的立体感，只需要用焦距为 25 厘米左右的镜头去拍摄照片就可以了。

当镜头的焦距达到 70 厘米时，人用两只眼睛也能看出立体的效果。这是因为两只眼睛看同一立体物体时，视网膜所成的像是不一样的，这是产生立体感的原因，但是随着距离的拉远，两只眼睛的视网膜所成的像之间的差别会越来越小。

使用长焦镜头固然可以让正常的眼睛不用放大镜就能体验到立体的效果，但是长焦镜头携带起来实在是有诸多不方便的地方。那还有没有其他的办法呢？我们其实也可以通过放大照片来获得立体效果。放大后的照片，必然会有些模糊之处，但是这对我们获得理想效果并没有什么影响。将用普通相机拍摄的照片放大4到5倍，然后站在约70厘米外的地方用两只眼睛看，也能感受到很好的视觉效果。

9.7　寻找看电影的最佳位置

看电影时，选一个好位置非常重要。如果坐在好的位置上，我们就能获得好的视觉效果，而当选择的位置非常合适时，我们有时甚至会觉得银幕上的人物仿佛从背景上走了出来，突出得让观众忘记了大银幕的存在，仿佛台上就是真实的场景和真实的演员。

那么什么样的位置才算是观看影片的最佳位置呢？

拍摄电影时所用的摄影机焦距一般非常短。在大银幕上放映的时候，原来的影片被放大了约一百倍。这就让观众用两只眼睛从大约距离银幕10米左右的位置看也能获得比较好的视觉效果。而所谓的最佳观影位置，其实就是我们看电影时的视角能够与摄影机拍摄影片时"看"演员的视角保持一致的这个位置。处在这个位置上时，我们所看到的画面就与拍摄时摄影师眼里的画面相同了，这是最佳的观影效果。

知道了什么是最佳的观影位置，我们还要学会如何找到这个位置。在选择座位时，要注意两点：首先，所选的位置要正对画面的中央；其次，所选位置还要与银幕之间有一个合适的距离，只有当这个距离跟银幕上画面的阔度比等于镜头焦距跟影片的阔度比时，才能获得最佳观影效果。

另外，因拍摄对象的不同，拍摄影片时通常使用到焦距为35毫米、50毫米、75毫米或者100毫米的镜头。而胶片的宽度是固定的，为24毫米。如果拍摄影片时使用的是焦距为75毫米的镜头，我们可以通过下面的公式来计算：

所求的距离/画面的宽度＝焦距/胶片的宽度＝75/24，约等于3。

利用上面的公式，我们只要将画面的宽度乘以3就能计算出座位与银幕之间的最佳距离。假如大银幕上画面的宽度为6步，那么，观看电影最理想的位置就应该在距离大银幕约18步的地方。

现在，我们获得影片立体感的方法非常多，这是很好的。但是无论如何，我们都不能忽视上面所提到的影响影片立体感的因素。因为毕竟最佳位置产生的立体效果肯定与通过其他方式产生的立体效果是有区别的。

9.8　怎样正确看画报

这种用一只眼睛看照片的方法，显然不仅能突出物体的真实感，而且能把物体的其他特点也鲜明而真实地呈现在我们眼前。对于类似于静水这样的拍摄物来说，真实感和鲜活感是最不容易表现的部分。如果我们用两只眼睛去观察静水的影像，会发现水的表面仿佛结着一层蜡一样，非常浑浊。而如果我们闭上一只眼睛，水的透明性和深度就会立刻呈现出来。另外，用一只眼睛看照片还能帮助我们辨别不同物体的组成和材料。就像青铜或象牙，由于表面所具有的特性不同，它们所反射出来的颜色是不一样的。

这是英国心理学家卡彭特《智慧的生理原理》的俄译本中关于如何看照片这个问题的论述。这本书出版于1877年。可见，用一只眼睛看照片是半个多世纪①以前科普读物中就提到的看照片的正确方法。但是令人难以置信的是，时至今日，仍然有很多人不知道这个简单的事实。

期刊、报纸上常印有各种照片，这些虽然是复制品、但和原版相比，它们有共同的性质。当我们闭上一只眼睛，在适当的距离上看这些照片时，这些照片就会有立体的感觉。但是由于不同照片拍摄时所用的镜头焦距不同，所以，在观赏照片时要想获得最佳的视觉效果，就必须找到观赏照片的最佳位置。而找最佳观赏位置的方法其实也非常简单：首先，闭上一只眼睛，将拿着画报的手臂伸直，并让画报所在的平面与视线垂直，让睁开的眼睛正对照片的中心；然后，眼睛注视着照片，并慢慢将照片移近，当移到某个位置时，你会觉得照片的立体感非常强，这个位置就是最佳观赏位置。

当我们用上文所讲的方法观看照片时，许多平时并没有立体感甚至模糊的照片就有了一定的纵深感，也更清晰一些。这才是看照片的正确方法。我们一直用错误的方法看照片，其实错失了照片很多美的部分。

前面说到过，把照片放大以后，人们能更容易地感受到它的立体感。那么以此类推，是不是把照片缩小以后，对于人们来说，就更难获得立体形象的感觉了呢？答案是肯定的。由于照片的透视距离本身就没多大，而随着照片的缩小，透视距离也一直缩小，人们当然更难感受到它的立体感了。所以，虽然照片缩小以后会显得更加清晰，但是，缩小的照片也更像是一个平面。

9.9　观赏绘画的最好方法

我们前面提到的看照片的方法，在一定程度上对于欣赏绘画也同样适用。用一只眼睛看画会比用两只眼睛看画感觉到更强的层次感和纵深感。这是很早之前人们就意识到的事情，但是一开始时，人们对此所做的解释却是完全错误的。

当时人们认为，用一只眼睛欣赏绘画，所感受到的效果之所以比用两只眼睛欣

① 这里所说的"半个多世纪"是从别莱利曼写作本书的时间算起的。1877～2019年，距今已142年，近一个半世纪了。

赏的时候要好，是因为当我们用一只眼睛看时，自己的全部注意力都集中在一个点上，因此欣赏能力最强。而当用一只管子来看画时，由于排除了绘画周围一切不相干东西的影响，欣赏的时候所获得的视觉效果就更强了。

这样的解释，我们现在当然知道那是非常不科学的。我们之所以要用一只眼睛欣赏绘画，是因为对我们来说，当用一只眼睛欣赏绘画时，我们的大脑更容易感受到绘画中的光影关系、透视关系等细节，这样更容易获得立体感和真实感。

英国心理学家卡彭特在《智慧的生理原理》中对此也有谈论："很早之前，人们就注意到，当我们认真观察一幅在光影、透视等方面的布局都趋于真实的写实性绘画的时候，用一只眼睛会比用两只眼睛所获得的视觉效果好得多。"

至于我们所能感受到的绘画的立体程度和真实程度，主要取决于画家本身对于真实场景的还原程度。而且由于我们本身是凭借自身的意愿和想象力去解释作品的，所以大部分时候，我们会给自己一个潜意识的暗示，让自己觉得绘画是立体的。在这样的情况之下，即使把大尺寸的绘画拍成小尺寸的照片，绘画在我们眼中仍然不会是一个平面的图像。只不过这个时候，如果还想获得很好的视觉效果，就要缩短观赏时距离绘画的距离了。

9.10 立体镜是什么东西

虽然物体都是立体的，但是我们的眼睛看到物体之后，在视网膜上所成的像却都是平面的。那么在这样的情况下，我们为什么还能把物体看成立体的呢？物体作为占据三维空间的立体形象呈现在我们眼前，这其中又是什么原理呢？

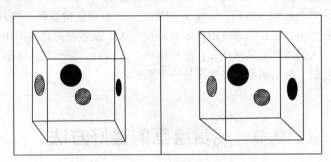

图9-2　分别用左右眼看同一个绘有圆点的
玻璃立方块所看到不同景象（左图为左眼
看到的景象，右图为右眼看到的景象）

头部不要动，先闭上右眼，用左眼去看身边的某样东西；然后再闭上左眼，睁开右眼去看相同的东西。两次看到的东西并不完全一样。这就证明，我们的左右眼所看到的物体不是完全相同的。这样，视网膜上所成的像当然也不同。正是这种不同，经过我们意识的解释，给予了我们立体的感觉。这是我们获得立体感很重要的一个原因（图9-2）。

当然除此之外，还有一些其他原因：首先，由于光线的原因，物体表面各部分的明暗程度是不一样的。通过对物体表面各部分明暗的感知，我们能够比较轻易地判断出物体的形状。其次，我们的眼睛要清楚地感知物体上远近不同的各部分，其实主要依靠的是眼睛所感受到的张力的不同：平面图画的每个部分跟我们眼睛的距离都是相同的，而立体物体的各部分与我们眼睛的距离却各不相同。这样要看清立体物体，我们的眼睛就必须做不同程度的调整。就是这种调整，让我们获得纵深感。

设想同一件物体的两幅画，第一幅画的是我们左眼所看到的这个物体的形象，第二幅画的是我们右眼所看到的这个物体的形象。假如我们拥有这样一种能力，让每只眼睛都只看见属于它自己的那幅画，那么我们所看到的就不是两幅平面的图画了，而变成了一个凹凸有致的立体物体，这种立体的感觉甚至比我们用一只眼睛去看物体时所获得的立体感受更为强烈。

当然，我们很难让自己的眼睛只看见属于它自己的那幅画。这时候我们就需要一件工具的帮助了，它就是立体镜。很多人看到过一些风景类的立体照片，也许还有人曾用立体镜看过一些研究地理时所用的立体模型图。立体镜的应用可谓非常广泛。

以前的立体镜是利用几个反光镜来使两个图像融合在一起的。而在新式的实体镜里，装的是凸面的玻璃三棱镜。这种三棱镜通过使光线发生偏折而使其在观看者的意识中被延长，之后，两个像彼此叠加，我们便能看到立体的效果了。立体镜的原理虽然非常简单，但是给我们的视觉体验却很不错。

9.11　眼睛——天然的立体镜

如果你想通过看图获得立体视觉体验，而你又没有立体镜，那就自己动手做一个吧。首先，找两块望远镜片和一张硬纸板。将硬纸板上剪出两个圆孔，把镜片贴在圆孔上，然后再在要看的两张并列的图画中间放一块纸片作为隔板。这样就能保证你每只眼睛看到的都只有属于它自己的那张画。一个简单的立体镜就完成了。

除了借助立体镜，我们还有其他的方法来获得立体视觉体验。每个人都拥有天然的立体镜，那就是我们的眼睛。如果能够用恰当的方式去看实体图，那么我们就能不借助任何仪器看到立体图像，而且看到的图像跟使用立体镜看到的完全一样。唯一的差别只是用眼睛直接看的时候，图像没有被放大而已。

并不是所有人都能掌握用眼睛直接看立体图的技巧，有些人甚至完全不可能做到这一点。但是很多人经过一些训练之后，是能够利用自己的眼睛直接看到立体图像的。下面我准备了一些立体图给大家做一些简单的训练。这些图是按照从简单到复杂的顺序排列的，希望大家看的时候不要用立体镜，用自己的眼睛直接去看。经历过这些简单的训练，相信大部分人能够掌握用眼睛直接去看立体图的方法。

请从图9-3开始练习。将这张图放在你的眼前，凝视图上的那对黑点之间的空白部分。在凝视的时候，试图做这样的努力，仿佛想看清这张图后面更远的物体。这样不久之后，你会发现，原本只有两个的黑点仿佛都一分为二了，你眼前的黑点数量变成了四个。接着，外侧的两个黑点渐渐向远处移开，而中间的两个黑点越来越接近，并最终融为一体，变成一个点了。

如果上面的训练做得很成功，那么你就可以用同样的方法来看图9-4和图9-5了。在看图9-5时，当左右两部分融合到一起之后，你会发现呈现在你眼前的仿佛是一根伸得很远的长管的内壁。

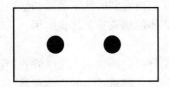

图9-3 持续几秒凝视两个黑点，
两点会融为一个点

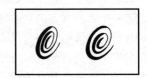

图9-4 用同样的方法看此图，直到两者
融为一体，再看下一张图

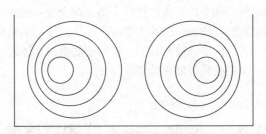

图9-5 你看得到长管内壁吗

如果能看到这根长管的内壁，你就可以接着做下面的训练了。在图9-6中，你应该能看到四个悬空的几何体。而图9-7则应该是一条由石头砌成的长廊或者隧道。图9-8中向你展示的是一只透明的玻璃鱼缸，在这幅图中，玻璃所造成的视幻觉可能会令你赞叹不已。最后，在图9-9上，你会看到美丽的海洋景致。

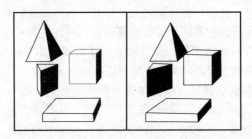

图9-6 当两张图融为一体时，你会看到悬空的集合体

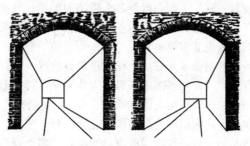

图9-7　通向远方的长廊

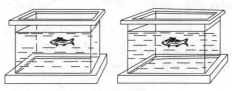

图9-8　鱼缸里游动的鱼儿

图9-9　美丽的海上风光

　　这样的训练并不复杂，很多人经过几次训练，很快就掌握了看立体图的技巧。但是在做这些练习时也有一些要注意的事情。首先，不能过于上瘾了，因为这种训练对眼睛非常不好，很容易造成视疲劳。另外，在做这种训练的时候，一定要找一个光线充足的地方，这样更容易成功。

　　近视或者远视的人也可以做这种练习，看立体图的时候就跟看其他任何图画时一样，不用摘掉眼镜，只要多调整立体图与眼睛之间的距离，找到合适的位置即可。

　　当你掌握了直接用眼睛看立体图的技巧以后，就可以翻到书的后面，去看些立体图，相信立体图一定能给你的生活带来很多乐趣。

9.12　帮你辨别票据真伪

　　立体镜除了能用来看立体图之外，还可以用来识别仿制的存款单和银行票据，这听起来很难令人相信。方法非常简单，只要把需要辨别的票据和真实的票据放在一起，然后用立体镜看一眼。无论伪造得多么精细的票据，只要在某一个字母，甚至某一条细纹上与真实的票据有一点点的差别，那它马上就会现出原形。这种识别真伪的方法所依据的原理也非常简单。

当我们用立体镜去看两张各画有一个相同黑色方块时，看到的只有一个黑色方块，而且这个黑色方块与原来两张图中的黑色方块完全一样。然后，在每个方块的中心位置画一个相同的白点，再用立体镜看的时候，看到的方块中也有了一个白点。而且，看到的画面跟原来两张图中的画面依然完全一样。但是，只要将其中任何一个方块上的白点略微移动一点，使它偏离中心的位置，那么就会产生意想不到的效果。我们从立体镜中仍然可以看到白点，但白点已经不在方块所在的平面上了，而是处在方块的前面或者后面了。

两张图之间任何细微的差别都能通过立体镜产生非常明显的深度感。利用这个原理我们很轻易地就能判断出票据的真伪。只要有丝毫的不同，我们就能发现差别的孤立之处。这真是鉴别票据真伪的好方法①。

9.13　巨人眼中的世界

如前面所说，我们看同一个物体时，由于左右眼与物体的距离、所成的角度等方面可能有细微的差别，所以，左右眼的视网膜所成的像并不是完全一样的。这也是我们获得立体感的一个重要原因。但是，随着我们与物体之间距离的拉大，这种区别会逐渐弱化，左右眼视网膜所成的像会越来越相似。而当这个距离达到450米以上时，左右眼视网膜所成的像就基本一样了，两只眼睛之间的距离就不会引起视觉印象的差异了。

究其原因，是因为瞳孔之间6厘米的有限距离，跟450米比起来，实在太微不足道了，以至于左右眼觉得它们都是一样的。由于这个原因，我们看远处的建筑、山林、风景时都感觉不到它们的立体感。这些远处的东西在我们看来都是处在同一个平面上。同样，我们知道月亮和星星相比，月亮离我们要近许多，但月亮和星星给我们的感觉是在一个平面上，距离我们一样远。

所以，从远距离拍摄到的两张立体照片其实是完全一样的。这样的照片即使放到立体镜下，我们也看不到立体的效果。那么，有没有一种方式可以对这件事情进行补救呢？答案是有。在拍摄远方的景物时，我们只要从比两只眼睛之间的距离大的两个地方拍摄就可以了。用这种方法拍出的照片，再用立体镜去看，就相当于把两眼之间的距离增加了很多倍，当然能感受到非常明显的立体效果了。立体的风景照片就是这样被拍出来的。看立体风景照的时候，一般要用有凸面的放大棱镜。这样，这种立体照片可以显示出与实物同样的大小，观赏效果非常好。

---

① 这种鉴定票据真伪的方法，并不适用于今天所有的票据。

我们可以用上述方式去拍立体照片，而在观赏远处的景物时，我们也可以用相似的方法来获得立体感。用一个由两只望远镜组成的双筒望远镜，这样看远处的风景时就能直接感受到立体感了。这种双筒望远镜的两只镜筒之间的距离比平常两眼之间的距离大。大地测量工作者、海员、炮兵、旅行家等都经常使用这种望远镜。有时候，这种望远镜上面会装有一个可以用来测定距离的刻度盘，叫作"立体测距仪"。

使用这种望远镜时，两只镜筒所成的像通过发射棱镜投射到观看者的眼睛里。这种望远镜可以给我们带来美妙的体验，整个大自然像是变了一个样子。远处的山连绵起伏，凹凸不平，树木、山岩、建筑、海上缓缓前进的船只，一切原本看来是平面布景一样的东西都变得像浮雕一样，凹凸有致，仿佛处在无穷广阔的空间里面。你会看到远处的船只在前进，而这是用普通望远镜所看不到的。这样妙不可言的地上风景，过去恐怕只有神话中的巨人才能看到。

当我们用 10 倍望远镜观赏景物时，即使是远在 25 千米以外的东西，我们仍然能够看出明显的凹凸。这是因为 10 倍望远镜两个镜头间的距离有近 40 厘米，相当于正常人两眼之间距离的 7 倍。用这样的望远镜看物体时，所看到的像会比直接用肉眼看时的立体感强 70 倍。

棱镜制成的双筒望远镜也有增强立体感的功能，这是由它的构造决定的（图9－10）。考虑到我们观看戏剧时，需要的是让演员和布景尽量地贴合在一起，所以

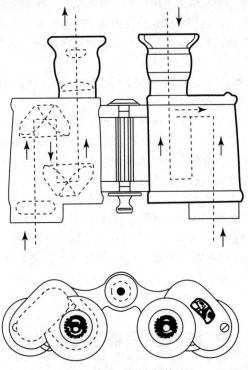

图 9－10　棱镜望远镜

观剧时所用的望远镜一般会把两个镜筒之间的距离做得比较小，这样可以削弱立体的感觉，让观众看戏剧的时候感觉更真实。

9.14 立体镜中的美妙星空

借助立体望远镜，我们虽能感受到远处风景凹凸有致的美妙，但是，要想看到距离地球数千万千米以外的行星，用它就显然不行了。相对于地球与行星之间的距离，立体望远镜两个镜头之间的距离实在是太微不足道了。即便我们造一个很大的立体望远镜，让它的两个镜头之间的距离达到几十米甚至几百米，这个数字相对于遥远的行星来说依然非常小，所以即使是这样巨大的立体望远镜，对于观察行星来说也是没有用的。用它来观察月亮或者其他天体，我们还是得不到立体效果。

那么怎样才能观察到天体的立体效果呢？用立体望远镜不行，而拍摄立体照片的方法实施起来难度又非常大。那么我们到底该怎么办呢？正确的做法其实就是拍摄立体照片。我们并不需要跑很远的距离，而只需要在相隔一定时间的两个时刻，各拍摄一次某一颗行星就可以了。因为即使我们拍摄两张照片时所处的是地球上的同一个点，地球一昼夜能在轨道上运行 257 万千米，从整个太阳系来看，我们拍摄时所处的两个地点当然也是相距很远的。把这 257 万千米的距离想象成一位巨人两只眼睛之间的距离，我们就可以想象出天文学家依靠这种立体照片得到了多么不平常的效果。

这样两张差别很大的照片，用立体镜去观看时，所得到的立体效果肯定非常明显。天文学家所想到的这种方法实在是绝妙至极。

而除了观察天体的立体效果，这种方法还可以用来寻找新的行星。在火星和木星的轨道之间，围绕着很多的小行星。以前发现它们，都是凭借运气。而现在，只要在不同的时间拍摄同一片天空的两张照片，然后用立体镜去看，如果这部分天空有小行星的话，它就在大背景中清晰地显现出来。

用立体镜不但可以觉察到某些点在位置上的差别，而且还可以察觉到它们在亮度上的不同。通过立体镜去观察的时候，假如在同一片天空中，某颗行星的亮度在两张照片中是不一样的。天文学家注意到这个情况，通过对行星亮度变化的追踪，天文学家可以寻找到所谓的"变星"——"变星"就是那些周期性改变亮度的行星。

9.15 三只眼睛看物体

下面我们来说一说用三只眼睛看东西的问题。用三只眼睛看东西？听到这里你肯定会怀疑，难道哪个正常人有第三只眼睛？你怀疑得很有道理，目前科学确实还不能再给我们一只眼睛，但是你也不要以为我说错了话，我们将要说的正是这种类似于三只眼睛看东西的视觉。虽然人类不能再生出第三只眼睛，但是科学却有这样一种能力，那就是使人看到仿佛只有用三只眼睛才能看到的东西。

闭上一只眼睛之后去看立体照片，如果方法得当，我们仍然可以从中获得本来只用一只眼睛不能感受到的立体感。把准备给左眼和右眼看的照片在银幕上快速地交替放映，迅速交替放映时我们睁开的那只眼睛所看到的画面也能汇合成一个形象，从而产生立体感。这样，只用一只眼睛我们也能获得与两只眼睛同时看时一样的感受。所以，一个一只眼睛失明的人其实是可以感受到立体照片的立体感的。

既然这样，我们就可以从三个不同的角度去拍摄一个物体，然后让两只眼睛都正常的人用一只眼睛去看其中两张迅速交替的照片，照片在迅速交替时，眼睛对这两张照片的影像就成了一个有立体感的物体。而同时另一只眼睛也别闲着，让另一只眼睛去看第三张照片，获得对这个物体的第三个影像。当这些影像都汇集在一起时，人们就会产生是在用三只眼睛看这个物体的感觉。此时，我就能获得更好的立体感体验。

9.16　神奇的光泽

图 9 – 11 是两张复制出来的立体照片，拍摄的分别是一个白线黑底的多面体和一个白底黑线的多面体。把这两张照片放到立体镜下后，我们能看到一个有光泽的多面体，很不可思议吧。

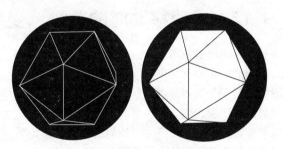

图 9 – 11　用立体镜观察时，两张图融合在一起，
好像在黑色背景上散发着光辉

德国物理学家赫尔姆霍兹曾这样描述：

当用立体镜去看一个在一张立体图上呈白色，在另一张上呈黑色的平面时，我们能从这两张图融合之后的图像上获得散发着光辉的感觉，即便两张立体图所用的纸都是非常不光滑的纸，也不会影响这种观看的效果。用这种方法制作的晶体模型

的立体图给人非常强烈的真实感，观看者都觉得这种晶体模型就是用有光泽的石墨做成的。而且，用这种方法，水、树叶等的立体图也会在立体镜中显现出更加好看的效果。

而伟大的生理学家谢切诺夫在他 1867 年出版的著作《感觉器官的生理学·视觉》里，也对这个现象作出了非常中肯的解释：

用立体镜去观察明暗不同或者色彩深浅不同的表面，我们将看到物体发出光泽。这种现象的原理是什么呢？粗糙的表面跟有光泽的表面有什么本质上的区别？光线在粗糙的表面上进行的是漫反射，即把光反射到四面八方，因此，无论眼睛从哪个方向去看粗糙的物体，总是会获得相同的明暗感觉。而光线在光滑的物体表面上发生的是镜面反射，只能将光线反射到特定的方向。所以有时候会出现这样一种情况，人的一只眼睛看向光滑的物体时得到了非常多的放射光线，而另一只眼睛却几乎连一点光线都没看到。像这样，观察者两只眼睛分配到的反射光线不均衡的情况其实非常多见，而且不可避免。

这就很容易解释我们用立体镜看图 9 – 11 时看到的是一个有光泽的多面体的原因了。在两个立体图像融合到一起，形成一个统一印象的过程中，经验起着至关重要的作用。这个有光泽的多面体正是我们的视觉器官看到两张立体图时，结合经验所作出的判断。

9.17　迅速移动时的美妙感受

当我们坐在疾驰的火车或者汽车上透过车窗向外望去的时候，常常会觉得车外的景物格外生动。所看到的景物都特别有立体感，眼前的景物总是能从后面的背景中突出出来，远近显得特别分明。远方的景物迅速后退，我们从延伸得很远的地平线似乎能感受到大自然的广袤无垠。每一棵树、每一朵花，甚至每一片叶子，都显得分外生动，一切都非常突出，非常清楚。我们的眼睛甚至能够直接看出整个地面的起伏变化，山峰和峡谷也仿佛格外高低分明。这一切不仅视觉正常的人能感觉到，就连只有一只眼睛的人也能感觉到。这是什么原因呢？

我们前面提到过，要想让只有一只眼睛的人看图像时获得立体感，就要把从不同角度拍摄的同一物体的两张照片在银幕上迅速地交替放映。其实在疾驰的火车或者汽车上，一只眼睛的人也能感到明显的立体感也是因为相似的原理。

我们前面所讲的让一只眼睛的人获得立体感的方法是让不动的眼睛接受不断运动的图像，这主要是依靠眼睛和图像之间的相对运动来实现的。而如果我们能让眼睛迅速移动而保持图像不动，从物理学角度来讲一定也可以达到相同的效果。在快速行驶的火车上拍摄的电影画面比固定不动时拍摄的电影画面立体感要强得多。这就证明我们的推断是成立的。

这也正验证了我们前面所说的，要获得立体的感觉，不一定非要像人们通常所认为的那样要用两只眼睛同时去看不同的图画。

下次坐火车或者汽车的时候，你可以注意一下，除了能欣赏到立体感特别强的景物之外，可能还会发现另外一个现象，那就是，在离车窗很近的地方很快闪过的物体仿佛变小了似的。其实很多年以前人们就已经发现这个现象了，但是到现在为止，还有很多人从来没有注意到过。产生这种现象的原因究竟是什么呢？赫尔姆霍兹认为，从离车窗很近的地方一闪而过的物体之所以看上去会觉得比实际大小要小一些，是因为我们在看到这样迅速移动的物体时，总是会误以为它们离我们很近。所以便想当然地以为，它们的大小应该跟实际大小差不多。而实际上它们离我们的距离并不像我们想象的那么近，而只是因为它们的立体感比较强，所以我们才看得比较清楚而已。

9.18　彩色玻璃后的美丽世界

除了可以用立体镜去看立体图像以外，借助另外一种工具，也可以看到立体图像，它就是彩色眼镜。当然仅仅有彩色眼镜是不行的，还必须有戴上彩色眼镜以后看的对象——立体彩照。立体彩照就是一种用特殊方法印制出来的照片。立体彩照有跟立体照片一样的效果。立体彩照上有两种颜色不同的图像，一个蓝色，一个红色，分别供左眼和右眼观看。两个图像有重叠的部分。

我们都有这样的经验，如果透过红色玻璃去看写在白纸上的红字，那么只能看到一片红色，根本无法把上面的字识别出来。这是因为红色的字迹和红色的底色融合在了一起。但是，如果透过同一块红色玻璃去看写在白纸上的蓝色字迹，那么我们很轻易地就能看到之前的白底变成了红底，而蓝色的字迹也变成了黑色。这其中的原理很好理解。红玻璃之所以显示出红色是因为它吸收了其他颜色的光线。蓝色字迹的地方没有光，所以当然只能看到黑色了。同样原理，在白纸上写其他颜色的字，例如灰色的字得到的也是相同的结果。

我们利用彩色眼镜看立体彩照依据的就是这个原理。戴上彩色眼镜以后，右眼透过红色的玻璃，只看到本来是蓝色的图像，而左眼透过蓝色的玻璃，看到的是本来是红色的图像。这个时候，无论是左眼还是右眼，都只能看到它应该看到的部分，而且都是黑色的。利用这种方法，我们就能看到一个完整的黑色立体图像了。

9.19　神奇的 "立体影像"

很多人在电影院里看过 "立体影像"，所谓的立体影像就是放映到银幕上的走动的人的影子，会给戴有双色眼镜的观众提供一种立体的形象，就好像演员是突出在银幕之外的一样。这种"立体影像"所依据的也是我们刚才所说的原理。"立体影像"中的视错觉也是利用两种颜色进行立体摄影而取得的。

当我们想在银幕上把某一个物体的影子作为一种立体的形象展示时，我们只需要把这个物体放在银幕和两个并列的光源之间。但要注意的是，这两个光源必须一个是红色，一个是绿色。这样，银幕上就会出现一红一绿两个不同颜色的影子，并且这两个影子的某些部分是重叠在一起的。这个时候，当观众戴上用红色和绿色两种颜色的镜片做成的彩色眼镜看向银幕时，就会看到这个物体仿佛从银幕上走出来了一样。

这种"立体影像"是怎样实现的呢？其实它的装置并不复杂，只要看了图9-12就能明白了。图中间的那条标有"P绿"、"q绿"、"p红"和"q红"的黑线就是银幕。而"P绿"、"q绿"、"P红"和"q红"则表示物体在银幕上所投出来的彩色影像。左侧的"红灯"和"绿灯"表示红灯和绿灯所在的位置。P和Q表示灯和银幕之间的物体。P_1、Q_1表示透过银幕的颜色，这也是观众所看到的物体所在的位置。右侧的"绿膜片"和"红膜片"则表示观众所在的位置。银幕后面的物体接近光源时，影子在银幕上会变得非常大，这样就会给观众造成物体正在朝自己逼近的错觉。其实观众感觉到向他们逼近的东西都是在向相反的方向移动着。也是因为这个原因，当幕后做道具的大蜘蛛从Q点爬到P点时，观众就会觉得它仿佛从Q_1爬到了P_1一样。

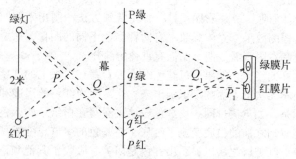

图9-12　"银幕奇迹"的秘密所在

"立体影像"看起来非常有意思。有时候观众会因为觉得有东西径直朝他们飞过来，而下意识地转身躲避；或者，看到一只巨大的蜘蛛一步一步朝着自己走过来。在这种情况下，人们常常会因为受到惊吓而忍不住尖叫。

9.20　美妙的色彩变幻

英国物理学家牛顿曾经提出了著名的物体色彩学说。这种学说的本质是，物体所表现出的颜色都是它不吸收的光线的颜色。这些它不吸收的光线会通过反射或者散射进入到人的眼睛里，观察者就是据此对物体的颜色作出判断的。后来，英国物理学家丁达尔对这个原理进行了归纳。

丁达尔认为，当我们用白色的光线照射物体时，由于绿色光线被吸收，一部分物体显现出红色。同样，由于红色光线被吸收，一部分物体显现出绿色。在这两种情形下，其余颜色都显示了出来。由此可知，颜色不是添加什么之后形成的结果，而是减去什么之后的结果。物体是通过否定的方法获得自己的颜色的。

在基洛夫群岛上的列宁格勒中央文化休息公园里有一个"趣味科学馆"。在这个"趣味科学馆"里，有一套实验非常受参观者的欢迎。在馆内的一个角落里，有跟大客厅里一样的陈设。我们所说的实验就是在这里进行的。在这里，你可以看到罩有暗橙色套子的家具，书架摆满了书脊上印有各种颜色字的书，桌子上覆着绿色桌布，而且还摆着盛有红色果汁和花朵的玻璃瓶。最初，这一切都沐浴在白色的灯光下。

然后实验开始了。当我们旋动开关以后，白色的灯光变成了红色。客厅随之发生了意想不到的变化。绿色的桌布变成了暗紫色，橙黄色的家具变成了玫瑰色，瓶子里的果汁变得像清水一样没有任何颜色，甚至连鲜花也好像被人换了一束一样，变得跟原来的颜色完全不同……这时，如果我们转过头来看一眼书架上的书就会惊奇地发现，书脊上字的颜色变得跟原来不一样了，有些甚至不留痕迹地消失了。继续旋转开关，灯光变为绿色，室内又发生了很大的变化，虽然一直都是相同的陈设，但这其中的差别却让我们不敢相信。

其实这一切变化都是符合物体色彩学说的。让我们对这个神奇的实验做一个分析。

首先，在白光下，桌布之所以显示绿色，是因为它能够反射绿色以及光谱上与绿色相近颜色的光线，而对其他颜色的光线，就反射得很少了，大部分其他颜色的光线其实被桌布吸收了。如果把红紫两色的混合光线投射到这块桌布上，那么它几乎只散射紫色的光线，因此眼睛自然就会获得深紫色的感觉。

客厅中其他物体的色彩变幻，原因跟上文所讲类似。值得我们怀疑和注意的只有一个细节，那就是为什么当灯光变为红色时，红色的果汁居然变为无色了呢？其实果汁并没有变为无色，它依然是红色的。只是因为盛放果汁的玻璃瓶下铺着一块白色的小桌布，灯光变为红色以后，白色的小桌布也变为红色。但是由于白色的小桌布与深色桌布的对比非常强烈，我们出于习惯，会继续把它当作白色。因此，不知不觉地便把瓶子里果汁的红色也忽略了，觉得它是无色的。我们透过彩色的玻璃看周围的物体时所获得的感受与实验中的感受极为相似。

9.21　书到底有多高

你应该有过这类经验，当你顺着某一个物体的长度方向望过去的时候，这个物体的长度就会显得比它实际的长度短一些。这其实是一种视错觉。

不信的话，你可以试一试。你可以用手边的任何东西来做这个实验。

下面我们以书本为例。试想，你的朋友手里正拿着一本书站在你面前。你让他用手指在墙上标出来他手里的书立在地上的话会有多高。他标完之后，你把书放在地上比一比，书的实际高度应该只有你朋友所指高度的一半左右。

假如你不要求他弯下腰去在墙上做标记，而只要求他口头说明这本书的高度应该到墙上的什么位置，他给出的结果就不会有这么大的偏差了。

9.22 时钟的大小

前面所讲的视错觉现象，在我们判断位于很高地方的物体的大小的时候也经常发生。比如，当我们判断钟楼上大钟的尺寸时，就经常会犯这样的错误。我们自然都知道这种钟非常大，但是我们对它尺寸所作的估计仍然比它的实际尺寸要小得多。

图9-13 中所画的是伦敦威斯敏斯特教堂上的时钟表盘卸下来后放到马路上的情景。与这只钟相比，人小得像虫子一样。再看图中马路对面那座钟楼，我们很难相信，钟楼上看上去那么小的圆洞，居然能装得下如此大的一只时钟。

图9-13 伦敦威斯敏斯特教堂上的时钟

9.23 白与黑

我们的眼睛其实并不是一套非常精密的光学仪器，它们在某些方面不能百分之百地符合光学的严格要求。由于眼睛本身的缺陷所造成的视错觉，使我们在看一白一黑两个大小完全一样的东西的时候，经常会觉得白的比黑的大。这种视错觉叫作"光渗"。

由于眼睛里折射光线介质的原因，在视网膜上所成的像并不像在调好照相机的毛玻璃上所成的像那样轮廓清晰。由于"球面像差"的作用，每个浅色物体的轮廓外面都有一圈光亮的边围绕着，这个亮边把物体的轮廓在视网膜上放大了，所以即使它们本身大小一样，我们也总觉得浅色物体比深色物体大。

从远处看一下图9-14，你就能理解我前面所说的这些了。从远处向图9-14望去，然后试着告诉我，上面两个黑点的任意一个与下面的黑点之间的空隙中，能容纳多少个大小一样的黑点？四个还是五个呢？你可能会很快回答，放四个太少，放五个又可能放不下。

但是，如果我现在告诉你，空白处只能容纳三个黑点，你一定会有点不能相信。

如果你拿纸条或者尺子量一下，就会发现你之前的回答确实是错误的。而导致你犯这样错误的原因正是由于这种叫作"光渗"的视错觉。

图9-14　下面的黑点跟上面任意一个黑点之间的空隙，看起来
比上面两个黑点外部边缘之间的距离大，实际上距离相等

大诗人歌德虽然不能称得上是一位非常严谨的物理学家，但是却是当之无愧的自然现象的敏锐观察者。他曾在《论颜色的科学》中阐释过这样一个观点：

颜色深的物体看起来要比同样大小、颜色鲜明的东西小。如果把画在白色背景上的黑色圆点和画在黑色背景上大小一样的白色圆点放在一起来看的话，通常我们会觉得黑色圆点要比白色圆点小大约$\frac{1}{5}$。而如果能把黑色圆点放大$\frac{1}{5}$之后再看，两个圆点看起来好像就一样大了。

有时候我们能看得见月亮的阴影部分。在这个时候，如果我们把它的阴影部分跟明亮部分相比较的话，就会觉得明亮部分的圆的直径好像要比阴影部分的圆的直径大。人们穿深色衣服会显得瘦一点也是同样的原因。

歌德的这些观察结论大部分是正确的。只有一点，就是白色圆点并不一定比黑色圆点大$\frac{1}{5}$，这个数字是不准确的。因为白色圆点与黑色圆点之间的差数不是固定的。由于亮边的大小不变，所以近距离观察图9-14，视错觉就会变得特别强。如果近距离观察时，亮边让浅色区域增大10%，那么当距离变远时，浅色区域的图像缩小，亮边让浅色区域增大的比例就可能达到30%，甚至50%了。

同样的原理，也可以解释我们看图9-15时的奇怪感觉。当你在近处看图9-15时，看到的是黑色背景上布满了白色的圆点。而当你把书放在2~3步，甚至6~8步以外的地方，图形就完全变了一个样子，你看到的已经不是白色的圆点了，而是像蜂房一样的白色六边形。

有人用"光渗"来解释上面的视错觉，但是后来看了图9-16之后，我发现，从远处看白色背景上的黑色圆点，它们也会变成六边形。这就证明用光渗来解释这种视错觉是不成立的。

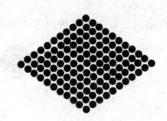

图9-15 从远点的地方望过去，
这些圆点像是六边形

图9-16 从远处看，这些圆点
像是六边形

其实，现在关于视错觉的很多解释并不是非常确定的，甚至有很多视错觉现象现在还根本无法解释。

9.24 找出最黑的字母

人的眼睛有很多缺陷，但是这些缺陷可以通过技师所制作的光学仪器进行弥补。赫尔姆霍兹对我们眼睛的缺陷曾经有过这样一段表述："如果有一个光学仪器制造者想把一台带有缺陷的光学仪器卖给我，那么我认为自己有权用最强硬的方式来指出他不负责任的工作态度，把仪器退还给他并提出抗议。"

下面我们来谈一谈散光这一缺陷。我们的眼睛并不像最精良的玻璃透镜一样构造完美，它们对于各个方向上光线的折射程度不是完全一样的。因此，我们总是不能同时看清横线、竖线以及斜线。这种缺陷其实就是散光。

图9-17能让我们很清楚地了解眼睛不完美的地方。当我们用一只眼睛看图9-17时，会觉得这四个字母并不是一样黑的。现在，请你记住你觉得最黑的那个字母，然后从图的侧面再看一次。你会发现这张图发生了一个让你意外的变化：原来你觉得最黑的那个字母已经变成灰色的了，而现在最黑的字母是另外一个。

图9-17 请用一只眼睛看这四个字母，哪一个更黑

散光对于人们来说不陌生。而有些人的眼睛由于散光的程度比较严重，以至于严重影响了他们的视力，他们视物非常模糊。这种人如果想要看清楚，就必须戴一种特制的眼镜。通过这种特殊的光学仪器，我们就能够很好地避免散光了。

我们能通过各种各样的方式避免眼睛构造上的缺陷对我们视物的影响。但是这并不能完全避免视错觉，因为还有一些视错觉是由眼睛构造缺陷之外的其他原因产生的。

9.25　令人恐惧的画像

看图9-18，我们会觉得，无论我们往哪儿走，图中人的视线都跟随着我们，他的手指也一直指着我们。这是一种奇妙的现象。俄国作家果戈理也曾在他的小说《肖像》里描述过这样的一个情形：

> 那双眼睛盯住了他，就好像除他之外，别的什么都不想看……肖像画上的人的视线不顾周围的一切，一直盯着他，仿佛要看透他的一切似的……

其实大家都看到过类似这样的画像或者照片，画上的人的眼睛好像时时在监视着我们的行踪，我们往哪儿走，他就望向哪儿。虽然很久之前人们就发现了这个现象，但是它的原理对于很多人来说至今还是个谜。

神经质的人经常会被这样的画像或者照片吓得惊慌失措，关于这种现象，甚至有很多迷信的传说。其实并不是什么鬼神作怪，这种现象的产生也和一种非常普通的视错觉有关。

图9-18　可怕的画像

这种双眼盯着我们的画像有一个共同的特点，那就是画像上的瞳孔都位于眼睛的正中央。这是我们直视他人时的样子。而当我们把视线从一个人的身上移开时，我们的瞳孔就不在眼睛的中央而是偏向它的某一边了。由于画像上的瞳孔不会改变位置，所以不管我们位于画像的哪边，都会觉得画像中人物的整个脸庞都是朝向我们的，这时候，自然就会觉得画像中的人在盯着我们看了。

用同样的原理还可以解释另外一些相似的情景。例如，一匹马从图画上径直向我们奔来，无论我们躲到什么地方都没有用；画中人伸出的手指似乎一直指着我们，等等。其实认真想一想，这种视错觉也没有什么值得惊奇的地方。假如图画没有这些特点，倒是比较令人惊奇了。

9.26　插在纸上的针

视错觉经常影响我们的生活，但是我们不能把它单纯地当作一种缺憾。虽然好多人都忽视了这一点，但是视错觉也有它非常有利的一面。如果我们的眼睛是精密的光学仪器，不受任何视错觉的影响，那么就不可能有绘画这种艺术形式，我们自然也就不能体验到欣赏这种艺术的一切乐趣了。

18 世纪，天才学者欧拉曾经在他的著作《有关各种物理资料书信集》中有过这样一段论述：

整个绘画艺术是建立在视错觉的基础之上的。如果我们只根据真实的情况去对物体作出判断，那么，我们就像盲人一样了，美术这种艺术形式也就没有立足之地了。想象一下，面对画家放在调色上的全部用心，我们只是对他的作品做出如此的评价：这块板上是块红斑，这儿是天蓝色，这儿是灰色的，而那边，是一片黑色和一些白色的线条。这一切都在同一个平面之上，看不出什么距离上的差异，而且也看不出像什么东西。无论这幅作品上画的是什么，对我们来说都跟写在纸上的字没什么区别……这种完全地实事求是让我们失去了欣赏美术作品时愉快的心理体验，这难道不是一件让人觉得可惜的事吗？

图 9－19 上画着一组大头针，刚开始看你不会觉得它有什么特别的地方。但是若你把书放平，并且提高到与眼睛相齐的位置，闭上一只眼睛，把睁开的眼睛放在大头针所在直线的延长线的交点上。这时，奇怪的事情发生了，你会觉得这些大头针并不是画在纸上，而是直插在纸上。当你把头略向一边移动时，这些大头针仿佛也向旁边倾斜了一样。这其实也是视错觉造成的。画这些直线时其实有一定的方法，通过借助透视的规律，在画图时就考虑到了看它时所产生的效果，画直线时，让这些直线就像插在纸上的大头针的投影一样。

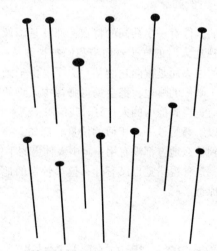

图 9－19　只用一只眼睛看这些直线相交的地方，就会看到
这些大头针仿佛插在纸上

光学上的"欺骗"现象非常多。如果将视错觉的例子全部收集起来，可以集成一本图书。对很多视错觉大家都非常熟悉，下面，我们就来向大家列举一些不常见的有趣的视错觉例子。

　　图 9 – 20、图 9 – 21 是画在网格背景上的两张图。这两张图所造成的视错觉效果都非常明显。如果我告诉你图 9 – 20 中的字母笔画都是直的，你一定觉得难以置信。而更难以置信的是，图 9 – 21 中所展示的并不是螺旋形，而是一些标准的圆。你可以用铅笔来检验一下：将铅笔尖放在弧线的任意一个点上，顺着弧线转，既不靠近也不远离中心，最终铅笔会回到原处。同样，你也可以用两脚规来验证，图 9 – 22 中，线段 AC 并不比线段 AB 短。而在看图 9 – 23、图 9 – 24、图 9 – 25、图 9 – 26 时，所产生的视错觉以及产生原因，在图下面都有说明。图 9 – 25 所产生的视错觉非常强烈。这本书最初排印时，一位出版人从制锌板的车间拿到了这张图的锌板，他竟认为锌板没做好，要求退回车间，清除掉黑线交叉地方的灰斑。还好我刚好走进屋里，才给他解释明白了。

图 9 – 20　字母笔画看起来是直的

图 9 – 21　这张图看起来呈螺旋状，实际上是圆形，你试着用铅笔画一下就知道了

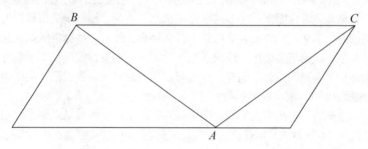

图 9-22　看起来 *AC* 比 *AB* 长一些，实际上两者一般长

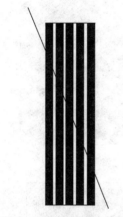

图 9-23　穿过黑白条的曲线
看起来是曲折的

图 9-24　白方块和黑方块，
白圆和黑圆一样大

图9-25　这张图上白线交叉的地方好像有灰色的
斑点忽隐忽现，仿佛在闪烁。实际上横条和竖条全
是白色的。用东西把黑色挡住就可以证实，这是对
比的结果

图 9-26　同理，在黑线交叉的地方
有灰色的斑点时隐时现

9.27　近视者眼中的世界

普希金的朋友、诗人杰利维格曾经回忆道："在皇村中学，由于禁止戴眼镜，我看所有的女人都非常美丽；可毕业以后，禁令解除，我戴上眼镜，却陷入了深深的失望之中。"杰利维格显然是一个近视的人。

对于近视的人来说，别人的面孔在他们眼中会比在正常视力的人眼中显得更年轻，更漂亮。因为别人脸上的皱纹、小斑疤他们都看不见，而粗糙的红色皮肤在他们眼中也是柔和的绯红色。我们也会觉得非常奇怪，近视的人判断别人的年龄居然会相差20岁。是他们的审美能力比较奇特还是别的什么原因呢？他们还经常非常不礼貌地把头伸到我们面前直视我们的脸，装作从来都不认识我们……这些其实都是由于近视造成的。

近视者的眼睛构造跟正常人有些不同。他们的眼球比较深，晶状体很厚，这就导致了外界物体的光线经过一系列折射进入他们的眼睛时，不能恰好地聚集在视网膜上，而是在距离视网膜稍微偏前的地方。因此，光线到达眼球底部的视网膜时又分散开了，形成了一个非常模糊的像。眼睛近视的人离开了近视眼镜，就看不清东西。如果不戴眼镜，近视的人眼中的世界是什么样的呢？

当你和一个近视者交谈时，面对面坐着，拿掉他的眼镜后，他甚至看不清你的脸。在他面前只有一个模糊的轮廓，他看不清你面孔上的任何特征。因此，再过一个小时，如果你再碰到他，他可能已经完全认不出你了。这一点也不奇怪。对近视者来说，辨认一个人大多依据的是对方声音而不是容貌，他们视觉上的缺憾从高度敏感的听觉上得到了补偿。

近视的人由于看不清物体清晰的轮廓，所有的物体对他们来说都有模糊的外形。一个视力正常的人抬头看一棵大树时，能够很清晰地看到天空背景上的树叶和细枝。但是，对于近视者来说，却只能看到没有明显形状、模模糊糊的一片绿色，细微的地方完全看不到。

近视者眼中的夜晚跟正常人眼中的夜晚也很不一样。在夜晚的灯光下，像路灯、被灯光照得很亮的玻璃等一切光亮的物体在近视者眼中都是混沌一片。他们看到的只是一些不规则的光斑和黑影。路灯在近视者眼中只是几个遮蔽了部分街道的大光斑，向他们行驶的汽车，在他们眼中只是车头灯所形成的两个明亮的光点，后面是漆黑的一片。

近视的人不戴眼镜时，他们眼中的夜空中没有繁星点点，我们可以看到许多星星，他们顶多看到稀疏的几百颗星星分散在天边的夜空。而且，这为数不多可以看到的行星在他们眼中也是一些很大的光球。月牙儿的形状，近视者如果不戴眼镜就完全体会不到了。不戴眼镜时，月亮在近视者眼中显得非常大而且非常近。

近视者眼中的世界非常模糊，但是现在，通过戴近视眼镜就可以解决这一问题了。

Chapter 10

声音与听觉

10.1　回声的秘密

有这样一位收藏家，他心血来潮想要收集回声。为了达到目的，他不辞劳苦地买了许多能产生多次回声或者产生的回声非常有特色的土地。

首先，他在佐治亚州买了可以重复四次回声的土地，接着又跑去马里兰买了可以响六次回声的土地，后来又到缅因州去买响十三次回声的土地。接下来去买的是堪萨斯州响九次回声的土地，下一次买的是田纳西州一处响十二次回声的土地。田纳西州的这块地他买得非常便宜，因为峭岩有一部分崩塌了，需要进行修理。他以为可以恢复成原来的样子，但是由于负责这项工作的建筑师从来没有调整过回声，结果把这件事搞砸了。最终加工完毕之后，这个地方变得只适合聋哑人居住了……

这是美国幽默作家马克·吐温的一篇小说中的情节，当然只是个笑话。但是，很好听的多次回声确实存在于地球上的各个地区，有些地区甚至因此而享誉世界。

涅克拉索夫对回声曾经有过这样一段描述：

没有人看见过它，
听倒是每个人都听见过，
没有形体，可它却活着，
没有舌头，可它却会喊叫。

声音在传播过程中遇到障碍物时，声波被反射回来，这样就有了回声。声音的反射跟光的反射其实非常相似，声波传播过程中遇到障碍物发生反射时，反射角也等于入射角。

试想，你站在山脚下（图 10-1），会把你的声音反射回来的障碍物比你所站的位置高，比如在 AB 处。不难看出，沿着 Ca、Cb、Cc 等直线传播的声音经过反射之后，不会进入你的耳朵，而是在空间中沿着 aa、bb、cc 这几条直线的方向散射出去。而当你所站的位置与障碍物处于同一高度，或者甚至高于障碍物的时候（图 10-2），情况就不一样了。沿 Ca、Cb 方向向下传播的声音会沿着 CaaC 或 CbbC 这样的折线，从地面反射一两次后，会重新回到你的耳朵里。由于两点之间地面的凹陷起到了凹面镜的作用，所以回声非常清晰。相反地，如果两点之间的地面是凸起的，回声就会变得非常弱，甚至有时根本听不到回声。因为这样的地面所起的作用就像凸面镜一样，会将声音散射出去。

在不平坦的地区寻找回声需要一些技巧。甚至即使已经找到了合适的地方，还要知道如何把回声"召唤"出来。首先，你不能站得离反射声波的障碍物太近，因为必须让时间走过足够长的路程才能将回声和你直接发出的声音区别开来。声音的传播速度是每秒钟 340 米，这就不难理解，当我们站在距离障碍物 85 米的地方时，你会在发出声音后再过半秒钟听到回声。

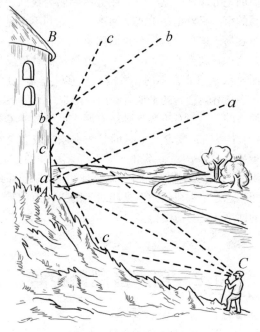

图 10 −1　听不到回声的原因

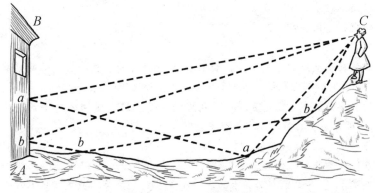

图 10 −2　能听到回声的原因

　　现在，让我们来了解几个有名的回声区。英国伍德斯托克城堡的回声，能重复17 个音节，而且非常清晰。格伯士达附近的德伦堡城的废墟，以前能够得到 27 次的回声，后来一堵墙被炸毁后，回声静默下来。在捷克斯洛伐克的阿代尔斯巴赫附近有一个环状的断岩，在这个断岩的某个地方，回声能够使七个音节重复三次，但是在离这个地点非常近，即使只有几步之遥的地方，即使步枪的射击也不会引起任何的回声。米兰附近的一个城堡，从侧屋的一个窗子里放出的枪声，回声可以重复40到50次，就是大声读一个单字，回声也能够重复30次。

发出很多次回声的地方非常罕见，但是你也不要以为找到一个仅能听到一次回声的地方是一件容易的事。只发出一次清晰回声的地方并不多见，但在我们国家要找这种地方倒还比较容易。这是因为，在我们国家被森林包围的平原比较多，所以有很多林间空地。在这种林间空地上大喊一声，就会从树林里反射回来一声相当清晰的回声。山地的回声跟平原非常不同，种类虽然多，但是山地的回声很难听见。在山地听到回声要比在树林包围着的平地听到回声困难。

虽然说在空旷的空间，只要有声音就必然有回声，但却并不是所有的回声都同样清晰。"野兽在森林中嚎叫，或者是嘹亮的号角在吹，或者是雷声轰鸣，或者是一个小女孩儿在小土丘后面唱歌"，引发的回声都是不一样的。发出的声音越尖锐，越断断续续，所得到回声就会越清晰。拍手总是能引起清晰的回声就是这个道理。人的声音所引起的回声总是不太清晰，但是相对于男人浑厚的嗓音来说，妇女和儿童的高音调所得到的回声还是要清晰得多。

10.2　用声音测量距离

"叔叔！"我大声喊道。

"什么事，我的孩子?"一会儿之后，他问。

"我想知道，我们两个之间的距离有多远?"

"这很简单。"

"你的表还能用吗?"

"能用。"

"把它拿在手里，喊我一声并且记住你发声的时间。我一听到你的喊声，就立刻重复一声我的名字。我的声音传过去的时候，你记下它到达的时间。"

"好的。那么从我发出声音到我听到你的声音，这个时间的一半就是声音从我这儿走到你那儿需要的时间。准备好了吗?"

"准备好了。"

"注意！我要开始喊你的名字了!"

"阿克塞尔"，耳朵贴在岩洞上的我一听见自己的名字，立刻就回应了一声，然后开始等待。

叔叔说："四十秒，这就是说，声音从你那儿到我这儿一共走了二十秒。声音的传播速度是每秒钟三分之一千米，二十秒钟大概走了七千米。"

上面的情节出自儒勒·凡尔纳的小说《地心游记》，小说中教授和他的侄子阿克塞尔是两个旅行家，他们在地下旅行的时候走散了。后来，他们发现他们能够听到对方的声音，于是有了上面的一段对话（这个故事是用侄子的口吻讲述的）。

知道了声音的传播速度，我们就可以借助这个速度来测量一些不能靠近的物体之间的距离了。如果你能够明白上面对话中所讲的内容，那么你很容易就能解答出相似的问题了。例如，我在看到火车头放出汽笛的白气之后，过了一秒半钟，听到了汽笛声，试问我离火车的距离有多远？这样的问题回答起来应该就非常简单了。

10.3　神奇的 "镜子"

跟平面镜反射光线的原理相似，森林、高高的院墙、大建筑物、高山等，总之，能够反射回声的所有障碍物都可以说是声音的 "镜子"。反射声音的 "镜子" 与反射光线的镜子的不同之处在于，反射声音的 "镜子" 没有平面。

在中世纪的欧洲，建筑师们经常会把半身像放在反射声音的某个位置上，或者放在巧妙隐藏在墙壁里的传声管的一端，这样，奇妙的声学建筑就建造成功了。图10 –3 是从 16 世纪的古书中描摹出来的。从这幅图中我们可以看到上面所说的那些奇妙的装置：拱形的屋顶把经由传声管从外面传进来的声音送到半身像的嘴上；院子里的各种声音通过隐藏在建筑物里的巨大的传声筒传送到大厅中的半身人像旁边；等等诸如此类的装置。参观这种建筑物的客人，会觉得用云母石做的半身像仿佛会说话似的。

图 10 –3　会说话的半身像（这张图是从 1560 年的一本古书里描摹出来的）

反射声音的凹面镜所起的作用跟反光镜非常相似，它会把 "声线" 聚焦在它的焦点上。其实半身像所处的位置就是反射声音的凹面镜的焦点位置。我们可以通过一个简单的实验来体会一下：

找两只盘子，把其中一只放在桌子上，另一只用手拿着，立在头一侧耳朵的附近。然后用另一只手拿着你的表，把它放在距离桌子上所放的盘子几厘米高的位置，如图 10 - 4 所示。一般试几次之后，就能找准表、耳朵和两个盘子的位置，这时候，你就能听到表的指针跳动时发出的嘀嗒声仿佛是从耳朵旁边的盘子上发出的一样。当你合上双眼，错觉会更明显，想仅靠耳朵辨别表在哪只手里可不容易，可说是毫无把握的事。

这是多么奇妙的现象啊。

图 10 - 4　反射声音的凹面镜

10.4　剧场中的噪声

在建筑物里发出的任何声音，在声源发声完毕之后，都会继续回响很长时间。这是由于在室内，声音的反射次数比较多，导致它会在建筑物内缭绕萦回很长时间。同时，如果别的声音接着发了出来，那么，对声音加以捕捉和分辨对于听众来说，就是很难的一件事情了。我们假设一个声音要持续三秒钟，又假设说话者每秒钟发出三个音节，那么九个音节的声波就会同时在房间里响起，这时房间里基本就是一片嘈杂了。听众当然没办法听懂演讲者在说些什么。

在这种情形之下，演讲者如果一字一顿地说下去，而且不用太大的声音，那么情况会有所好转。但可能是由于对其中原理的不理解，演讲者面对这种情形的时候，往往会努力提高声音。这样做的结果就是，噪声更大了，听众更没法听清楚了。

上面的一段描述出自美国物理学家伍德的著作《声波及其应用》，讲述了建筑物中噪声的产生原理。经常到各种剧院和音乐厅去的人知道，在有些大厅里，即使坐在离舞台很远的地方，演员的言语和音乐的声音也能听得非常清楚。而在另外一些大厅里，虽然坐在前排，也听得不是很清楚。

甚至在不久以前，修建一个符合声学原理的剧场还被认为是一件侥幸的事情。但是现在，人们已经有办法成功地消灭这种影响声音清晰度的被称为"交混回响"的余音了。我们不谈那些只有建筑师们才感兴趣的细节，只研究消灭交混回响的具体办法。

其实，要想消除这种交混回响，主要就是通过建造能够吸收剩余声音的墙壁。而吸收声音最好的办法就是打开窗户，这其中所蕴含的原理就跟用孔洞吸收光一样。

因为打开窗户是吸收声音的最好方法，所以，人们甚至把一平方米打开的窗子作为吸收声音的计量单位。剧院里的观众也能吸收一部分声音，虽然吸收能力不及打开的窗户强。每个人吸收声音的能力大约相当于半平方米打开的窗户。有一位物理学家曾经这样说过："听众吸收演讲者的话语，这里的'吸收'可以从字面意思来理解。"假设他这种看法是正确的，那么无论从哪个方面来说，空荡荡的大厅对演讲者都是不利的。

剧场中还有一种非常有意思的设施，那就是提词室。所有剧场的提词室形状都是一样的，这是因为提词室也是一种声学仪器。提词室的拱壁相当于一个反射声音的凹面镜，它既可以阻止提词的人发出的声波传向观众，又能把这些声波反射到舞台上去，让演员听得更加清楚。

我们前面提到，不吸收交混回响的话，大量的噪声会影响声音的清晰度，但是，如果对声音的吸收太强也会影响声音的清晰度。原因有两个方面：首先，过度地吸收会把声音减弱。其次，如果把交混回响减少得太多，声音听起来会变得断断续续、不连贯，这种声音很容易让人觉得枯燥。因此，对交混回响的吸收必须适度，这个在对大厅进行设计时就要考虑到。

10.5　回声测深仪

利用回声来测量海洋深度的发明可谓非常偶然。图10-5绘制的就是这种利用回声测量海洋深度的装置的示意图。在船的一侧靠近船底的地方有一个弹药包，点燃弹药包时会发出剧烈的声响。把弹药包点燃后，声波经过水层，到达海底，之后发生反射，回声折回到海面上来，由装在舱底的一个灵敏仪器接收，仪器测量出从发出声音到回声到达海面相隔的时间。然后根据已知的声音在水中传播的速度，很容易就能算出海洋的深度。

1912年，英国豪华邮轮"泰坦尼克号"因为与冰山相撞而沉没，几乎全部乘客都遭了难，大部分人葬身海底。为了保证航行的安全，让这类悲剧不再发生，人们开始试图制造一种在浓雾或者夜里行船时使用的装置。这种装置主要利用回声来发现轮船前方是否有冰山。后来这种装置的制造计划宣布破灭，但是却由此引出了另一个想法：利用声音的反射来测量海洋的深度，由此发明了回声测深仪。现在，回声测深仪已经被证明是行之有效的。

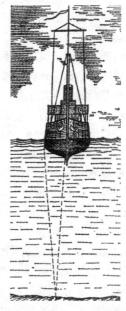

图10-5　回声测探仪工作示意图

以前的回声测深仪使用的是弹药爆炸的声音，但是在现代的回声测深仪中，已经不再使用这种声音了。现代的回声测深仪开始使用一种人耳听不到的"超声波"，这样的声音一般是通过放在很快交变的电磁场中的石英片震动产生的。它的频率可以达到每秒钟几百万次。

回声测深仪在测量海洋深度的工作中扮演着非常重要的角色。以前，还没有发明回声测探仪的时候，人们所用的测锤只能在船只不动的时候测量，这样非常浪费时间。要把系测锤的绳索以每分钟 150 米的速度慢慢放入海底，测完之后，还要用差不多同样缓慢的速度收回绳索。这样，要测量 3 000 米深的海洋，用这种方法的话，差不多就要用 45 分钟。而有了回声测深仪以后，同样的测量工作，只需要几秒钟就能完成了。而且测量的时候不仅轮船可以全速行驶，而且获得的结果也比用测锤的方法精确得多。如果时间间隔的精确度能达到三千分之一秒之内，那么使用回声测深仪测量的误差不超过四分之一米。

深海地区的深度测量对于海洋科学的发展具有非常重大的意义的话，在浅海地区进行迅速、可靠、精确的深度测定则对航海有着非常大的帮助，因为这可以保证船只航行过程中的安全。有了回声测深仪以后，船只尽可以高速、大胆地航行。

10.6　藏在昆虫翅膀间的秘密

不是每一只昆虫都有发声器官，但那些没有发生器官却能发出嗡嗡的声音的昆虫，是如何做到的呢？我们知道，当膜片的振动频率达到每秒钟 16 次以上时，就会发出具有一定音高的音调。而昆虫的嗡嗡声是在飞的时候才有的。昆虫飞的时候，它的翅膀就相当于振动频率非常高的膜片，每秒钟要振动几百次。

借助我们第一章提到过的"时间放大镜"可以确定，对于同一种昆虫来说，它们翅膀振动的频率几乎是一样的。昆虫只是通过改变震动的幅度和翅膀的倾斜程度来调整飞行。而只有在受到寒冷的影响的时候，翅膀每秒钟振动的次数才会有所增加。正是由于这个原因，昆虫飞行时发出的音调总是不变的。

由于每一种音调都对应一种特定的振动频率，那么根据每种昆虫飞行时所发出的音调就能判断出这种昆虫飞行时翅膀振动的频率。

现在，人们已经利用昆虫飞行时所发出的音调测定出了很多昆虫飞行时翅膀振动的频率。例如，苍蝇飞行时发出 F 调的声音，它们的翅膀每秒钟振动 352 次；山蜂的翅膀每秒钟振动 220 次；蜜蜂在未带花蜜飞行的时候发出 A 调的声音，它们的翅膀每秒钟振动 440 次，而带花蜜飞行的时候，蜜蜂发出的声音是 B 调，翅膀每秒钟振动 330 次；金龟子飞行的时候翅膀振动频率较低，发出的音调也比较低；与之相反的是，蚊子飞行的时候翅膀振动频率非常高，可以达到每秒钟 500 到 600 次。为了与昆虫做比较，让我来告诉你一个数字：飞机的螺旋桨每秒钟大约能转 25 转。

10.7 可怕的响声

有一天深夜，我正坐着看书，忽然，从楼上传来一阵可怕的响声。接着，声音停止了，但是很快，又响起来了。我非常害怕，跑进客厅，想仔细听一下那声音，但是它又不响了。我回到自己的房间里，重新坐下开始看书，刚把书拿起来，那个可怕的声音又响起来了，这次声音非常大，就像暴风雨快要来临时那样。那个声音从四面八方传来，我被弄得惊恐不安，于是又走到客厅，那可怕的声音又没有了。

当我再次回到自己的房间时，忽然发现，那个声音原来是睡在地板上的小狗打鼾的时候发出来的！……

发现了响声的真正原因以后，不管我再怎么努力，原来的幻觉也不会重现了。

这段有趣的描述出自美国学者威廉·詹姆斯的著作《心理学》。我们对这样的体验也感到似曾相识，不知为何，我们有时听到一个轻微的声音，我们断定那声音来自远方，这样我们会认为声音很大，只是离我们太远。其实这种错觉时常发生，只是并没有引起我们的重视。

10.8 机敏的蟋蟀

一起来做个实验吧！首先，找一个伙伴，让他闭上眼坐在屋子中央，不动且不能转头。然后，你站在他的正前方或者正后方，拿两枚硬币互相敲击。现在，请他说出你敲响硬币的地方。他的答案可能让你非常不解，因为他指出的竟然是完全相反的方向。声音本来是从房间的这一角发出的，而他却指出的是完全相反的另一角！

发声的物体到底在哪儿？对于这个问题，我们时常搞错的不是它的距离，而是它的方向。对于枪声是从左面还是从右面发出的（图 10 –6），我们很容易就能判断出来。但是，假如枪声是从我们的正前方或者正后方发出的（图 10 –7），我们就往往不能准确地判断出枪的位置了。对于位于我们正前方或者正后方的声源，耳朵的判断能力往往非常差。这也就不难理解前面闭着眼的伙伴所作的完全相反的判断了。

所以，当你不处在他的正前方或者正后方，那么他对方位的判断，错误肯定就不会这么严重了。因为当你不是位于他的正前方或者正后方时，他的两只耳朵与声源的距离就不相等了。这时，就会有一只耳朵早些听到声音，而且听到声音早的这只耳朵听到的声音也会比较大，因此他就很容易判断出声音的发出地了。

我们总是很难发现在草丛中唧唧叫的蟋蟀其实也是这个原因。刚开始，你觉

图 10 –6　枪声是从哪里传来的，左面还是右面

得蟋蟀的声音是从离你两步远的右边草丛里发出的，于是，你看过去，但是什么也没看见，声音好像忽然变到左边了。你迅速地转过头看左边，声音好像又变了一个位置。你的头随着声音方向的变化转得越来越快，蟋蟀也好像跳得越来越机敏。事实上，蟋蟀一直都待在同一个地方，它那让你觉得"捉摸不定"的跳跃能力都是听错觉造成的，是你自己想象的结果。当扭转头部的时候，恰好让蟋蟀处于你正前方或者正后方的位置。这时你对方向更易迷失了，一会儿认为它在左边，一会儿认为它在右边。

据此，我们可以得出一个非常实际的结论：如果你想确定蟋蟀、青蛙的叫声以及诸如此类从比较远的地方发出的声音是从哪里传出来的，一定不要把你的脸正对着声音，这样就更难判断声源的具体位置了。你应该"侧耳倾听"，也就是把脸侧对着声音，这样就能又快又准确地判断出声音从哪儿来了。

图 10 –7　枪声从哪里发出的

10.9　被放大的声音

用牙齿咬住怀表上的圆环，然后捂紧你的耳朵，这时候，你会听到一种沉重的撞击声，当然，那不过是表针的嘀嗒声，你一定会惊讶它居然被放大到这样的程度。

与此相似的是，当我们捂着耳朵咀嚼烤面包片时，总会听到很大的噪声。但是却从来没有听到坐在我们旁边的朋友吃烤面包片时发出什么明显的声音。他们难道有避免咀嚼时发出声响的有效办法？

显然不是这样的。当我们吃烤面包片时，所有的噪声基本只有我们自己的耳朵听得到，旁边的朋友也是听不到的。这是因为人的颅骨和其他一切坚硬的物体一样，具有传播声音的功效。而且声音在实体的介质中，常常会被放大到非常惊人的程度。咀嚼烤面包片时，我们所发出的声音通过空气传入到别人的耳朵时，别人听起来非常轻微，但是这种声音经过自己的颅骨传输到自己的听觉神经以后，就变得非常响了。

由于这个原理，许多内耳完好的耳聋的人可以通过地板和骨骼的传导作用听到音乐，并能够跟随音乐的节奏跳舞。贝多芬耳聋之后，据说就是通过将他的手杖一端抵住钢琴，把另一端放在牙齿中间来听取钢琴演奏的。他所依据的其实也是我们上面所提到的那种原理。

10.10　"腹语者"的骗局

腹语者表演的时候，通常会用尽各种巧妙的办法。他会借助各种动作和手势转移观众的注意力。有时候，他把身子歪向一边，把手放在耳朵上，好像在听人说话一样。同时，他还会尽可能地挡住自己的嘴唇，要是实在没法遮住脸，他也会尽力做一些好像不得不动嘴唇的事情。这样，他就能很轻易地发出含混不清的低语声。而由于嘴唇的运动被掩盖得比较好，所以很多人就认为他的声音是从身体内部发出的。正因为这样，他才获得了"腹语者"的称号。

其实让我们觉得非常惊奇的腹语表演只是"腹语者"根据人的听觉特性设计的骗局。

当一个人从屋顶上走过时，他说话的声音在屋子里听起来就像是说悄悄话一样。他越往屋顶的边缘走，声音越小。如果我们坐在屋子的某个房间里，我们的耳朵就没有办法判断出声音来自哪个方向，声源与我们的距离有多远。但是依据声音的变化，我们能够判断出来声源正在远离我们。如果直接告诉我们说话者正在屋顶上走着，我们很容易就会相信。而假如这个时候，有个人开始跟屋顶上的这个人对话，并且得到了比较合情合理的回答，那么我们很自然地就会相信这个对话的存在。

腹语者就是利用这种原理进行表演的。当轮到类似于在屋顶的这个人说话时，腹语者就低声细语，而当轮到他自己说话时，他就用清晰的声音大声说，以便给观众造成对话的错觉。他跟那个虚拟的对话者之间所谈论的内容会加强观众的错觉。这个骗术中容易被人识破的地方就是声音方向的不合理。由于虚拟对话者的声音也是从舞台上这个表演者的口中发出的，所以声音的方向是完全相反的。表演者在表演过程中其实向观众隐瞒了一个事实，对话的两个人的声音都是他自己发出的。所以，"腹语者"这个称呼对于表演这种节目的人来说并不恰当。

这是哈姆森教授对"腹语表演"的原理所作的解释。"腹语术"在我们看来之所以惊奇其实只是因为我们对声音的方向以及与说话人之间距离的错误判断。在一般环境中，我们尚且只能对声源作出大致的判断，更何况是处在一个跟平常感知声音不同的条件下呢？我们判断声源的时候当然更容易犯错误了。这就是为什么尽管我们完全明白腹语表演是怎么回事，但是依然很难克服这种听错觉。

写给孩子的趣味物理学
（续篇）

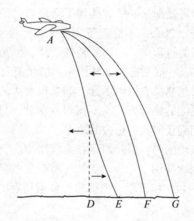

Chapter 1

力学的三条基本定律

1.1　瞬间飞升的秘密

讽刺小说《月国史话》的作者西拉诺·德·贝尔热拉克生于法国，他是 17 世纪著名的作家，也是一位风趣幽默的人，他曾说过一件自己亲身经历的事情，至今仍让人记忆深刻。说起来这件事真的很离奇。

那是极其寻常的一天，贝尔热拉克正在做物理实验，突然他感到自己飘起来了，身边环绕的全是刚刚实验中用到的瓶瓶罐罐，他意识到自己上天了。就这样飞了几个小时后，他突然坠地，可是他这一坠却落到了远离自己国家的北美洲的加拿大境内。起初他感到万分诧异，怎么都不能理解为什么自己会落在别国。冷静下来后，他明白了，他在飞升上天的过程中，远离了地球表面，但是地球本身还是在自西向东旋转的，因此他才会在几小时后坠落在法国东部的北美大陆上。

这一飞行经历曾让贝尔热拉克惊惧不已。如果以今天的眼光来看，这倒不失为一个既省钱省时又轻松便捷的旅行方式。不用艰难跋涉，只需静静地升上天空，就可以让地球的转动带我们到任何我们想去的地方。

可是这种现象是可实现的吗？当我们悬在大气层中时，我们自身依然受随地球自转而运动的大气层的制约（图 1-1）。空气（特指那些存在于地球下层、密度较大的空气）和空气中的一切，如云彩、飞机和各种运动着的动物等，都是跟随地球的转动而不停转动的。

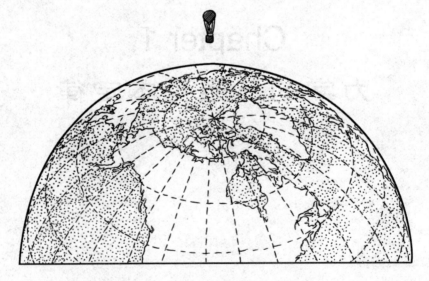

图 1-1　从气球上看地球运转是可能的吗

也许你会说，我们站在地球上就从来没有觉得自己在动啊。可是我们试想一下，地球是在不停运动着的，如果空气不动，那么地球上的我们一定会因为空气运动与地球不同步，而感受到强劲的风力——这种风可不是那些所谓的飓风可以比拟的了①。

众所周知，不论是我们站在流动中的空气中不动，抑或是我们活动在不动的空气中，我们都会感受到强大的风力。这正如在一个风轻云淡的天气里，一个运动员开着摩托车以时速 100 千米行进，我相信他仍然能感受到风的威力。

这是我们对于贝尔热拉克现象不可实现的第一种解释。第二，即使我们真的有幸升到了大气层的最高位置（其实到底有没有这个大气层我们都不得而知），上面这种自由飞翔的旅行方式也是不可取的。理由很简单，因为我们虽然飞升上天，离开了地球表面，可是因为惯性的存在，我们仍然会以地球自转的速度运动着。因此当我们再次坠落时，我们自然会落在原来的地方。这就好比我们从运动着的火车上跳下，不论我们从哪里跳，都一定会落回开始的地方。也许，有些人会提出质疑，因为当我们升空后，我们是沿着地球的切线在做直线运动的，而地球是在做弧线运动，按理说我们和地球间是有距离的。可是诚如大家都知道的，我们在空中的时间毕竟有限，这短暂的时间对于地球运动来说是可以忽略不计的，因此我们总会回到最初的地方。

1.2　不想拥有的天赋

曾有一篇关于办事员福铁林格创造奇迹的幻想小说震惊了文坛，这篇小说乃英国著名作家威尔斯所作。这位闻名世界的办事员天赋异禀，他能让世上的一切都听命于他，很多听过这个故事的人最初都非常羡慕他的这项天赋，可是这项本领不但没给他带来丝毫的益处，反而给他引来了很多烦恼，让他看上去异常愚蠢。尤其是故事的结尾耐人寻味。

这位办事员因为身怀绝技常常被很多人邀请去参加宴会，这一天，他又去赴宴，因为被宴会气氛感染，离开时天已经全黑了，一时间沉醉于这种全然的沉寂中，于是他就想动用自己的绝技让黑夜再漫长一些，可是他要怎样实现这个愿望呢？

要做到这一点，就要想办法让天体停止转动。办事员在朋友的建议下，想到让月亮静止。可是对于具体操作他感到很茫然，他低语道：

"月亮之于我还是很陌生的，我完全不知该如何进行下去。"

办事员的朋友梅迪格立即回答道："你为什么不试试呢？即使不能让月亮静止，就算让地球停下来也是一次伟大的进步啊，毕竟这对谁来说都不是什么坏事啊！"

福铁林格（办事员的名字）说："好吧，那我试试看吧。"

随后，他两手一伸，严肃地说道："地球，我命令你即刻停下来，不许再

---

①　一般意义上，飓风的速度为 40 米/秒（144 千米/小时），而根据科学家在列宁格勒（圣彼得堡）所在的纬度上测到的地球冲开空气的速度是 230 米/秒（828 千米/小时）。

动了!"

说时迟那时快，福铁林格的命令刚下，地球不但没有停止，他们这帮人反而立即以每分钟几十英里的速度飞到了空中。此时，办事员脑中瞬间产生了自保的念头，他尖声叫道："我不要死，我不要受伤!"

不得不说，他的这次尖叫太有必要了，语音未落，他就跌落在一块貌似曾发生过大爆炸的废墟之上，虽然落地位置不舒服，可是他终归保住了自己的生命安全。

这时狂风大作，他的眼前一片模糊。"怎么了？为什么风这么大？这是我闯的祸吗?"他惊惧不已。

歇息片刻后，他又看了看周围的环境，"还好还好，月亮还在，可是房屋呢，街道呢，怎么都不见了？还有这强劲的风，我并没有召唤它们啊，它们都是从哪儿来的啊?"

此时福铁林格身体极其虚弱，周围又一片破败，他也不知自己此刻该何去何从。他立刻想道："莫非是宇宙间发生了什么大灾难？一定是这样!"狂风之中，除了散落各地的碎片什么都没有，荒凉的景象似乎更验证了办事员的想法。

可是福铁林格却不曾想到，其实他自己才是这场灾难的制造者。福铁林格命令地球静止，却忽略了惯性的存在，地球本在规律地运动着，突然的静止使得地球表面的一切按惯性继续运动，即脱离了本体加速沿切线飞出，很快便造成了当下的惨状。

福铁林格虽然没想到自己是灾难的罪魁祸首，但是隐约感觉到自己与此脱不了关系，于是他发誓以后再也不做这种事情了。可是，眼下他首先要拯救这场灾难，呼啸的狂风、暗沉的月亮、逼近的洪水让办事员警戒起来，他呵斥道："洪水快停住!"随后，他又向雷电和狂风下了同样的命令。一时间，周围都安静下来了，他再次对自己强调："我再也不做这种事情了。我现在只有两个愿望：我希望自己可以失去这种召唤一切的本领，我想做个普通人；我也希望一切能恢复原状。"

1.3　特别的问候

你能想到这样一个场景吗？你静静地坐在飞行中的飞机里，飞机即将飞到你朋友的房屋上空，此时你突发奇想，想为朋友带去一个问候。于是，你即刻写下一张便条，绑在重物上，希望能在飞机飞到朋友房屋正上空时投下去，这样朋友就能收到你的问候了。可是，科学告诉我们，这样的投掷是不会成功的。

如果你曾做过这样的实验，恰巧又曾目睹了重物下降的实况的话，你一定会看到这样的画面：物体在下落过程中紧紧地攀附在飞机下方，它似乎是在按照一条无形的线向下滑落，因此物体不会落在你希望的位置，而要比那儿远得多。

这里，对这种现象的解释我们仍然要用到惯性定理，而这我们曾在贝尔热拉克的旅行现象中做过阐释。惯性定理告诉我们，当物体在飞机上时，是和飞机一起运动的；随后被抛下飞机，可是根据惯性，它在下落过程中仍会按照原来的方向运动。

垂直和水平的两股力互相作用，在不改变飞机飞行速度和方向的前提下，物体就会紧跟在飞机下方，以曲线形式坠落。这就犹如水平方向射出的子弹所走的路线一样。

不过这里有一点需要强调，上面的情况只适用于无空气阻力的前提下。可真实情况是，阻力是时刻存在的，这种阻力会同时影响物体垂直和水平两个方向的运动，因此物体在被投下飞机后不会攀附在飞机下方，而应该落在它后方。

假设在一个无风的日子里，飞机以 180 千米/小时的速度在 1 000 米的高空飞行，此时飞行高度和速度应该都算是大的了①，物体坠落的弧线与垂线的夹角会很醒目，而具体落地位置应在垂直点前方 700 米的地方（图 1 –2）。

以上这些数据是在无空气阻力的情况下得出的，由匀加速运动公式 $s = \frac{1}{2}gt^2$，得出 $t = \sqrt{\frac{2s}{g}}$。故物体由 1 000 米高空落地所耗的时间就应是

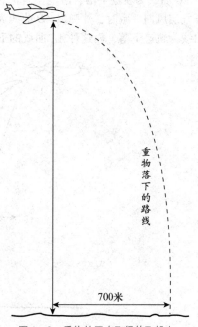

图 1 –2　重物从正在飞行的飞机上
被抛下时沿曲线轨迹落下

$$t = \sqrt{\frac{2 \times 1\ 000}{9.8}} \approx 14\ （秒）$$

而在这 14 秒里，物体水平方向的位移为

$$\frac{180\ 000}{3\ 600} \times 14 = 700\ （米）$$

1.4　来自飞机上的炸弹

假设我们要从飞机上投一颗炸弹，根据上一节的分析，我们要考虑飞机飞行的速度，以及风力的影响。如图 1 –3 所示就是在各种不同的条件下投出的炸弹下落的轨迹。具体分析如下：

无风时，炸弹以 AF 曲线为轨迹下落，原因如上一节所言；而在顺风情况下，

① 这是作者别莱利曼写作本书时飞机所能达到的比较大的飞行高度和速度，而现在飞机的飞行高度和速度已远远超过了这个数值。

以 AG 曲线为轨迹下落，落地位置应在垂直点以前；而在不大的逆风情况下，若上下气层风向一致时，炸弹以 AD 曲线为轨迹下落；若上下气层风向相反时，则以 AE 曲线为轨迹下落，而这种 AE 曲线的下降情况是现实中最为常见的。

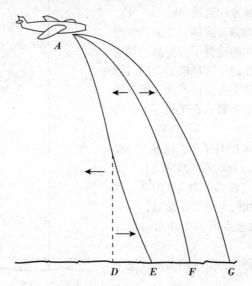

图1-3　从飞机上投下炸弹时，炸弹在没有风的天气里沿 AF 落下，
在顺风天气沿 AG 落下，逆风天气沿 AD 落下，上面逆风、
下面顺风的情况下沿 AE 落下

1.5　移动的月台

我们都知道，车站的站台是不会移动的，一个人如果想从静止的站台边跳到运动的火车上，这是相当困难且非常危险的。但是，如果我们设想一下这样一种情况，站台是和列车同方向在移动的，那么这时候你再想跳上火车恐怕就不那么困难了吧？

我想那时你一定能安全地登上火车。如果你恰好与火车同方向、同速度的话，那么虽然火车仍在动，可是它之于你就是相对静止的。这也让我们明白，我们平常所说的静止不动的东西，其实并非是完全静止的，它们也在地球随太阳转动，只是因为它们与我们的运动方向和速度相同，故而在我们看来，它们是固定不动的。

因此，根据这个定理，我们何尝不可以建个这样的站台：火车可以永远匀速行进，到站时仍无须静止，乘客就可以轻松地上下车。

这样的构想早就在很多展览会上得到了实现，会场出入口由轨道相连，俨然一个环形的传送带，列车无须停止，观众即可随意上下车。

图1-4 就是这种设备的示意图。列车站台的出入口处各安有一个转盘，由缆索相连，缆索同时连接着各节车厢。当列车车厢与转盘同速时，乘客即可随意出入转盘与

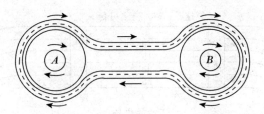

图 1 - 4　两个站之间不用停车的铁道设计图

车厢之间。而如果乘客想出站，只需走出车厢，踏入转盘中心处，借由转盘到达天桥，即可安全出站了（图 1 - 5）。由于转盘中心的圆很小，因此由转盘登上天桥是个非常简单的步骤，这样也可以节省车辆停留的时间，从而节约时间和能量①。在很多大城市中，电车因为加速离站和减速进站而浪费的时间和能量是非常惊人的②。

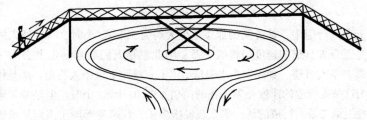

图 1 - 5　不需要停车的火车站

　　根据以上的定理，我们可以想到，以后乘客完全可以在火车正常行驶中上下火车，这样火车站都可以不用设专门的活动站台了。具体设计如下：当行驶中的火车到站时，乘客只需登上与此列火车同速并行的另一列车，此时两列火车处于相对静止状态，只要在两列火车间架设一个踏板，乘客就可安全地走进自己需要乘坐的火车上了，而火车无须停靠。

1.6　变速人行道

　　你们可曾听过一种设施叫"活动式人行道"？它就是根据上述原理设计而来的。这种设施最初是在 1893 年芝加哥的一个展览会上展出的，随后在 1900 年的巴黎世博会上再次亮相，之后它的身影在各大展览会上就十分常见了。如图 1 - 6 所示的五条并行的环形人行道就是它的示意图，这五条人行道速度各不相同，各自依靠不同的动力机械来运行。

---

　　① 这个原理很简单：当转盘在转动时，由于同一时间里转盘内缘的半径小于外缘，因此内缘的圆周距自然也比外缘短，相对的速度也就比外缘小。
　　② 这个原理的掌握可以帮助我们节省因刹车造成的能量消耗：我们只需将电动机换为发电机，当汽车刹车时，产生的电流就会流回电网，从而节省电车在行驶中所消耗的一半能量。

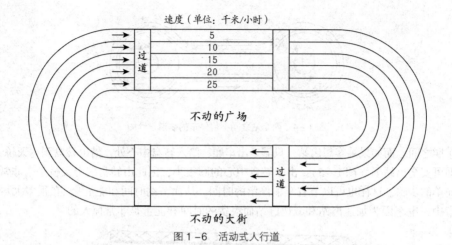

图 1-6　活动式人行道

　　在这五条人行道中，最外圈的那条速度大约为 5 千米/小时，与普通人的步行速度无异，是五条人行道中速度最慢的一条，因此也是人们最容易走上去的一条。依次往里是第二条人行道，如果一个人想从街道上直接跳上这条人行道，那是相当不容易的，因为这条人行道的速度是第一条的两倍，即 10 千米/小时。但是如果通过第一条人行道登上第二条人行道的话，那么就轻松多了，其速度等同于人们从街道登上第一条人行道。第三条人行道的运行速度为 15 千米/小时，同第二条一样，比起从街道上直接跳，通过第二条人行道过渡的方法要方便得多。同理，我们不难得出第四条人行道的运行速度为 20 千米/小时，从第三条上比较轻松；第五条速度为 25 千米/小时，通过第四条登上比较容易。就这样，人们依次通过五条人行道，由街道到达目的地，再从目的地回到街道上。

1.7　作用力与反作用力定律

　　牛顿的力学三定律相信大家都不陌生，其中尤以第三定律，即作用和反作用定律最让人难以理解。虽然对这条定律真正了解的人不多，但是日常生活中使用它的人却不胜枚举。一般而言，没有十年的钻研，人们是很难理解这条定律的，当然也不排除有像你这样极其聪明的读者能很快掌握的。

　　曾经，我和很多不同种族的朋友聊过这条定律，大家对它的态度都是肯定与质疑并存。他们一致认为，这条定律对于静止的事物是肯定适用的，可是对于运动着的事物就不敢保证了。这条定律的精髓就是作用永远等于反作用。如果以马拉车来举例子的话，也就是指，马拉车的力是等同于车拉马的力的，那么这里我们不免会产生疑问，既然两种力是相等的，那它们不是应该互相抵消，而使得马和车都静止不动吗？可是现实情况是车总是在不断地向前行驶啊。

针对这条定律，人们最大的疑惑就在这里。可是我们就能因此认定它是一条错误的定律吗？当然不能，我们只能说自己还没有完全理解它。虽然作用力和反作用力是相等的，可是它们并没有相互抵消，而是将这两种力分别作用到了不同的物体上：一个作用到车上，另一个作用到马上。固然两个力大小相同，可是不曾有任何定律告诉我们，同样大的力必会产生同样的作用，从而使得物体有了相同的加速度，因为这样等同于漠视了反作用力的存在。

由此，我们不难明白，虽然车的受力和马的受力大小相等，可是由于车轮是在做自由位移，而马是有目标方向的，因此两种力最终都会作用于马行进的方向，而使得车朝着马拉的方向行驶。车拉马就是为了克服车的反作用力，而如果车对马的拉力不产生反作用，那么任何力量都可以带动车的行驶了。

为了方便大家理解，我们可以将"作用等于反作用"的表达改为譬如"作用力等于反作用力"这样的表达方式，我想这样产生的理解障碍就会小得多。因为这里相等的只是力，而非作用，力总是施加在不同的物体上的。

著名的"切留斯金"惨剧就是两种力作用的结果。"切留斯金号"船在行驶过程中曾受到北极冰川的挤压，船舷在受浮冰挤压过程中，又将同样大小的力作用在浮冰上，两种力的相互作用使得硕大的冰块完整地保留了下来，而船舷却以破碎告终。

这条作用与反作用定律在落体运动中同样适用。我们都知道牛顿是由苹果坠落想到的力学定律，而苹果之所以坠落是由于地球引力的作用，其实，苹果对地球也有同样大小的引力。因此，就苹果和地球而言，两者互为落体，只是下落的速度有所不同。而物体在下落过程中，加速度起主要作用，同时加速度的大小又与物体的质量有关，毋庸置疑，地球的质量远大于苹果，因此相对的加速度也就远远小于苹果，这就致使地球向苹果方向的位移微乎其微。这就是人们为什么只说苹果落到地上，而不说"苹果和地球彼此相向地落下"的原因。

1.8 撬起地球的代价

"只要给我一个杠杆，我就可以撬起整个地球。"这是阿基米德的名言。一直以来，我们都把这句话看成是一种精神的追寻，可是事实上，早有一首民歌提及了一位名叫斯维雅托哥尔的大力士，他真的只用一个杠杆就举起了地球。固然这位大力士力大无比，可是让他如愿举起地球的最大功臣却不是他的力量，而是他聪明地找到了一个施力点，即地上一个"小褡裢"。

长久以来，这个小褡裢稳稳地固定在地上，不曾有丝毫的移动。斯维雅托哥尔紧紧地抓住了这个小褡裢，并将它举过双膝，瞬间地面似乎真的有了晃动，可是巨大的压力也使得这里成了斯维雅托哥尔的埋葬之地。

今天我们回头想想，如果斯维雅托哥尔那时掌握了作用和反作用定律的话，他就不会愚蠢地将自己拉向死亡，因为当他站立在地面上时，他对地球施加力同样会受到地球的反作用，而这反作用力足以使他葬身于此。

因此，早在牛顿第一次刊发其不朽著作《自然哲学的数学原理》（即物理学）的几千年前，人们就已经认识到了这种作用力与反作用力，而上述的民歌恰好是最直接的证据。

1.9　摩擦的作用

人们行走所依赖的力量来自脚与地面间的摩擦，而在非常光滑的地面上，这种摩擦力接近于无，使得我们在光滑面上总是很难行走。同理，机车的前进也是靠轮胎与轨道的摩擦，若轨道表面光滑，比如结冰的时候，这种摩擦力就很小，以致无法带动机车的行驶，因此人们才会试图在铁轨上撒沙子来增加这种摩擦力。

铁路初创时期，工程师们将车轮和铁轨都做成齿状的，就是为了能增大摩擦，从而推动列车的顺利运行。而船和飞机的行驶原理同样如此，轮船的螺旋推进器和飞机的螺旋桨就是它们行驶的推动力。因此不论是什么物体，不论它在什么介质中，它的运行都离不开这种介质的支撑。若离开了这种介质，它就无法运动了。

也许空泛地说物体和介质，你还不能理解，那么我就用我们最熟悉的身体来比方。这里的物体和介质的关系就等同于一个人试图揪着自己的头发把自己提起来，当然我们都知道这是现实中无法实现的，它恐怕只能出现在像《吹牛大王历险记》这样的民间传说中了。虽然我们都知道物体无法让自己运动，可是它却可以让力分解，使得各部分在力的作用下向不同的方向运动。炮仗升空就是这种作用力作用的结果。

1.10　相互作用的结果

很多人对火箭飞行的原理不甚了解，即使是一些爱好物理，并有着物理学知识的人也同样如此，他们常常认为火箭上天是火药燃烧中产生的气体推动空气而成的。但是，这时我们不免要发出疑问，如果没有空气怎么办呢，如果是在真空下火箭就不飞行了吗？可是我们都知道火箭在真空下不但不会停止飞行，反而飞行得更好。由此我们可以推翻曾经的认识，另寻真正的原因。而这个原因其实早已被人记下了，基巴里契奇，这个俄国著名的民意党人在临死前曾在自己的笔记中详细记述了有关火箭的构造：

在一个中心空、两头分别一封闭一开放的白铁圆筒中装入火药，火药会先从中心开始燃烧，然后互相引燃，燃烧中产生的气体四处施压，圆筒两侧全封闭，压力可以互相抵消，但是由于圆筒上下是一开一合的，因此底部的压力无法释放，只能向上推进，从而实现了火箭的升空。

同理，大炮的发射也是如此：随着炮弹的前行，炮车会在相同力的作用下向后移动，这种后坐力在很多热兵器中都会存在。如果此时你将炮车悬挂起来，使它失去支撑力，这样它就会在后移的过程中有了速度，而这种速度曾被儒勒·凡尔纳的小说《北冰洋的幻想》中的主人公幻想用来矫正地轴。

火箭和大炮的发射原理一样，其实火箭就是另类的大炮，只是它发射出的是气体而非炮弹罢了。这种原理在很多物体升空时同样适用，中国转轮式焰火升空就是一个例子。这种转轮和物理学上常见的仪器"西格纳尔氏轮"有些相同，都是在转轮上装火药管，然后借助火药燃烧产生的气体推动火药管运动，同时反作用力就会使得转轮向反方向旋转。

其实早在轮船发明之前，人们就根据这种原理设计出了一种机船。在这种机船的尾部装上强劲的压水泵，压水泵会将船内的水压出，从而推动船的前行。虽然这种机船最终没能设计成形，不过它对科学家富尔顿发明轮船确实产生了很大的指导意义。

如图 1-7 所示的是最古老的蒸汽机，这种蒸汽机是公元 1 世纪由古希腊的希罗根据此原理发明而成的。它就是让蒸汽通过管道进入球体，蒸汽在球体内部受热喷发，分别向两个不同的方向施力，以此带动球体的运动。不过在当时，由于劳动力富足并廉价，人们在生产生活中用不上机器，因此这款蒸汽机一直只作为闲暇娱乐的道具存在着，但是这项技术被后来出现的喷气涡轮机所沿用。

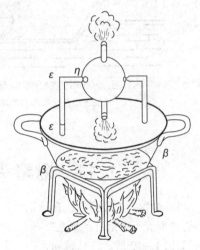

图 1-7　公元前 1 世纪时最古老的蒸汽机

牛顿得出的这个作用和反作用定律对工业发展有着极其重要的作用，而牛顿也据此设计出了一种最早的蒸汽汽车：如图 1-8 所示，在车轮上方装一个汽锅，通过汽锅和蒸汽的相互作用力来推动车轮的运动。

图 1-8　蒸汽汽车图样，据说是牛顿发明的

而曾被公众大为赞许的1928年试制的喷气式汽船其实就是牛顿设计的这款汽车的加强版。其实想体验这款小汽船的运行规律非常简单，用一些我们日常生活中最常见的材料就可以实现。可按照图1-9先用纸做一个小汽船，用一个蛋壳做汽锅，汽锅下面放一个小酒杯状的、顶部有酒精棉团的西式顶针。点燃棉团，水汽蒸发，形成蒸汽，蒸汽释放产生作用力推动小船前进。

图1-9　用纸和蛋壳制作的玩具汽船。顶针里的酒精作为燃料，让蛋壳汽锅的小孔里喷出来的蒸汽推着小汽船向相反的方向前移

1.11　揪着头发把自己提起来

虽然对我们人类而言，自己把自己提起来纯属无稽之谈，可是对不少水中生物来说，"揪着头发把自己提起"却是很平常的事情。

如图1-10所示，乌贼和大部分头足类软体动物通过身体侧面的小孔和头上一个类似漏斗的特殊装备吸进水，并将水储存在腮里，然后再由这个漏斗将水排出。根据作用力和反作用力的原理，这些动物也会同样得到推动力，从而向前游动。其中乌贼的这个漏斗装备方向多变，可任意调节，也因此它可以向各种方向游动。

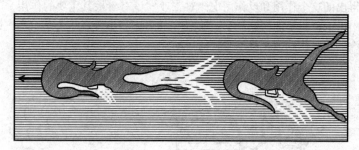

图1-10　乌贼往前游动的方法

水母游动的原理也是这样：水母是通过肌肉的收缩来吸进海水，然后再从钟形的身体下方排出，反作用力推动了它的前行。这种游动的原理同样适用于蜻蜓的幼虫水虿和其他一些水生物。至此，我们对这种运动方式应该没有什么怀疑了吧？

1.12　星际旅行

我相信很多人看过关于从一个星球飞到另一个星球这样幻想题材的小说，这些涉及宇宙旅行内容的小说一贯是各大名家的首选，伏尔泰的《小麦加》，儒勒·凡尔纳的《从地球月球》《太阳系历险记》，威尔斯的《月球上的第一批人》等都是这种题材的代表作。

我们不禁要问，这样的宇宙旅行真的只能是幻想吗？那些令人向往的情节都无法成为现实吗？现在，且不论它的可实现与否，我们先来看看世界上第一艘宇宙飞船，这是苏联已故科学家齐奥尔科夫斯基设计完成的。

今天我们都知道飞机是无法将我们带上月球的，因为飞机的飞行需要空气的支撑，可是在宇宙空间中没有可支持飞机飞行的支撑物，因此如果我们想上月球就只能另寻一种无须任何介质就能自由行驶的飞行器。

其实这种飞行器和我们之前说到过的炮仗异曲同工，只是这种炮仗更大、里面更宽敞一些而已。这种飞行器要能承载大量燃料，可随意改变运动方向，也就是我们今天熟知的宇宙飞船。人乘坐宇宙飞船可穿越地球，到达其他星球上，不过由于乘客要操纵爆炸装置，以此来加大飞船速度，自由改变飞行方向和频率，因此有着一定的危险性和刺激性。

科技的发展真的越来越不可思议，似乎不久前我们才开始冒险试飞，今天我们就可以自由飞翔于天空和海洋之间。难以想象，20 年后的科技会发展到哪里，或许那时星际旅行早就是一件司空见惯的事情了吧。[1]

---

[1]　1969 年，美国发射了"阿波罗 11 号"，这是星际旅行方向上的第一次尝试，也是人类首次登上月球。2019 年 1 月 3 日上午 10 时 26 分，嫦娥四号探测器成功着陆在月球背面东经 177.6 度、南纬 45.5 度附近的预选着陆区，并通过"鹊桥"中继星传回了世界上第一张近距离拍摄的月背影像图，揭开了古老月背的神秘面纱。

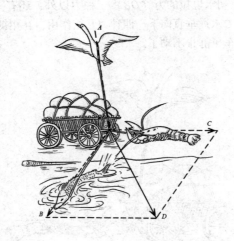

Chapter 2

力、功与摩擦

2.1　天鹅、虾和梭鱼拉货车

克雷洛夫有一则关于"天鹅、虾和梭鱼拉货车"的寓言故事，这则寓言故事如果用力学观点来分析，其实是一个有关力学作用力合成的问题。在寓言中，有三种力的存在，它们的方向分别是：天鹅朝天上拉，虾向后拽，梭鱼则往水里拖。

其实在这个故事中，除了如图 2–1 所示的天鹅向天上拽的力（OA）、虾朝后拖的力（OC）以及梭鱼朝水里拉的力（OB）三种力以外，还有一个时刻存在以至于被忽略的重力，这股力永远垂直向下，四种力互相作用，互相抵消，最终合力为零，于是故事的结果便是车子静止不动了。

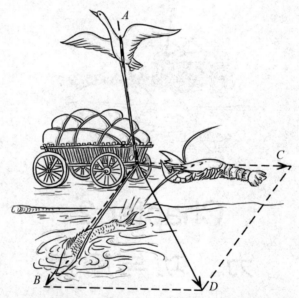

图2–1　根据力学法则，天鹅、虾和梭鱼合力拉货车的示意图

可是事实果真如此吗？我们不妨细细分析。天鹅向上的拉力和货车的重力恰好是一对相反的力，书中告诉我们货车很轻，即重量很小，这样两个反作用力的相互作用就会减小甚至抵消，为了便于计算，我们暂且认定这两种力互相抵消了。这样就只剩下虾和梭鱼的两个拉力。通过寓言我们知道，虾的力是向后的，而梭鱼的力是向水里的，毋庸置疑，河水必然是在货车的侧面的，这样就会使得虾和梭鱼的力并不相对，而是产生了一个夹角，而两个有夹角的力互相作用，是无论如何也不会完全抵消的，也就是说，其实这四种力的合力不可能为零。

现在，我们以 OB 和 OC 两个力为边做一个平行四边形，那么对角线就是它们的合力，这个合力最终会致使货车发生位移，至于位移的具体方向，就要由三个力的最终作用来决定了。

综上所述，我们了解到四个力的合力不为零，即货车不会静止不动。可是寓言中说"车子至今仍停在那里"，唯一的可能就是天鹅向上的拉力和货车的重力不能相互抵消，由此猜测货车的重力很大，即货车的重量大，可是这又与"对于三种动物来说，货车显得很轻"不符。

因此，我们可以得出结论，这则寓言从力学上分析是不成立的，可是其思想意义还是很深刻的。

2.2　蚂蚁的"合作精神"

上面那则克雷洛夫的寓言，我们从力学上已证明是不成立的，可是作者是想借此向我们阐释一个道理，即大家只有同心协力才能成就事业。

克雷洛夫特别推崇蚂蚁。因为在他看来，蚂蚁是最具合作精神的动物，可事实上蚂蚁只不过是在合作的外表下各行其是的典范罢了。

对此，生物学家 E. 叶拉契奇在其著作《本能》中有过详细阐述：

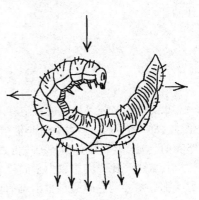

如果此时地上有一个类似毛虫之类的猎物，几十只蚂蚁会马上同时来拖这个猎物，齐心协力、通力合作。可是，如果你据此就认为它们是合作的楷模，那么很快你就会失望的。此时如果有一个障碍物，那么你马上就会看见这几十只蚂蚁四散开来，各行其是，这一只、那一

图 2-2　蚂蚁如何拉动毛虫

个，毫无合作可言。大家都自顾自地奋力拉拽，希望能绕过障碍物（图2-2和图2-3）。当不同方向上的蚂蚁数量不等时，猎物就会直接向数量多的方向移动。

另一位生物学家也向我们提供了一个有关蚂蚁不合作的例子。如图2-4所示，为25只蚂蚁拖拉一块方形奶酪的示意图。从图中我们可以看出奶酪正缓慢地向箭头 A 所指的方向移动。按理说蚂蚁们已经相互合作，前面拉、后面推，可是事实却绝

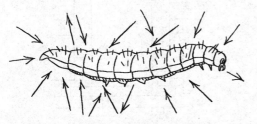

图2-3　箭头代表各只蚂蚁用力的方向

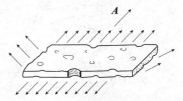

图2-4　从不同的方向用力，一群
蚂蚁将奶酪沿箭头 A 的方向拖动

非如此。我们只需将后排的蚂蚁移开，就能很明显地看到奶酪移动的速度加快了。换句话说，其实后排的蚂蚁一直都在阻挠奶酪的前进，奶酪之所以最终会向前移动，仅仅是因为前排的蚂蚁更多，其实这何尝不是一种资源的浪费呢。

马克·吐温也发现了这种现象，他曾叙述过一个关于两只蚂蚁抢蚂蚱腿的故事：

它们分别咬住蚂蚱腿的两端，各自向不同的方向使劲，结果蚂蚱腿纹丝不动。于是，它们互相争执，然后又和好，接着继续分别使劲，再争吵……周而复始地上演着这样的画面。最终，一只蚂蚁受伤了，于是它索性吊在蚂蚱腿上，而另一只没有受伤的蚂蚁就不得不将同伴和猎物一起拖走了。

马克·吐温还曾打趣地说："草率认定蚂蚁是合作者的科学家都是不负责任的。"

2.3 不易碎的蛋壳

果戈理的名著《死魂灵》中有一个事事求真的人名叫吉法·摩基维支。他曾深思过这样一个问题："大象是非常结实的，假如大象生蛋，那这个蛋一定也是非常坚实的，或许还可以作为一种攻击力很强的武器呢。"

其实蛋壳比我们想象中坚固得多。如果你用两只手把鸡蛋握住，然后对它施力，那么想要使它碎裂是很困难的事情（图2－5）。蛋壳的结实缘于其表面的凸的设计，这与各种穹窿是很困难和拱门建筑物坚固无比是一样的道理相同（图2－6）。

图2－5　用这样的方法挤压蛋壳，
需使用很大的力气才能让它破碎

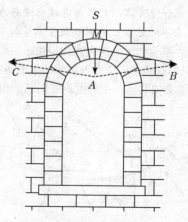

图2－6　拱门坚固的原因

可是如果你从内部施加压力，那这种凸形设计就不难被损坏了，因为楔形石块的特殊形状不能阻止它的上升，只能阻止它的下落。

蛋壳也是同样的道理，不过蛋壳胜在它的完整上，使它在外力来袭时不易受损。有人曾将一个四角桌的四条腿放在四个生鸡蛋上，结果蛋壳岿然不动。由此可见，蛋壳还是很结实的。

这样说便你能明白为何鸡妈妈不担心自己庞大的身体会压碎蛋壳，而鸡宝宝只需在蛋壳上轻轻一啄，就可以破壳而出了吧。

蛋壳的坚固是它保护小生物的天然保障，可这并不是说它就坚不可摧，有时我们只需用手边的随便什么东西轻轻敲击，就会使它破碎不堪。

我们日常生活中最常用的电灯泡也是如此。由于电灯泡内部通常是没有空气的，因此对于外界的压力它无法施力进行抵抗，实际上外界的压力是相当大的，如半径为 5 厘米的电灯泡几乎会受到等同于一个人体重的力，约 75 千克。由此，一个真空式灯泡大约能承受相当于这个压力 2.5 倍大的压力。

2.4　逆风行驶的帆船

你能想象一艘船顶风前行吗？如果你问轮船上的工作人员，他们会告诉你，当风和船的方向完全相反时，船是无法航行的；但如果两个方向间呈锐角，约 22°时，船是可以前进的。

那么当帆船前进方向与风向夹角很小时，船是如何逆风而行的呢？要解决这个问题，我们首先要弄清楚风是如何将力量作用到船帆上的。人们通常以为船在行驶过程中，帆动的方向就是风的方向，其实并非如此，船的推动力是风力与帆面垂直力的合力。

我们假设图 2－7 中的箭头表示风向，线段 AB 表示帆。风力是均匀作用于整个帆面的，因此我们可以将受力点定在帆的正中心，于是这个力就可以分解为与帆面垂直的力 Q 和与帆面平行的力 P。由于风与帆面间的摩擦力太小，力 P 无法推帆前进，所以帆船的航行动力就来自于力 Q。

现在我们再来解释当夹角为锐角时，帆船仍能前进的原因。我们假设图 2－8 中的线段 AB 为帆面，线段 K 为船的龙骨。箭头表示风向。我们转动船帆，使帆面恰好处于龙骨与风向夹角的平分线上。根据图 2－7 的原理，力 Q 表示风对帆的作用力，它是垂直帆面向下的，我们可以将这种力分解为与龙骨线垂直的力 R，以及沿龙骨线向前的力 S。力 R 可忽略不计，由于龙骨吃水深，与船在航行中遇到的水的阻力可以相互抵消，所以只有力 S 推动船前进，使船呈"之"字形逆风前行，也就是船员们常说的逆风曲折航行（图 2－9）。

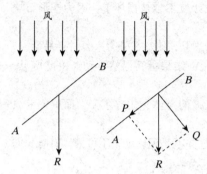
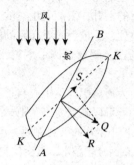
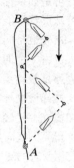

图2-7　风总是垂直于帆面作用于帆　　图2-8　帆船也能逆风行驶　　图2-9　帆船曲折行驶

2.5　地球真的可以被撬起吗

力学家阿基米德有名言"给我一个支点，我就能撬起地球"，其实当时他还说了另一句话，他在给叙古国王希伦的信中这样说道："如果还有另一个地球，我就能踏到它上面把我们这个地球移动。"

在阿基米德看来，只需将外力施加到长臂上，将短臂作用于物体，就能撬动任何质量的东西，例如他认为用双手去压杠杆就可撬起地球（图2-10）。

可是他却忽略了重要的一点，那就是地球的质量，即使我们有能力找到"另一个地球"做支点，又幸运地做成了一根足够长的杠杆，那么以地球的质量来说，我们究竟要用多长时间才能撬起哪怕仅仅1厘米呢？

答案是至少要用30万亿年！

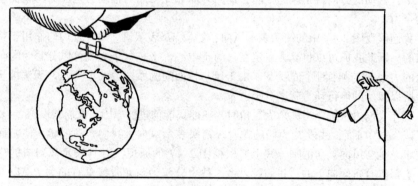

图2-10　阿基米德设想用杠杆将地球撬起来

其实，地球的质量是可测算的，大约为6 000 000 000 000 000 000 000吨。

根据前面的知识我们已经知道要想抬起重物，就必须对长臂施力，让短臂施力于物。如果一个人能举起60千克的重物，那么，他想举起地球的话，所需杠杆的长臂的长度就应该是短臂的100 000 000 000 000 000 000 000倍！

因此，短臂每抬高 1 厘米，长臂相应地就会在宇宙间画出长约 1 000 000 000 000 000 000千米的弧线。

那么，我们来算算阿基米德把地球抬高 1 厘米所需的时间吧。首先我们假设他将 60 千克的物体抬高 1 米用时为 1 秒，那么他至少得花费 1 000 000 000 000 000 000秒，即30万亿年的时间才能把地球抬高 1 厘米。

如此这般，阿基米德穷其一生恐怕也无法将地球抬高我们肉眼能及的高度了。

而如果他想在力上讨巧，"力学黄金律则"告诉我们，最终他一定会使位移增加，也就是耗费的时间会更长。因此，即使阿基米德的手动得像光速（300 000 千米/秒）那么快，他也将需要至少十几万年的时间才能实现自己撬动地球的豪言。

2.6　拯救"特拉波科罗号"

"身形高大，四肢健硕，呼吸声如雷震耳……"这是作家儒勒·凡尔纳的小说《马蒂夫·桑多尔夫》中对于大力士马蒂夫的描写，不知你还记得吗？这篇小说中有这样一幕让很多读者印象深刻：马蒂夫徒手拯救了即将坠海的"特拉波特罗号"船。

故事是这样发生的：

船已接近水面，船体两侧的物体已全部被卸下，只要再放开缆绳，船就会立刻冲入水中。六名船员正在做积极的准备工作，观众们好奇地看着他们工作。说时迟那时快，一只快艇瞬间向船停靠的方向冲过来，原来，这只快艇必须经过"特拉波科罗号"的船员的位置才能安全进港。"特拉波科罗号"船在看到快艇行进的情况后，立即停止一切工作，以防两船发生碰撞，他们果断地决定要让快艇先过去，否则只会造成两败俱伤的结果。工人们停下了手中的工作，静静地看着这只夕阳下金光闪闪的快艇向自己靠近，突然有人尖叫一声："'特拉波科罗'要下沉了！"人们这才反应过来，可是此时"特拉波科罗号"船的船尾已经浸入水中了，眼见两条船即将撞到一起，可怕的灾难即将就此上演。

突然一个高大的身影出现在人们的视线中，他"嗖"的一声抓住了"特拉波科罗号"船头的缆绳，止住了船头下沉的势头。随后，他将缆绳一端缠绕到拴船的铁柱子上，将另一端紧紧握在自己的手中。大约十秒钟后，缆绳终于不堪重负，崩断了，可是这短短的十秒钟已经足以让快艇安全地绕过"特拉波科罗号"，两船都顺利脱险。

这位伟大的拯救者就是马蒂夫，他一个人完成了全部的拯救工作，周围人未来得及提供任何帮助。

儒勒·凡尔纳在构思小说时，有意将这样的壮举交由力大无比的马蒂夫来完成，因为在他看来，只有身体强壮的人才能完成这么艰巨的任务。可是事实上，任何一个有智谋的人都能做到。

根据力学原理，我们可以知道当缆绳与铁桩接触滑动后，就会产生摩擦，随着接触面积越大，摩擦力也就越大。因此，当缆绳在铁桩上缠绕 3～4 圈后，摩擦力也就相应地增加 3～4 倍，这时即使是小孩子都能借此拉住比自己重无数倍的物体。而河岸边的很多工作者就是依靠这个原理轻松让轮船靠岸的。

著名数学家欧拉对于这种摩擦关系的公式注解，即欧拉公式，可以帮助我们更好地计算缆绳和铁桩之间的摩擦力。

$$F = fe^{ka}$$

其中，f 表示外界施加的作用力；F 表示反作用力，e 值为 2.718…（自然对数的底）；k 表示绳与桩之间的摩擦系数；a 表示缆绳缠绕在铁桩上形成的弧长与弧半径之比。

据此，我们可以将公式运用到上述事件中。根据小说内容，船重 50 吨，假设船的倾斜度是 $\frac{1}{10}$，那么船作用到缆绳上的力量就只有船总重量的 $\frac{1}{10}$，即 5 吨。

现在我们假设缆绳和铁桩之间的摩擦系数 k 为 $\frac{1}{3}$，因为马蒂夫在铁桩上绕了 3 圈缆绳，因此 $a = \frac{3 \times 2\pi r}{r} = 6\pi$。

在这个公式中，r 表示铁桩的半径。由欧拉公式可知：

$$5\ 000 = f \times 2.72^{\frac{1}{3} \times 6\pi} = f \times 2.72^{2\pi}$$

未知 f（即所需的力）可用对数求出：

$$\lg 5\ 000 = \lg f + 2\pi \lg 2.72$$

由此可得：$f = 9.3$ 千克。

综上所知，其实马蒂夫只需用不到 10 千克的力就可以完成这次拯救之举。

不过，此时我们还需注意，10 千克只是一个理论上的数值，现实中，由于马蒂夫时代的船是用木桩和麻绳来拴的，因此 k 的实际数值要远大于我们上面说的，这就导致实际所花费的力量要相对小得多。换言之，想像大力士马蒂夫那样伟大，其实你也可以！

2.7　打结问题

欧拉公式是 18 世纪著名的数学家欧拉在经过无数次实验和计算后得出的公式，它可以广泛运用于各个领域，例如我们生活中经常遇到的打结问题。其实打结和拴船的原理是一样的，都是拴住绳子的一头，将另一头进行缠绕，然后靠摩擦作用打结成功。其中缠绕的圈数越多，摩擦力越大，结也就越结实。

缝衣服纽扣的原理同样如此，将线绕到纽扣上，随着线绕的圈数越多，纽扣就会被缝得越结实，越不易松动。当然这里有一个关键：绕线的圈数越多，纽扣的牢固度也会等倍数地增加。

摩擦力在生活中至关重要，如果没有摩擦，人就不能前行，纽扣更是会直接在重力作用下掉落。

2.8　摩擦的意义

如前所述，摩擦是事物定型的重要因素，是生活中不可或缺的现象。我们很难想象如果有一天摩擦力消失，这个世界将会变成什么样。

法国的物理学家希洛姆曾对摩擦作用作过如下形象的记叙：

在光滑如镜的冰面上行走，这样的经历我相信大家都曾有过。为了能顺利前行，我们曾做过各种尝试，为此我们不能不感慨，我们平常行走的地面是如此适合行走，而这些都拜摩擦所赐。虽然摩擦在有些应用力学中是个可恶的障碍，但是在多数情况下，摩擦还是利于我们生活的，我们日常行走、工作，以及物体坠落而不毁坏都是摩擦的结果。

摩擦在我们的生活中处处存在，它能增加物体的稳定性，使桌椅能安稳地放置在地面上，杯盘能稳定地置于前进的轮船中……

所以，假如有一天摩擦在地球上消失，世上的一切都将失去支撑，像水一样随意地流动，而地球自己也会像烂泥一样成为一个柔软平滑的球体。

科学的依据让我们更加认识到摩擦的价值：没有摩擦，墙上的东西会自由滑落，我们将握不住任何东西，一切的声响也会永不停止，那时我们将充斥在回音的世界里躁动不安。

上面我们谈到了冰面上摩擦的作用，下面就有多则相关报道：

"伦敦21日讯，由于天寒地滑，伦敦交通严重受阻，海德公园附近更是发生了重大交通事故，另有多人因路滑摔倒被送往医院。"

"巴黎21日讯，巴黎及其近郊的街道路面冰层较厚，已经发生了多起重大交通事故……"

不过，虽然冰面上的摩擦力很小，但是我们也可以利用其节省很多力气。雪橇和冰路的运输线就是实例。冰路的运输线可以让马车用最小的力将重达7吨的木材从一个地方拉到另一个地方（图2-11）。

图2－11　两匹马拖动的雪橇在冰路上仍能载重7吨
A—车辙；B—滑木；C—压紧了的雪；D—路基

2.9　"切留斯金号"因何破裂

尽管我们一直说摩擦力在冰面上很小，但我们不能便因此断言说：物体与冰之间的摩擦力在任何情况下都微不足道。例如当温度接近于0 ℃时，这种摩擦力就会很大。曾有破冰船的工作人员专门对北极海冰与船钢壳之间的摩擦力进行了仔细研究，冰与新船钢壳的摩擦系数为0.2，此时冰与船之间的摩擦力和铁与铁之间的摩擦力相比，绝对是有过之而无不及。

我们一直在说摩擦系数，可是这个系数对于船在浮冰间的行进究竟有何意义？我们现在来具体研究一下。如图2－12所示，图中船舷 MN 受到浮冰的压力 P，P 又可分解为与船舷切线垂直的力 R 和与船舷相切的力 F。P 与 R 之间的夹角等于船舷与垂直线间的夹角 a。浮冰与船舷之间的摩擦 Q 等于力 R 乘以摩擦系数0.2，即 $Q=0.2R$。当摩擦力 Q 小于力 F 时，力 F 就会把冰块向船外侧推移，冰块会在不损坏船体的情况下滑向海中；若力 Q 大于力 F，摩擦就使冰块滞留在船上，以致船体最后破裂。但是在什么情况下 Q 才能小于 F 呢？$F=R\tan a$，又因为 $Q=0.2R$，因此不等式 $Q<F$ 就可以变换为：

$$0.2R < R\tan a \text{ 或 } \tan a > 0.2$$

根据三角函数表，正切函数是0.2的角为11°。也就是说当船体与垂直线的夹角大于或等于11°时，船就能在浮冰间安全地行驶。我们现在再来看看"切留斯金

图2-12 浮冰作用于"切留斯金号"上的力的示意图

号"失事的前因后果。"切留斯金号"曾顺利经过北冰洋的全部航线，却在1934年2月与浮冰发生剧烈碰撞，最终船体粉碎，船员在两个月的煎熬后才获救。下面是这次灾难的相关描述：

施米特是"切留斯金号"的考察队队长，他发现冰块挤压船舷，使船舷向外突出，随着突出的程度越来越大，船舷也破碎得越来越厉害。终于，船舷不堪重压，从船头开始脱落，直至船身完全散架……

这样你大概就能从物理学的角度明白这次灾难的根本原因了。由此我们也能得出结论：只有当船舷的倾斜度大于或等于11°时，船才能在冰海中安全地行驶。

2.10 木棒的移动规律

图2-13表示的是一根木棒的移动情况，在两个分开的食指间放上一根木棒，让两个手指缓缓靠拢，你会发现即使两个手指并到一起，木棒仍然能保持平衡不掉落。而且，即使你多次改变手指开始的位置，木棒仍然能稳固在那里。如果把木棒换成尺子、手杖等任何能放置的东西，结果都是一样的。

　　只是要想达到这样的效果，一定要切记：两个手指一定要放置在木棒的重心下面，只有这样，才能让木棒保持平衡。

图2-13　用尺子做实验的情况

　　当两个手指分开时，离木棒重心越近，手指感到的压力就会越大，相应的摩擦力也就会越大，移动起来就会很困难，因此只能靠那个离木棒重心远的手指来活动。当这个最初离重心远的手指缓缓移动时，它会变得离重心更近，那么另一个手指再移动。这样周而复始地滑动，直至两个手指并在一起时，两个手指的合并处一定在木棒的重心下面。

　　再看图2-14，用扫地板的扫把做同样的试验。这次试验我们可以做更精确的计算，如果我们在两个手指合拢处把扫把切成两段，那么你们认为哪一段的会更重呢？是带柄那一段，还是带刷子那一段呢？也许很多人认为两段一定等重，因为两边平衡了，可事实上是带刷子的那一段更重一些。理由很简单，当扫把在手指上保持平衡时，扫把两端承重的力臂是不等长的，而天平上力臂是等长的。我为列宁格勒文化园的趣味科学馆制作了一组重心位置各不相同的棒，如把这些棒在重心处切成长短不同的两段，你将会发现，短的一段永远比长的一段要更重一些。

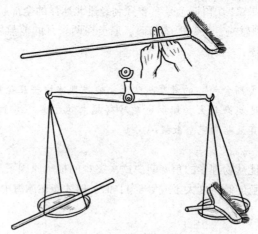

图2-14　用两端不一样重的扫把做实验的情况

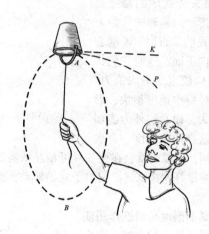

Chapter 3
圆周运动

3.1　永不倾倒的陀螺

抽陀螺很多人小时候都玩过，但你是否想过为什么这些倾斜的陀螺，不论你怎么抽，它们都能保持不倒呢？这究竟是什么力的作用结果，重力又在其间起了什么作用呢？我想大家肯定都猜到了：这里存在一对作用力和反作用力，且它们之间的作用关系非常有趣。现在我们就来具体分析一下究竟是什么力使得陀螺不倒。

如图 3－1 所示，箭头 A 指示的是陀螺转离你的方向，箭头 B 指示的是转向你的方向。当陀螺的中心轴向我们靠近时，A 则会指向上面，而 B 则将指向下面，这时它们将得到一个与陀螺运动方向成直角的内推力。同时，由于陀螺在旋转过程中速度很快，形成的圆周速度也就会很大，而我们外力施加给它的速度是很小的，这样两个速度一合成

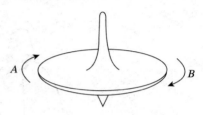

图 3－1　转动的陀螺不会倒

就与圆周本来的高速等同，陀螺也就会在这一对可相互抵消的力的作用下不发生变化。在我们玩者看来，陀螺好像在抵抗我们给予它的转动，而且陀螺质量越大，这种抵抗就会越明显。

事实上，转动的陀螺不倒也是惯性作用使然。如果我们把陀螺看成无数点的合成，那么我们会看见这里面的每一个点，都在一个跟旋转轴垂直的平面上做圆周运动。惯性使得这些点都在沿着圆周的切线飞离圆周。但是，由于这些切线与圆周都属一个平面，因此每个点的运动轨迹就都在与此平面垂直的另一个平面上，而两个平面都在竭力维持自己的位置，这也就使得转动的陀螺的旋转轴永远不会发生变化（图 3 －2）。

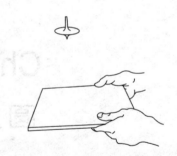

图 3－2　正在旋转的陀螺被抛起来后，轴旋转的方向仍旧不会改变

陀螺的这种运行原理也被应用于一些交通工具里的罗盘、稳定仪上，因此，我们不可以小看任何一种小小的玩具，它很可能就是我们身边很多伟大设计的灵感来源。

3.2　手技的奥秘

上述旋转原理还被应用在另一个地方，很多人肯定想不到，这就是我们在舞台

上经常看见的手技表演。英国著名物理学家约翰·培里就曾在著作《旋转的陀螺》中记述过这样一个情节：

　　一天，我在伦敦著名的富丽堂皇的维多利亚音乐厅给那些闲坐的人讲述自己曾做过的几个实验。其中我提到一个让抛出物在抛出后能顺利回来的办法，就是让抛出物旋转起来（图3-3、图3-4和图3-5）。因为只有让物体旋转，它才能在运动过程中产生一股反作用力来抵抗外力，而现在的炮弹就是利用了这一原理，在炮膛里刻上螺纹线，使炮弹在发出后仍能做正确的旋转运动。

　　那天，我只是随便说了说，并没有做任何表演。可是不久后，就有两位手技演员将这个原理搬上了舞台。他们将很多物体抛出再收回，甚至连刀子都没放过。观众在了解这些现象的本质前都感到十分震惊，在了解后便恍然大悟，进而兴奋不已。这些表演就是对我说的旋转原理的最佳阐释。

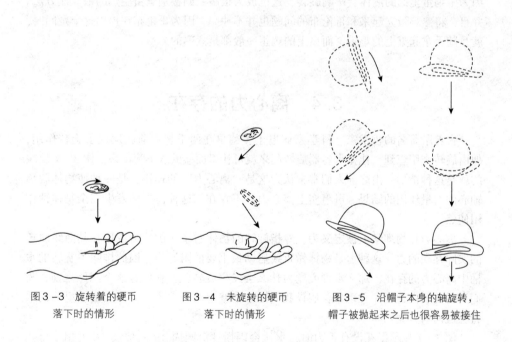

图3-3　旋转着的硬币
落下时的情形

图3-4　未旋转的硬币
落下时的情形

图3-5　沿帽子本身的轴旋转，
帽子被抛起来之后也很容易被接住

3.3　鸡蛋不倒的办法

　　如何让鸡蛋直立起来？哥伦布曾就此提出过疑问，他自己的方法是将鸡蛋的底部敲碎，这样就能把它竖起来了①。

这种方法显然是不正确的，因为敲碎的鸡蛋已经改变了形状，被竖起来的已不再是鸡蛋，而是其他事物了。所以，如果想把鸡蛋直立就必须保持它本来的样子。

通过上面的学习，现在我们完全可以利用陀螺的旋转原理，在不改变鸡蛋形状的前提下，使其竖起来。如图 3-6 所示，用手指拨动鸡蛋，使鸡蛋绕着其中轴旋转起来，这样鸡蛋一定会有一段时间是在旋转而不倒下的。当然这里要强调一点，即要完成这一过程，一定要选用煮熟的鸡蛋，

图 3-6　旋转的鸡蛋能够立起来

因为生鸡蛋里面的液体会影响旋转，这也成为很多主妇鉴别鸡蛋生熟的最简便方法。并且，将熟鸡蛋立起来和哥伦布的问题也并不冲突，因为哥伦布在提出这个疑问时，就是随手拿起桌上的鸡蛋，而桌上的鸡蛋一般都是煮熟的。

3.4　离心力的存在

古希腊著名的哲学家、科学家亚里士多德早在两千多年前就发现了旋转作用，他由旋转作用想到，让盛水容器旋转起来就可让里面盛的水不流出来。图 3-7 反映的就是这种情形。由之前人们常常认为这是"离心力"的作用，是一种使物体脱离轴心的力量作用的结果。可事实上离心力并不存在，这种情形的发生完全是惯性作用使然。

离心力在物理学上被定义为：专指旋转的物体对系线的拉力或压在其曲线轨道的实际存在的力。这种力是物体做直线运动最主要的阻碍力，因此排除了旋转的水桶中离心力的存在，那么水桶究竟为什么会发生旋转呢？在回答这个问题之前，我们还需要明白这样一种现象：假设我们在水桶壁上凿开一个洞，那么盛在里面的水将会流向何方呢？

图 3-7 显示了在没有重力时，水流会因惯性沿圆周 AB 的切线 AK 涌出，可实际情况是重力必然存在，因此水流将会沿抛物线 AP 流出。当圆周速度足够大时，AP 将会在 AB 的外面。由此我们可以知道，除非旋转方向恰好与水桶开口的方向相反，否则水将不会从桶内流出。

---

① 其实哥伦布竖蛋的故事是虚构的，这件事其实是发生在意大利著名建筑师布鲁涅勒斯奇身上的。这位建筑师就是佛罗伦萨教堂最令人称道的巨大圆顶的设计者，他是位伟大的建筑师，他声称要让自己建造的圆顶像竖在自己尖尖底部上的鸡蛋一样竖固！

那么在旋转木桶向心加速度大于或等于
重力加速度时，也就是使水流出的轨迹在水
桶本身运动轨迹之外时，旋转水桶需要多大
的速度才能使水不流出去呢? 其中向心加速
度 W 的计算公式是:

$$W = \frac{v^2}{R}$$

公式中, v 为圆周速度, R 为圆形轨迹的
半径。根据地球表面的重力加速度 $g = 9.8$
米/秒², 我们可以很容易地得出下列不等式:

$$\frac{v^2}{R} \geqslant 9.8$$

假设圆形轨迹的半径 R 是 70 厘米, 则

$$v \geqslant \sqrt{0.7 \times 9.8} = 2.6 \text{（米/秒）}$$

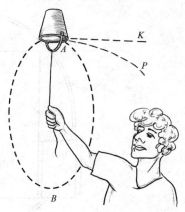

图 3 -7　将水桶倒过来旋转,
为什么水不会洒出来

即, 只要我们每秒转水桶 $\frac{2}{3}$ 圈, 就可以使水桶里的水不流出来。

有一种离心浇铸技术就是依据这一原理实现的, 即当容器在水平位置旋转时,
里面的液体会施力在容器壁上。离心浇铸技术中的液体比重不均匀, 会呈现出不同
的层次, 那些比重大的就远离旋转中心, 比重小的则靠近, 从而分离出其中的气体,
使气体散落到周围的空白处, 以此避免形成气泡。离心浇铸技术所浇铸的物体既方
便耐用, 又成本低廉。

3.5　魔法秋千的魔力

圣彼得堡有一种娱乐设施叫"魔法秋千", 它是为喜欢刺激的人专门准备的。
费多在一本科学游戏方面的书中就曾对这个娱乐设施做过专门的描述 (图 3 -8):

这种秋千高高悬挂在房屋的横梁上, 当游客坐好后, 工作人员会撤掉一切可以
进入这个屋子的器材, 然后推动秋千, 让旅客开始一场短暂的空中旅行。随后, 工
作人员要么坐在秋千后的座位上, 要么直接离开。

秋千开始震动, 一开始摆动的幅度很小, 乘客尚且安稳, 随后荡得越来越高,
最高时甚至会绕着房梁转一圈。即使乘客已经做好了心理准备, 可是真到那一刻,
还是感到自己有掉出秋千的感觉。慢慢地, 秋千又减小了摆荡的幅度, 直至最终
停止。

事实上, 在整个过程中, 秋千根本没有移动过, 摆动的是这间房屋, 它以乘客
为旋转轴, 做上下旋转运动。房屋里的一切都是死死地钉在墙壁或是地板上的, 它
要保证在房屋摆动过程中仍然不会滑落, 而那些工作人员临走前的推动动作只是象

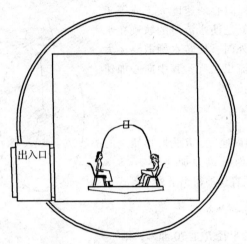

图3-8 "魔法秋千"构造简图

征性的，是迷惑游客用的。这所有的一切都是假象，目的只是让游客以为是秋千在动，以此增加晃动的真实感和刺激感。不过，即便今天你知道了这个秘密，但当你坐上去时，你还是会被迷惑，这就是这个游戏最成功的地方，完美地运用了错觉。

普希金的诗歌《运动》用艺术诠释了这种原理：

"世界上是没有运动的。"一个大胡子哲人这样说。
另一位哲人随即在他面前静静地踱着步子，
这是最让人赞赏的回答。
可是，朋友们，正是这个趣闻，
使我想起另外一个例子，
一个关于太阳和伽利略的故事。

"魔法秋千"会让你做一次伽利略。当年，伽利略创造性地提出一切星球都是静止的，只有人在动，而遭到了悲惨的对待；今天如果你和别人说一切都是静止的，只是房屋在以我们为旋转轴旋转，那么你的下场一定也不会太好。

3.6 房屋在动还是秋千在动

通常，让别人相信你的观点正确是一件很困难的事情。就像我们刚刚提到的魔法秋千，尽管你明白了是自己的错觉，但要想让你周围的朋友也相信却很不容易。这时你们可能会争论究竟是房屋在动，还是秋千在动，而此时你们是无法依靠任何器材来获得答案的。

或许你会争辩道："一定是房屋在动！因为如果是秋千在动，那么我们早就从秋千上掉下来，摔个底朝天了。可是现在我们还安全地坐在上面，所以一定是房屋在动，而不是秋千在动！"

这时我就会据理力争道："那你想想我们之前说过的水桶出水的原理，当水桶在旋转时，水是不会洒出来的，同理，魔法秋千中的我们当然也不会摔出去啊。"

你又争道："既然我们不能互相说服，那么我们干脆用数字说话。只要我们能计算出向心加速度，就可以依据公式推算出我们的数据是否能使我们安全地坐在秋千上……"

我马上抢白道："不用计算。既然这个秋千能存在这么久，那么建造者肯定早就测算过无数遍了，以确保这个数据能保证旅客不会从秋千上跌落，所以这种计算肯定是没有意义的。"

你坚持说："没关系，我还有办法让你相信我。你现在看我手上的铅锤，它的重心一直都是指向下面的，这个下面会随着我们的上下翻转而改变，有时是我们头顶，有时是我们的一侧。如果房屋真的一直静止，而只是秋千在动的话，那么这个铅锤的重心应该一直指向地板才对。"

我继续坚持己见："这个观点有问题，如果我们旋转速度足够大，铅锤的重心会永远朝向旋转半径的外方向，在这里也就是我们的脚下。"

3.7　旋转中的房屋

在上面的争论中如何处于不败之地呢？我教你一招。当你下次坐"魔法秋千"时，一定要记住带上一个弹簧秤和砝码。将砝码放在弹簧秤上，然后观察数字，你会发现指针指出的数字完全等同于砝码的质量，而与秋千运动完全没有关系，这也是秋千没动的一个证据。

假如我们带着弹簧秤做旋转运动，其间除了重力作用，离心力也要发生作用。当我们运动到圆周下半部分时，离心力就发挥了作用，以至于砝码的质量会有所增加；而在上半部分时，砝码质量就减小了。砝码的时重时轻更证明了是房屋在动，而不是我们人在动。

3.8　"魔球"的世界

在美国，有一个和圣彼得堡"魔法秋千"一样让众多游玩者痴迷的娱乐设施，名为转盘式球形小屋（下称魔球）。置身这间小屋，会使人感觉仿佛进入了童话世界。

站在超速旋转的圆台上的感觉你还记得吗？当圆台加速旋转时，人会有一种被抛出去的感觉，而当你离旋转中心越远，这种抛向外的感觉就会越加明显。如果此时你闭上眼睛，你会感觉自己并非站在一个平面上，而是站在一个难以让人平衡的斜面上。图3-9就为我们解释了这一原理。当我们在旋转平台上时，我们会同时受到离心力 C 和重力 G 的双重作用，C 的作用方向朝外，G 朝下，两个力的合力 R 是指向斜下方的。旋转速度越快，合力就会越大，即倾斜的程度更大。

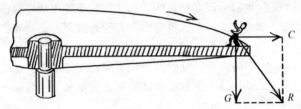

图3-9　人在旋转着的平台外沿上所受到的力

假如图3-10中的圆台是向上弯曲的，那么当圆台不动时，我们一定会感觉难以平衡，可一旦它旋转起来，我们反而会感到如履平地。因为合力 R 的方向也是倾斜的，正好可以与圆台的弯曲边成直角。随着科学的发展，我们现在已经知道，这样弯曲倾斜的平面事实上是抛物线的面，它是一种特殊的平面。正如我们让一个装有水的杯子做旋转运动，当杯子旋转时，靠近杯壁的水会上升，中间部位的水会下降，此时形成的倾斜面就是抛物面。

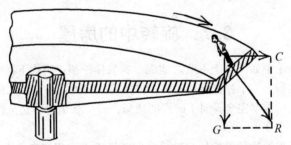

图3-10　这样的情况下人就可以安稳地站在旋转平台的外沿上

如果杯中是蜡，杯子的旋转会让蜡液慢慢凝固，当蜡液凝成固态蜡后所形成的面就是最标准的抛物面。这样的抛物面在静止状态下看是倾斜的，可是当杯子旋转起来时，这样的平面对于物体来说反而是水平的了，此时抛物面上的任何东西都不会掉落（图3-11）。现在，当大家明白了抛物线原理后，我们再来解释魔球构造的难度就会大大下降。

图3-12所示的就是这个魔球，它的底部由可旋转的站台组合成了一个抛物面平台，平台下

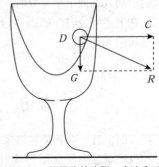

图3-11　杯子旋转达到一定速度时，小球会贴在杯壁上不下落

面装有可使魔球旋转的设备。如果旋转魔球时周围静止不动的话，站在魔球上的人一样会感到眩晕，为此建造者在平台上又安上了一个不透明的玻璃球，这样可使玻璃球和平台同时运动，人就不会感到眩晕了。

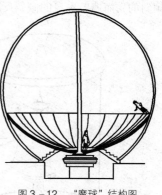

图3－12　"魔球"结构图

　　这就是转盘式魔球的构造。只要魔球旋转起来，不论你站在平台的什么位置，你都会感觉如同立于平地上一样安稳。不过这里有一点需要提出，那就是在魔球上的人会感到自己看到的和感受到的是不同的。如果此时从平台一边走到另一边，你一定会感觉自己如同走在气泡上般轻盈，甚至还带点晃动。其实这是一种错觉，而之所以会产生这种错觉，是因为当你站在旋转的魔球上时，你会错以为自己是站在水平地面上的。可是如果你此时睁开眼睛，你所看到的那又是完全不同的画面，你会感觉那些站在魔球上的人像苍蝇一样，是趴在墙上的（图3－13，图3－14）。若把水泼到魔球内的地板上，水会随着魔球的旋转四处飞溅，均匀地泼洒在地板表面。而对于球内的人而言，这俨然是一堵封闭的斜墙。

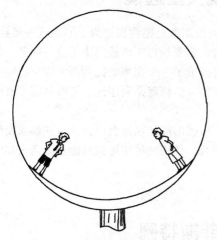

图3－13　两人在"魔球"中的实际位子

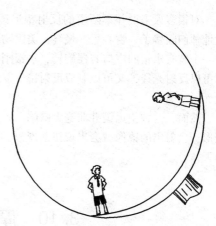

图3－14　两人在"魔球"中的错觉位子

　　简单的重力原理无法解释魔球的全部运作，因此才会让旅客有一种置身梦境的感觉。这种感觉飞行员同样会有。当飞行员以200千米/小时的速度做半径为500米的曲线飞行时，他会感到地面是倾斜的，倾斜角大约是16°。

　　德国的格丁根市也有这种魔球的设施，不过这里是仿照魔球做的一个科学实验室。这个实验室是一栋圆柱形的房屋，房屋可以旋转，直径为3米，转速为50转/秒（图3－15）。这个房屋里的地板和其他房屋一样，都是平整的，只是墙面是倾斜的。当房屋旋转起来时，里面的人只有靠在墙上才不会感觉眩晕，因为房屋是向右倾斜的，而墙壁本身的倾斜反而会使人平衡（图3－16）。

图3－15　人在旋转实验室里的
　　　　　实际情况

图3－16　实验室旋转时人在
　　　　　旋转实验室里的情况

3.9　液体镜头望远镜

对很多人来说并不陌生的反射望远镜的镜面就是抛物面。为了制造这一形状，设计师们颇费了一番心思。最终，美国物理学家罗伯特·伍德解决了这一问题：他将一个装有水银的广口容器旋转，水银刚好形成了一个完美的抛物面。这个抛物面既可以反射光线，又可以制成反射镜。罗伯特·伍德就是利用这一平面制成了液体镜面。

然而，这种望远镜并非毫无缺陷。它所依据的液体镜面会因为细微的波动发生变形，反射出的镜像就会出现扭曲现象，而且，使用这种望远镜只能观察到天顶中的天体。

3.10　摩菲斯特圈

我想你应该看过车技表演吧，那些让人眼花缭乱的动作和设计总是能吸引观众的视线。很多时候演员会在圆形跑道中做各种新奇的姿势，而当这些演员将自行车骑到跑道上部时，他的头竟是朝下的。

如图3－17所示，在整条跑道中有一处或几处的地方会呈现圆圈状。当演员骑车从圆圈前面冲下，他在攀上圆圈顶部的过程中，头部会越来越向下倾斜，直至环形顶部时头与背部连线会完全与圆顶切线呈180°夹角，最后顺利骑完全程。可能此时有些观众会发出疑问，当这些演员头朝下时，他们不会掉下来吗？他们是靠什么

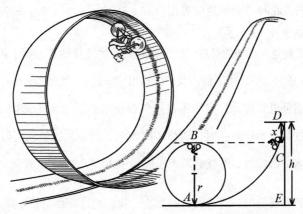

图 3 -17　"摩菲斯特圈"（右下角为计算用图）

支持着呢？他们该不会被什么绳子吊着欺骗我们这些观众的吧？但事实上，这一切都是真的，科学完全可以解释这一切。

根据力学原理，如果把人换成子弹，它也可以完美地绕跑道走完全程，这种现象被命名为"摩菲斯特圈"。曾有人特意用重量等于演员与自行车重量和的大球通过这段轨道，只要大球能安全通过，那么演员就能顺利完成表演。

现在你能猜到这种现象的发生原理了吗？其实这和水桶旋转不出水的道理是一样的，只不过水是客观的，演员是主观的，演员在表演中可能会出现失误，因此他们出发前往往要精确地将高度算好，这样才能避免灾难的发生。

3.11　数学中的趣味

我想，在这个世界上，一定有很多人不喜欢数学和物理，即使有对这些感兴趣的人，其中也会有一部分人因乏味的公式而兴趣大减。不过，我要对那些拒绝数学和物理的人说，你们在拒绝这些无趣的公式时，也在不知不觉中拒绝了那些有趣的现象和故事。就像我们上面一节所讲述的"摩菲斯特圈"现象，如果你不喜欢数学，你就无法用数学公式趣味性地测算出演员该在何种条件下顺利完成表演。

现在我们就来趣味性地演算一下吧：

假设演员出发时距离地面的高度是 h；

x 为 h 中高出魔圈最高点的长度，从图 3 - 17 可以看出，$x = h - AB$；

r 为圈的半径；

m 为自行车与自行车手的质量和，其重量可用 mg 表示，g 的数值不变，永远是 9.8 米/秒²，也就是重力加速度；

v 为自行车手到达圈最高点时的速度。

如图 3 - 17 所示，现在我们开始演算，当演员滑行到 C 点位置时，这里 C 点和

B 点的高度相同，此时 C 点的速度可用公式 $v = \sqrt{2gx}$ 或 $v^2 = 2gx$ 来表示，因此自行车手到达 C 点的速度 $v = \sqrt{2gx}$。

而演员为了避免在怪圈的最高点掉落，其向心加速度就必须大于重力加速度，也就是保证 $\dfrac{v^2}{r} > g$ 或 $v^2 > gr$，由于前面我们已得出 $v^2 = 2gx$，因此 $2gx > gr$，或 $x > \dfrac{r}{2}$。

由此，我们可以知道，只有当跑道倾斜部分的最高点大于圆圈部分的最高点，且大于的值超过圆圈半径的 $\dfrac{1}{2}$ 时，演员才能安全表演完。这里我们假设圆圈的半径是 8 米，那么演员出发的高度就必须大于或等于 20 米，他才能顺利完成表演，而不至发生灾难。

至此，我们需要指出一点，到目前为止，我们的计算都是将摩擦力排除在外的，如果加上摩擦力的影响，自行车在 C 点和 B 点的速度是很难相同的，通常情况下车手到 B 点的速度都会慢于到 C 点的速度。

另外，这项车技表演中所需的车子都是在重力作用下行进的，因此无须加链子，全程中车手也无须改变车速，他只需要稳稳地走在轨道正中心，不发生任何偏移即可，否则车手的安全就值得担忧了。毕竟在表演中每辆车的速度都是很快的，大约有 60 千米/小时，假设整个圆圈的半径是 8 米，那么他们发生危险（大多数情况下是被甩出轨道）所需的时间仅仅只要 3 秒钟而已。不过大家也无须过于担心，只要外在设备齐全，车手发生危险的概率还是很低的，大部分情况下悲剧的发生是因为车手自己的表现。曾有一本关于车技表演的小册子叫《自行车特技表演》，它是一本车技演员的自传，其中就明确指出："车技表演的危险主要来自车手本人，如果他在表演中有任何的情绪波动，都可能会发挥失常，甚至发生灾难。"

事实上，大家平时在电视上看到的飞机特技表演也是如此，在飞机旋转的过程中最重要的就是飞行员的技术和心态，只有做好这两点，飞机才能更安全、更顺利地完成全部的表演。

3.12　聪明的骗子

从前，有一个骗子，他经常去赤道附近的国家采购，然后拿到高纬度地区去卖，通过改变货物的重量来欺骗顾客。因为同样 1 千克的物体在赤道称和在两极称大约相差 5 克，两极附近称出的读数要略大一些，因此货物拿到两极卖时就会比实际看上去更大一些，不过在这里交易一定不可以用杆秤，而应该用在赤道处制造的弹簧秤，这样才能达到增加货物的目的。因为当货物变重时，杆秤上的砝码也会跟着变重。比如，我们可以在秘鲁买黄金，拿到意大利卖，如果不计运费，这种生意还是很赚钱的。

尽管我并不赞同这个骗子的行为，但是我不得不说这个骗子还是非常聪明的，他很好地利用了重力离赤道越远就越大的原理，而这个原理的根本在于：在运动的地球上，赤道的运动轨迹最长，减重的效果最明显。

而地球的自转会使物体重量不断减小，因此，当物体在赤道上称时就会比两极轻，大约轻$\frac{1}{290}$。

这种差距也会随着物体本身质量的增加不断增加，因此质量大的物体显示出的差距会更明显一些。例如，一艘重达 60 吨的轮船，若从莫斯科开到阿尔汉格尔斯克，它的重量就会增加 60 千克，而若从莫斯科开到敖德萨则会减少 60 千克。就目前的运输情况而言，每年约有 300 000 吨的煤会被从斯匹次卑尔根群岛运往南方各港口，如果用我们今天的理论，那么当这些煤到达赤道附近用弹簧秤称时，我们会发现货物将会减轻约 1 200 吨。正如曾有人将一艘重达 20 000 吨的军舰，从阿尔汉格尔斯克开往赤道附近，虽然此时军舰已经减轻了 80 吨，可是却没有一个人有所感觉。按理说 80 吨也是个很大的数字了，但由于军舰和周围的一切都变轻了，所以人们察觉不到。

地球的自转带来了昼夜交替，如果我们假设一天不是 24 小时，而是 4 小时，那么同样 1 千克的物体在赤道和两极的重量差就会更大，约有 875 克。而这种重量差在土星上同样存在，那里的物体在两极和赤道的重量大约相差$\frac{1}{6}$。

因为向心加速度与速度的平方呈正比例关系，我们很容易推算出，当地球自转速度达到现在速度的 17 倍时，赤道上的向心加速度就会和地球重力加速度等同，那时赤道的向心加速度将会是现在的 290 倍，造成的结果是赤道上的一切物体都将完全处于失重状态。而若想同样的情况出现在土星上，则只需要将土星的自转速度提高$\frac{3}{2}$倍。

Chapter 4
万有引力

4.1　相互吸引的作用

我们总是默认了地球自身对于地球上的一切都存在着吸引，正如法国著名的天文学家阿拉哥所说的："如果有一天落体现象消失了，那么我们将会被震惊的。"可事实上，不论我们是否相信，物体之间都是互相吸引的。

或许你会问，为什么我们在日常生活中看不见物体的相互吸引呢？为什么牛顿著名的万有引力只出现在科学中，而无法表现在我们生活中呢？其实理由很简单，因为我们日常生活中出现的物体太小，所以引力也就显得太微乎其微了。举个简单的例子大家就能明白：两个人相对站立着，看似两个人互不关联，其实他们之间是相互吸引的，只是这种引力太小，估计只有用最灵敏的仪器才能测算出来。这种引力无法与我们的脚和地面间的摩擦力相提并论，也就无法使得我们互相前进。曾有人真的计算过这种引力，对于中等身材的人而言，这股引力大约是$\frac{1}{100}$毫克，毫克是多小的单位啊，1 000 克才是 1 千克，1 000 毫克才是 1 克，何况还是$\frac{1}{100}$毫克，这么小的引力我们当然察觉不到，这也是很正常的现象。

当然上述情况都是在有摩擦力的前提下讨论的，如果没有摩擦力，两个相距 2 米的人，第一小时彼此相向移动 3 厘米，第二小时彼此相向移动 9 厘米，第三小时彼此相向移动 15 厘米……直至 5 小时后完全贴合。

所以在摩擦力为 0 的情况下，再小的引力都会被察觉，都会起作用。悬挂的物体会因地球引力而垂直向下，若这个物体附近还有其他物体存在，那么这两个物体间也会相互吸引，从而使物体指向地球引力和其他物体引力的合力方向。这种现实情况最早是在 1775 年被一位名叫马斯基林的科学家在苏格兰的一座大山边发现的，他发现大山附近的铅锤并不垂直指向下，而是有所偏离的，后来又用更精密的仪器进行测算和实验，最终确定了这种相互引力的存在。

如前所述，这种引力是非常小的，常常小到肉眼很难察觉的程度，而这种引力大小与物体质量的乘积是呈正比例关系的。曾有一位动物学家，时常说自己能看到两艘海船间的万有引力，但事实上这是不可能的。假设两船的重量都是25 000吨，如果它们相距 100 米，那么之间的引力也不会超过 100 克，100 克对于一条 25 000 吨的船而言是个多么微小的概念啊，我们又怎么可能会看见这种引力的存在呢。

然而你可不要以为这种引力就永远无法被察觉了，在质量很大的物体间这种引力还是相当明显的，比如天体之间，像是离我们最遥远的海王星，它对我们地球都有约 1 800 万吨的引力。而太阳对地球的引力更为显著，如果没有太阳引力的存在，地球将会沿太空轨道的切线一路飞向未知的地方（图 4 -1）。

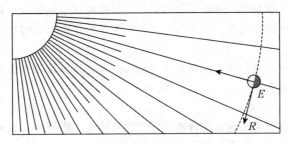

图4-1　太阳的引力使地球 *E* 沿轨道旋转，
惯性的作用使地球有沿切线 *ER* 飞出去的力

4.2　太阳与地球的联系

如前所述，如果没有太阳引力的存在，地球将飞向一个未知的空间，这将是多么可怕的现象。假设我们能用一根巨大的绳索拴住太阳和地球，代替这种引力的话，那么我们需要制造直径 5 千米，切面约有20 000 000平方米的硕大钢柱 200 万根，才能拉动约2 000 000 000 000吨的物体，勉强维持太阳和地球不至完全脱离。

如果 200 万根钢柱全部插上，那将是一片钢柱的森林。在这片森林里的每两根钢柱的间隙只有略大于钢柱的直径，才能相当于太阳和地球间的那个引力。这么大的引力却只可以让地球以每秒 3 毫米的速度偏离切线，因此质量大的物体间引力也是很大的，而地球和太阳的这个例子也在引力之外，进一步证明了地球的质量之大。

4.3　引力真的可以被阻隔吗

以上我们的假设是太阳和地球间的引力消失，地球将飞向外太空，可是如果连重力都消失了，那么地球将会出现什么情况呢？到那时，地球上的一切物体都将在地球自转的作用下被甩到太空。

幻想小说《月球上的第一批人》就是以这样的设想为创作思路的，英国作家威尔斯在这本书中提出了一种特别的、能让人去往外星球的新鲜方法。他赋予小说主人公凯伏尔科学家的身份，让他研发出一种能阻隔引力的特殊化合物。只要把这种化合物涂抹在任何你想涂抹的物体上面，那么这个物体就会立即失去地球引力，在与其他物体相互引力的作用下飞往外太空，这种化合物在小说中被称为"凯伏尔剂"。

小说中写道：

众所周知，万有引力是作用在一切物体上的，即使我们可以阻隔光线、物体，我们也无法阻隔太阳引力和地球重力的影响。但是凯伏尔不甘心如此，他不相信这个世上没有万有引力的克星，他认为利用人工合成的方法制成的化合物是可以阻隔这种引力的。

如果真到那时，我们每个人都将力大无比，只要涂上这种化合物，我们就能轻松举起任何重量的物体。

小说主人公在提炼出这种化合物以后，就开始设计能带他实现星际旅行的飞行器，这种飞行器完全是依靠天体的引力来飞行的。

小说中对这个飞行器是这样描述的：

飞行器整体是圆球形的，它的里面非常宽敞明亮，可以容纳两个人和他们的行李。整个机身由两层组合而成，里层是坚硬的玻璃，外层则是钢。飞行器内备有各种能制成压缩产品的设备，船身涂有一层"凯伏尔剂"，整只船的里层是封闭的，只有一个舱门可打开；外层制作简单，由特制弹簧制成的钢板拼装而成，这些钢板可以由船内的乘客通过电流自由控制升降。若将钢板放下，整只船将会完全封闭，任何光线和引力都无法穿透；而若打开任何一块钢板，太空中与它相对位置的引力就会将飞行器吸引过去，如此反复，通过打开不同的钢板，飞行器就能飞向不同的地方，舱内人就能轻松地做一次星际旅行。

4.4　飞向月球

小说中对飞行器出发的那一刻的描写非常引人入胜，主人公自制的"凯伏尔剂"使飞行器完全处于失重状态。但实际上，任何没有重量的物体都是无法存在于大气层底部的。比如，湖底的软木塞会很快浮出水面。在地球自转的影响下，没有重量的飞行器被抛向大气层顶部，接着在宇宙间做自由运动。小说主人公就是利用了这一原理实现星际旅行的。

凯伏尔通过打开不同位置的钢板来使飞行器分别接受来自太阳、地球和月球的引力，最终到达月球的表面，接着再运用同样的方法返回地球。

此时我不打算讨论主人公的这种飞行方式，更准确地说应该是作者威尔斯这种幻想的可行性和合理性，我们姑且先和这位主人公一起，开始一段星际旅行吧。

4.5　初到月球

《月球上的第一批人》中的主人公最终到达的是重力比地球小得多的月球上。小说曾以另一位到达月球的地球人的口吻写了这样一段话，来表明他们到达月球后的感受：

当我到达月球后，我试着把自己的身体伸出飞行器的机舱，我发现在我视线之内全是雪，而这些雪上毫无生物存在的痕迹。

凯伏尔迟疑地走出舱内，小心翼翼地走到月球表面，我隔着玻璃窗看见他先走走停停，后来干脆跳了起来。

虽然我看到的他有些模糊，不过我还是能大致猜出他这一跳足有6～10米。我看见他朝着我的方向用手比画着，也许他是在呼唤我吧，只是我完全听不到声音，可是我很好奇为什么他不用走而用跳呢？

于是我也跟着爬出了机舱，落到月球地面上，当我刚开始迈出脚步后，也开始不由自主地跳起来了。

这种感觉像飞一样，我瞬间来到了凯伏尔身边，凯伏尔在一块岩石顶上等我，我原打算抓住这块岩石，可是我还没有碰到岩石，就被挂在上面了。我顿时惊恐万分，凯伏尔在我耳边不断提醒让我小心，我突然想起月球上的引力很小，只有地球上的 $\frac{1}{6}$ 这一事实。

于是，我慢慢地往岩石顶部爬去，在艰难地爬行后，我终于如愿和凯伏尔并肩站立，俯视着这个星球。我看见我们的飞行器在离这里约有30英尺（1英尺=0.3048米）的位置上，它下面的积雪早已开始融化了。

我回过身，本打算让凯伏尔也看看飞行器那边的情况，结果一回头，发现凯伏尔已经销声匿迹了。

这一下，我感到很震惊。我想看看他在不在岩石后面，于是我急切地向那边跑去，可是我忘记了此时我不是在地球上，而是在月球上，我随便跨出一步就足有6米远，此时我已经超过岩石边5米了。

我恍如置身梦境，时而在空中，时而在深渊。如果是在地球上，我们正常的下落速度是第一秒5米，可是同样的一秒在月球上就只能降落80厘米。因此在月球上，想从高空坠下受伤也是很不容易的。这次从岩石上飞下，我花了大约有3秒钟，晃悠悠地落在岩石谷底的雪堆里。

我开始到处呼喊："凯伏尔！""凯伏尔！"

突然，我在一块离我约有20米的峭壁上看见了凯伏尔，他正在笑嘻嘻地朝我做着各种手势，通过这些手势，我大致能猜出他是希望我到他那边去。

可是此时我离他的距离还是不近的，于是我有些犯难，不过很快我就想到，大家都是从同一个位置来的，那么到同样的位置去又有什么难呢。

于是，我铆足一口气，朝凯伏尔的方向跳去，整个跳跃过程中，我感觉自己像是在飞一样，这种感觉很惬意、很舒服。不过可能是太舒服了，以至于我用力过猛，竟然生生从凯伏尔的头顶上飞过去了。

4.6　月球上的子弹运动

如果想弄清楚重力在运动中的作用，那么我们有必要阅读苏联科学家齐奥尔科夫斯基的《在月球上》一书。在地球上的任何物体，因为受到大气的干扰，在运动中总是受各种力的综合影响，可是在月球上，因为没有空气，这些问题就相对简单得多。

《在月球上》中的两位主人公主要是研究发射出的子弹的运动状态。下面就是他们就此进行的一段对话：

"火药在这过程中起了作用吗？"

"由于空气对爆炸物扩散的影响，在真空中的爆炸物威力会更大一些，同时因为火药本身含有足够多的氧气，所以它在爆炸中无需氧气的补充了。"

"这次我们往上面射吧，这样弹壳就可以落到附近，我们就不需要跑很远找了……"

话音未落，只听得"砰"的一声，火光瞬间照亮了天空，地面也似乎开始了震动。

"枪塞呢，怎么没在附近？"

"枪塞跟子弹一起飞出去了，在地球上物体会受到大气的影响，可是在这里没有空气的影响，不论你投掷出去的是什么东西，最终都会命中目标的。这里的物体重力小，即使是质量相差很大的羽毛和铁球，我们都能毫不费力地投出相同的距离，现在我们就分别将羽毛和铁球一齐往那块红色花岗石上投吧……"

结果羽毛投掷的速度甚至超过了铁球，仿佛得到风的帮助一般。

"子弹已经射出去三分钟了，怎么还是看不见它的影子呢？"

"再等等，可能过两分钟，它就回来了。"

果然不出所料，两分钟后地面开始震动，枪塞在不远处出现了。

"这颗子弹飞行了不少时间啊，那它飞行的最高点究竟有多高啊？"

"七十千米。它飞得相当高，大概与这里没有空气有关，没有空气就没有阻力，物体的重力也小，所以能飞这么高。"

现在我们就把数字带进去计算一下：

我们保守地假设子弹射离枪口的速度是 500 米/秒，如果地球上也没有空气，那么它的射高就是：

$$h = \frac{v^2}{2g} = \frac{500^2}{2 \times 10} = 12\,500(米) = 12.5(千米)$$

月球上的重力是地球上的 $\frac{1}{6}$，因此公式中的 g 就为 $\frac{10}{6}$ 米/秒^2，在月球上这枚子弹的射高为：

$$12.5 \times 6 = 75 \text{（千米）}$$

4.7　钻通地球

截至目前，人们对于地心的认识还很少。有人认为，地壳下面地心处是炽热的熔浆；有人认为，地壳下面地心处仍然是坚固的实体。至于地心究竟是什么，其实很难得出结论。因为一个人正常能下矿井的深度是 3.3 千米，目前最深的矿井也不过 7.5 千米，可是地球的半径却有 6 400 千米，就目前的技术而言，还没有人能够穿透地球看到地心的真实情况。18 世纪曾有两位科学家想过用钻凿的方法钻通地球隧道，他们分别是数学家莫佩尔蒂和哲学家伏尔泰，而法国天文学家费拉马里翁更是以此为题写过一篇文章，他的想法和前两位一样，但是设计和规模却小得多，图 4 –2 就是这篇文章中经过修改的插图。不过遗憾的是，时至今日，这样的设计都未成形，不过为了研究我们暂且假设真的有一个无底的矿井存在。我想问你，先强调两点，忽略空气阻力的作用，同时假设这是一口无底的井，如果你掉落其中，且不会被摔得粉身碎骨，你认为情况会怎样呢？

你会落到地心吗？答案是否定的。由于你在下落过程中速度非常大，大约有 8 千米/秒，因此你会从深井的一端落下，穿过地心继续向另一端坠落。此时你若不设法攀上井沿，那么你将在井中做一次往返运动，最终又回到出发的地方。如图 4 – 3 所示，通过力学知识我们可以看出，物体在井中做周而复始的往返运动，就是因为抓不住任何东西来终止这种永不停歇的跌落和返回。

那么，也许你会问，做这样一次跌落和返回的往返运动需要多长时间呢？答案是一个半小时，更精确的说是 84 分 24 秒。

费拉马里翁在书中还有这样的描述：

假如这个竖井是从地球一极贯穿地轴然后连通另一极的，那么其间的物体就会发生上述往返运动。而如果把开凿竖井的起始点放在像欧洲、亚洲或非洲等其他纬度上时，情况就不那么简单了，其间将会受到地球自转的影响。众所周知，地球在自转，地球上的一切物体也都随之在运动中，而且运动速度相当快，像赤道附近的速度能达到 466 米/秒，巴黎所在的纬度相对慢一些，但也能有 300 米/秒。因此，在地球上的物体，离地球自转轴相距越远，其圆周的速度就会越大，故而，当把小铅球抛向井中时，铅球不会直线下落，而是会稍稍向东偏移。由此，如果我们将这深井的开凿点选在赤道上，那么井的宽度和斜度都会得到加大，物体在下落过程中就会越来越远离地心而偏向东边。

而若将开凿点放在南美洲一个海拔两千米的高原上，与深海相连，那么如果有人不幸失足落入井中，他就将在天空和海洋间做往返运动，而且速度非常快；而若是井的两端都在海面上，那么当此人到达另一端时已经没有速度了，我们完全可以轻松地将他接住。

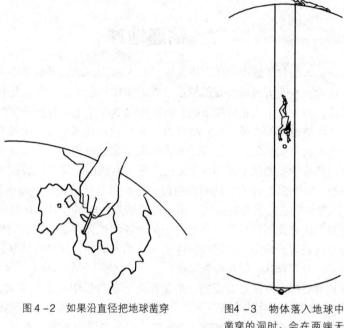

图4-2 如果沿直径把地球凿穿

图4-3 物体落入地球中凿穿的洞时，会在两端无休止地往返。来回一次的时间是1个小时24分钟

4.8 神奇的俄国隧道

如果你对物理学感兴趣，那么我想为你推荐一本在圣彼得堡非常畅销的书，这本书里有一项非常有趣的设计，这是作者罗德内赫的精心构思，这本书还有一个奇怪的名字，叫《自行滚动运行式铁路（圣彼得堡——莫斯科）——科幻小说（三章，未完)》。

这项巧妙的设计就是"在俄国新旧两个首都间修一条长约600千米的笔直的地下隧道，将二者贯通起来，这样既可以节省来往两地的时间，又可以加强两地间的联系"。

如果此项设计能够成形的话，那么任何交通工具和人都可以自由穿梭于两个城市之间，这将是前所未有的壮举。其实我们上面讲到的那口深井和这项设计原理相同，只是隧道是从地球的弦上开挖，而深井是贯穿地心的。如图4-4所示，也许你会以为这条隧道是绝对水平的，可事实上这条隧道是有一定斜度的，你可以用简单的两条线来验证。这两条线是隧道两端的地球半径线，地球半径线肯定是垂直的，如果隧道与垂直线的夹角是90°，就说明隧道是水平的，可是结果你会发现隧道与垂直线间的夹角并非是 90°，因此隧道其实是倾斜的。

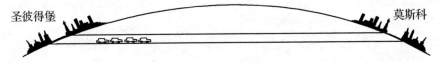

图 4 -4　在莫斯科与圣彼得堡之间挖一条平坦隧道的话，
隧道中的车辆便能够自动往返

　　所以在这样的隧道里，物体总是会在重力的作用下做往返运动。利用这一规律，我们可以在其间架设路轨，这样依靠机车自身的重力（这里的机车是代替火车头来牵引火车用的），火车就可以自由来回了。不过开始的速度一定很小，随后越来越大，直至它快能感受到空气的阻力。我们暂且撇开空气不谈，火车经过隧道中路时，其速度是非常惊人的，然后一路飞驰，期间如果没有摩擦力的影响，那速度还会更大。火车从圣彼得堡到莫斯科总共只需要 42 分 12 秒，不过令人奇怪的是，火车从莫斯科到符拉迪沃斯托克（海参崴）或墨尔本所耗的时间同样如此，这与隧道的距离无关，其实与交通工具关系也不大，因为如果把火车换成马车或汽车，其耗时也相同。这真是一条神奇的隧道啊！

4.9　隧道的实施措施

　　那么我们究竟该如何开凿这条隧道呢，如图 4 - 5 所示，我们有三种方法。

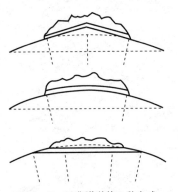

图 4 -5　开凿隧道的 3 种方式

　　其中第二幅图属于水平开挖，因为图中弧线上的所有点都与垂直线垂直，这样开凿出的隧道才能保持水平，使得其中的水只会积聚在洼处中部，而不会向两边流出，同时人也可以一眼望尽整条隧道。

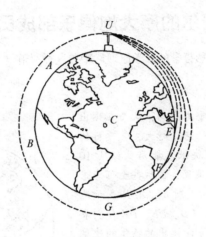

Chapter 5

乘炮弹到月球去

现在我们再回过头来看一个问题，就是我们之前说的关于儒勒·凡尔纳的两本小说《从地球到月球》和《环绕月球》中涉及的星际旅行。如果你看过他的文章，我相信你对巴尔的摩大炮俱乐部的会员一定记忆深刻，他们从战场回来后，就开始冥思苦想去月球的办法，终于，他们想到借用大炮将坐在空心炮弹中的乘客发射到月球上的方法，来实现登上月球的愿望。

那么这个想法有没有可行性呢？这个世界上究竟有没有一种东西能轻松地离开地球而一去不返呢？

5.1　巴尔的摩大炮俱乐部成员的幻想

牛顿在其著作《自然哲学的数学原理》中曾这样写道（为了便于大家理解，下文为意译）：

石块的落地轨迹受重力影响，从而在飞出后呈曲线落地，抛出时的速度越大，其飞行的轨迹也会越长，因此石块很可能沿曲线飞 10 英里、100 英里、1 000 英里，最后甚至可能永远地飞离地球。如图 5-1 所示，AFB 表示地球的表面，C 表示地心。UD、UE、UF 分别表示从高山山顶 U 向水平方向抛出的物体的速度逐次加大时的轨迹曲线。这里我们暂且不计大气的阻力，那么随着起始速度的增大，轨迹就分别是 UD、UE、UF 和 UG。当这个速度达到一定数值时，石块就会绕着地球转一周，最终回到它开始的地方。因为空气阻力为 0，物体回到起始点时的速度不变，会使这种循环一直持续下去。

图 5-1　在高山顶上以极大的速度水平抛出石块，它下落时的轨迹

回到我们上面说的故事，主人公设想的那门大炮，当大炮发射的炮弹达到一定速度时，也会像石块一样围绕地球做周而复始的循环，而这个一定的速度就是 8 千米/秒。当达到这一速度时，炮弹就会成为地球的卫星，从此远离地球，而这颗卫星仅需要 1 小时 24 分钟即可绕地球一周，因为它的速度是赤道上任意一点的 17 倍。

如果再加上大炮弹的速度，那么它就会和地球慢慢拉开距离，绕出一个椭圆，当初始速度达到 11 千米/秒时，物体就会彻底与地球脱离，飞至未知的宇宙中去。当然，这一切的发生，都是在真空状态下的，如果有空气的存在，那就复杂得多了。上面我们已经从理论上得到了一些数据，可是事实上至今为止，现实中炮弹的初始速度连 2 千米/秒都无法达到，所以儒勒·凡尔纳小说中巴尔的摩大炮俱乐部成员的那个想法是很难实现的。

5.2　这样的炮弹真的可以飞向月球吗

不过在小说中，大炮俱乐部的会员们还是如愿铸造了一门身长 250 米、被垂直埋在地下的巨型火炮，此外还造了一个重达 8 吨、内部空心的炮弹，炮弹里装有 160 吨硝化棉火药。按小说中人物的想法，撇开空气阻力，炮弹的初始速度需要达到 11 千米/秒，这样炮弹才能如愿飞上月球。

然而这样的构想在物理学上能够实现吗？

看完小说，可能你也会认为他们是信口胡言，因为现实中根本铸造不出那样的大炮和炮弹。事实上，最大的问题不在于大炮和炮弹本身，而在于炮弹的初始速度甚至无法达到 3 千米/秒。

此外，还有空气阻力的影响，空气阻力对炮弹飞行轨迹会产生很大的影响，因此想通过乘坐炮弹飞上月球是很不现实的。

还有一个因素我们不可忽视，就是旅客是坐在炮弹中被大炮射出去的，被发射本身就是极具危险性的，如果能被安全射出，旅客反而没有危险了。这就像虽然地球公转速度很大，但是我们这些生活在地球上的人依然安之若素一样。

5.3　瞬时压力的威力

前文我已经提到，当旅客被安全射出后是没有危险的，最危险的时刻就是在大炮射而未射的那百分之几秒里，因为就在这百分之几秒里炮弹的速度会瞬间由 0 增加到 16 千米/秒，旅客当然会感到心惊胆战。这正像巴尔比根所说的，此时的危险和让人站在炮弹面前，被炮弹击打是一样的，两股力的大小是相等的。然而小说中的会员们以为最多不过是碰破头的危险，过于低估危险了。

可事实要厉害得多。随着炮膛内气压的增加，炮弹在里面的速度会不断加大，不到一秒，速度就会由 0 增加到 16 千米/秒。为了便于阐释，我们假设这种加速的过程是匀速的，要实现这种情形，就需要加速度达到 600 千米/秒^2（具体计算过程见 5.5 节内容），而地球表面的重力加速度是 10 米/秒^2，这是何其鲜明的对比！因此，坐在炮弹中的乘客会在发射前的百分之几秒里感受到超过炮弹本身几万倍的重力，这样的重力会让他们非常痛苦。正如巴尔比根的帽子在一瞬间增加了 15 吨，人戴在头上能不感觉到压力吗？

5.4　不可实现的旅行

根据力学原理，我们知道，只要把炮筒加长，就可以缓解上述压力。

通过计算可以得出，只有把炮身增长到 6 000 千米，即让大炮通过地心，贯通整个地球，才能保持旅客在炮弹内部的重力和地球上的相同，才不会让旅客感到不舒服。而之前的不适感完全是由于加速使得他们的体重感觉增加了一倍，身上的负担当然也会相应地增加。

虽然重力的增加会让旅客感到不适，但庆幸的是这还不至于让他们面临危险。正如我们乘坐雪橇，在下滑过程中，若改变方向体重会瞬间增加，只是在滑雪中体重增加得不多，我们才不会感到难受。如果人在短时间内重力增加 10 倍多，那不适感就明显多了，比如当炮身只有 600 千米时，人就会有这种感受。

然而，现实告诉我们这样的大炮是很难铸造出来的，小说中的星际旅行也就只能是幻想。

5.5　旅行中的数学

以上我们都是通过理论来谈旅行的可行性，现在我们就用数字来具体计算一下这种情况。此处有一点需要强调，实际情况中，炮弹在炮膛做的并非匀加速运动，为了计算方便，我们假设炮弹做的是匀加速运动。

由匀加速公式可知：

在 t 秒末，速度 v 为：

$$v = at(a\ \text{表示加速度})$$

经过 t 秒的运动，所走的距离 s 是：

$$s = \frac{1}{2}at^2$$

结合小说中的数据，没有装火药的炮膛部分长 210 米，也就是 s 的数据，大炮最后的速度 $v = 16\ 000$ 米/秒，代入公式，先求得炮弹在炮膛的运动时间 t：

$$v = at = 16\ 000$$

那么

$$210 = s = \frac{1}{2}at \cdot t = \frac{16\ 000}{2}t = 8\ 000t$$

$$t = \frac{210}{8\ 000} \approx \frac{1}{40}(\text{秒})$$

再将 t 代入公式 $v = at$ 中，得出

$$16\ 000 = \frac{1}{40}a$$

所以

$$a = 640\ 000\,(米/秒^2)$$

也就是说，炮弹在炮膛里运动的加速度是 640 000 米/秒²，这个加速度是重力加速度的 64 000 倍。

那么将炮身增加多长，就能使 a 达到 100 米/秒²，也就是重力加速度的 10 倍呢？

把上面的算法进行逆运算即可。已知 $a = 100$ 米/秒²，$v = 11\ 000$ 米/秒（在真空状态下，没有大气阻力的影响，可以达到这样的速度）。

由公式 $v = at$，得出：

$$11\ 000 = 100t$$

由此可以算出：$t = 110$ 秒。那么，炮膛的长度应为：

$$s = \frac{1}{2}at^2 = \frac{1}{2}at \cdot t = \frac{1}{2} \times 11\ 000 \times 110 = 605\ 000\,(米)$$

即约 600 千米。

因此由上述这些明确的数据，我们可以正式宣布儒勒·凡尔纳小说中的主人公们的设计只能成为幻想。

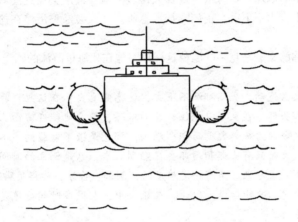

Chapter 6

液体和气体的特性

6.1　死海不死的秘密

众所周知，死海淹不死人。究其原因，是因为炎热天气使得死海里的水分被蒸发，盐分就滞留在海里，不断堆积，直至今日盐分已经高到阻止了一切生物存活的程度。现今死海的含盐量已经达到了 27% 以上[①]，含盐总质量为 400 万吨，严重超过常规海洋的含盐量，而且随着海水深度的增加，含盐量会更高。这样高浓度的盐分，使得死海里的水比普通海水质量要大得多。人在其中会比这些海水还要轻，因此会浮在海面上，永不下沉。正如阿基米德所言，人会像鸡蛋浮在盐水上一样浮在死海海面上的。

以幽默著称的文豪马克·吐温曾这样描写他在死海里游泳的感受：

无论我们怎么晃动，居然都沉不下去，这感觉真爽！在这里，我们可以随意摇摆自己的身体和头部，甚至可以抱住自己的双膝，惬意地躺在海面上，不过你也别太随便，不然就会因为头部太重而翻个跟头，那也是很不舒服的。不过你倒是可以在水里倒立，倒立时只有头部和颈部会接触到海水，只是倒立的时间不能很长。在死海里有几件事完成起来还是有一定难度的，例如：仰泳，你得用脚跟打水；俯泳，你甚至都无法前进，只能后退。因此，在死海中，人很多时候更像一匹马，侧身永远比直立更方便。

图 6-1 为我们描绘了一个惬意地躺在死海海面上的人，他可以轻松地在海面上打着遮阳伞看书。其实能像死海那样永不下沉的海还有卡拉博加兹戈尔湾，其含盐量达到了 27%，也远远超过了普通海洋 7% 的含盐量，因此在这里的海水[②]中活动和在死海的感受一样。

很多身体不适的人都曾尝试用盐水来洗澡，当水像旧鲁萨矿物水那样含盐量很大的时候，在水里洗澡的人是很难到达水底的，到达水底需要花相当大的力气。其实这是阿基米德定律的必然结果，可是很多人并不理解，曾有一位在旧鲁萨疗养的妇女向我抱怨说，疗养院的人管理不善，浴盆的设计都不合理，里面的水总是把她推出去。

船只在海洋中的吞吐量与海水的含盐量关系密切，也许你曾在船体上见过一种被称为"劳埃往标记"的符号，这个符号指代的是船只在不同水域中的最大吞吐量，自 1909 年后，这种标记就成了每艘船上必备的符号之一。图 6-2 表示的就是

---

① 这是作者别莱利曼写作本书时的死海含盐量数据。目前，死海含盐量为 25% ~ 30%。

② 卡拉博加兹戈尔湾里海水的密度为 1.18g/cm³，据科学推算显示，人们可以很轻松地在这样的水里活动。

图 6 -1　躺在死海上的人

一艘船的"劳埃往标记"：

在淡水里（Fresh Water）——*FW*；

在印度洋里，夏季（India Summer）——*IS*；

在咸水里，夏季（Summer）——*S*；

在咸水里，冬季（Winter）——*W*；

在北大西洋里，冬季（Winter North Atlantic）——*WNA*；

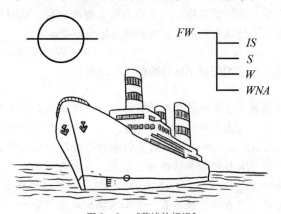

图 6 -2　"劳埃往标记"

最后还有一点需要向大家强调：还有一种不含任何杂质的纯净水被称为重水，这种水的密度是 $1.1\mathrm{g/cm^3}$，换言之，它的质量是普通水的 1.1 倍，所以在这种水中人也是不会下沉的。重水普遍存在于我们的普通水中，其化学分子式是 D_2O，每一桶 40L 普通水中约有 8 克重水。现在的科技使得我们可以很方便地提取重水，在这种纯净的重水中，最多只会含 0.05% 的普通水。

6.2　破冰船的工作原理

不知道你是否有过这样的经验：出浴盆前，在浴盆里放水躺着，随着盆中的水越来越少，你露在空气中的身体体积越来越大，你会感到自己的身体在不断增重，那时你一定以为，只要你站起来，彻底离开水面，你因水而减轻的质量会瞬间恢复过来。

其实这样的实验鲸鱼就经常做。当海水退潮时，鲸鱼被搁浅，它就会出现上面我们人类那样的感受，不过这时鲸鱼很可能会被自己的重量压死，这也解释了为什么鲸鱼喜欢生活在水里，因为水可以让鲸鱼免受重力的压迫而活得更长久一些。

上面我之所以提到那两个例子是为了说明这一节的主题——破冰船的工作原理。破冰船就是根据上述原理来工作的：船体露出水面的部分，不存在水的浮力，因此那部分的重量等于船体本身在陆地的重量。这里我们需要区别切冰船和破冰船，切冰船是通过船头的压力来切割冰层的，不过也只能切割一些很薄的冰层，而破冰船的工作方法可不是这样。

那些功率强大的破冰船在切割冰层时，由于船头吃水部分的设计是倾斜的，所以它只需要把船头整个推到冰面上，此时由于船头完全脱离水，所以它的重量与在陆地上时等同，这样大的重量就足以将冰层切碎了。如果在船头部分加上水，学名"液态压舱物"，那么这个重量就会更大了。

一般的破冰船就是通过这种方式将不足半米的冰层切碎的。若遇到更厚的冰层，破冰船就只能采取强行撞击的方法。破冰船会先后退，然后加速直接用船体去撞击冰层，通过船在后退再前进的过程中产生的力量来撞碎冰层，此时的破冰船更像是一枚运动中的炮弹，即使几米高的冰群也会很轻松地被撞碎。

1932 年曾有一艘名为"西伯利亚人"破冰船成功开辟出了极地航线，船上有一位叫马尔科夫的船员曾详细记载了这艘船的工作情况：

此时破冰船开始在几百座坚冰环绕的区域战斗，驾驶舱的各个指针上前一刻还在显示船在全速后退，马上又跳转为全速前进，这种情况已经持续了五十二个小时。"西伯利亚人号"为了打通极地航线，船员们每四小时换一班，总共换了十三班才终于完成。破冰船有时直接用船头猛烈撞击冰块，有时又让船头在前进和后退间反复碾压冰块，这样终于成功切碎了 0.75 米厚的冰块。而这样的撞击，每撞一下就让破冰船前进了三分之一个身位。最后有一个小常识向大家普及一下，历史上，全世界最大功率的破冰船产自苏联。

6.3　沉船沉到哪里

有不少人，甚至长年在海上的工作人员都这样以为，如果有船只在海上发生事故，那其最终命运一定是被海水推向海洋的低洼处，浮在水中，而不会沉入海底。因为深海处的海水受到上面水的压力，密度很大，完全可以使得事故船只不下沉。

甚至连作家儒勒·凡尔纳也这样认为。他在小说《海底两万里》里就对相关情况做了这样的描写，甚至还用了"年久破损的事故船只飘荡在水中"这样的语言加以概括。

那么事实果真如此吗？就表面看来，这种解释似乎是合理的，深海压力之大早已经众所周知了。如果把一个物体放在深达 10 米的海水中，那么这个物体每平方厘米将承受来自水的压力接近 1 千克；如果放在 20 米的海水中，那么压力就会增加到 2 千克，依此类推，100 米 10 千克，1 000 米 100 千克。

海水深度很大的海域很多，譬如马里亚纳海沟的水深就高达 11 千米，我们不难想象，如果物体落在这样的海水中，将要承受多大的压力。

我们不妨通过一个简单的试验来验证深海的压力之大。一个瓶口被塞得很严实的空瓶子若被放入深海中，过一会你再拿出来，你会发现这时的瓶子早已灌满了水，而瓶塞也已经被水压压进了瓶内。著名的海洋学家约翰·默里在他的代表作《海洋》一书中就曾写下这样一个他亲自完成的实验：取三根粗细不同的玻璃管，密封住玻璃管的两端，然后将三个玻璃管并在一起，在外面包上一块帆布，接着再在帆布外面包上一个铜制的圆筒，圆筒并不封死，筒身留有空隙，方便水在其间的流动。最后把包着圆筒的玻璃管整个放入深 5 千米的海水中，不久后将其取出，结果玻璃管早已经破碎不堪。

如果把玻璃管换成木头，将木头浸在海里一段时间后取出，再放入桶装水里，木头会很快沉入海底。因为在海洋中，木头早就被海水浸泡得很结实了。

木头的这个例子有没有让你有所触动？如果木头会被海水的压力压得密实，那么海水本身肯定也难逃这个命运，所以物体落在海水中会像铁秤锤落在水银中一样不会下沉。

事实上，以上说法都是错误的。水是不可能被压缩的，这是通过无数次实验得出的结论。实验显示，每平方厘米的水在 1 千克压力的作用下，也仅仅缩小两万两千分之一而已。因此如果我们想让铁在海水中不下沉，就需要把海水的密度增加 7 倍。可是水的密度与体积是成反比例关系的，水的密度增加一倍，相应地体积就会减少一半，也就是说，要在每平方厘米的水上增加 10 000 千克的压力，而这种压力只有在 100 千米以下的海洋中才能得到。

由上可知，深海里的水的密度不会因海洋的压力而增大很多，因为即使是最深处的水，密度也不过比之前增加了不到 5% 而已。

这并不会影响物体的悬浮情况，如果物体是固态的，那么影响就更小了。因此，如果有船只落入海中，那么一定难逃沉底的结果。约翰·默里在书中也写道："如果物体会在杯中的水里下沉，那么在海洋中也会同样如此。"

或许此时你会提出怀疑，因为如果我们把一只玻璃杯翻转过来置于水中，玻璃杯就不会下沉，而是浮在水面上。那是因为玻璃杯倒置就将一部分水排出了杯外，而排出杯外的这部分水的质量恰好与杯子本身的质量相等。如果把玻璃杯换成金属杯，由于金属的质量更大一些，因此它排出的水就会更多一些，相对地，杯子在水里的位置就会更向下一些，但都不会沉入水底。若是船只这样上下颠倒落入海里，那么它也会因阻塞空气而浮在水中间的。因此，如果你注意看，你会发现几乎悬浮在深海里的船只都是翻转的，这样的船只不能经受丝毫的触碰，不然一旦翻正了，就会很快沉入海底。不过庆幸的是，在海洋中的船只基本是安全的，它不会轻易受到碰撞。

上述理论其实都是根据常识来解释的，在物理学上，这些都是不成立的。如果要让翻转过来的杯子沉入海底，那是需要外力作用的。颠倒的船只同样如此，当它落入海中，如果没有外力的施加，就永不会下沉到海底的。

上面我们提到的海洋都是针对陆地而言的，你想象过有一天如果陆地消失了，世界会是什么样子的吗？英国物理学家泰特通过科学的计算发现，如果地球引力突然消失，水就会变得像空气一样轻，这时海平面会上升，"陆地会被海水彻底淹没，因为陆地的存在本身就是通过压缩海水而显现出来的"。

6.4　潜水球与深水球的出现

在儒勒·凡尔纳的小说《海底两万里》中有一艘很著名的潜水艇叫"鹦鹉螺号"，"鹦鹉螺号"的速度很快，可以达到50海里/小时（1海里约等于1.8千米），而现实生活中的潜水艇的时速大约为24海里/小时，也就是不到它的一半。在小说中，"鹦鹉螺号"潜水艇实现了环绕地球两周的行驶计划，现今的潜水艇最多不过环绕地球一周而已。虽然我上面说了"鹦鹉螺号"诸多的优点，可是你切不可以为现代的潜水艇就一无是处，事实上，当代的潜水艇在很多方面早已超过了"鹦鹉螺号"。譬如"鹦鹉螺号"排水量小，规模小，能在水底工作的时间也不足两天，而现实生活中，早在1929年的法国，一艘名为"休尔库夫号"的潜水艇，其排水量就已经接近"鹦鹉螺号"的三倍，约3 200吨，船员人数则是"鹦鹉螺号"的五倍多，在水下停留的时间更是高达五天。

"休尔库夫号"潜水艇在法国至马达加斯加岛的旅途中一路前行，不曾有丝毫停歇，船上的条件非常舒适，甚至还有完美的水上侦察设备，可以防止潜水艇在水下工作时漏水。此外，"休尔库夫号"潜水艇有"鹦鹉螺号"上所没有的潜望镜，可以在水底对水面上的情况进行观测。

但必须承认的是，在潜水深度这一方面，现代的潜水艇是远远无法和"鹦鹉螺号"相提并论的。儒勒·凡尔纳曾在小说中对"鹦鹉螺号"的潜水情况做过如下描述："潜水艇在尼摩船长的指挥下不断下潜，距离海面的深度从3千米、4千米、5千米……一直到10千米。"甚至有一次，"鹦鹉螺号"下潜到了水下16千米。对于那次的情况，小说主人公做了如下记述：

　　潜水艇下潜到 16 千米了，甲板上的拉索似乎在一阵阵地晃动，支撑艇身的钢板弯曲了，甚至窗户都在海水的压力下发生了变形。不过庆幸的是，我们的船还算坚固，不然它估计也难逃被压成碎片的命运。毕竟在 16 千米的水下，压力可达到 $16\,000 \div 10 = 1\,600$ 千克/厘米^2，即 1 600 个大气压。

　　如此大的压力完全可以将潜水艇的结构损毁。然而，现实生活中并没有这么深的海洋，"鹦鹉螺号"究竟有没有到达这么深的海里，当时的仪器又无法给出确切的答案。

　　小说所处的时代最主要的检测仪器是麻绳，麻绳有个很大的特点，就是当它入水时，会与水产生很大的摩擦，入水的深度越大，摩擦也就越大，当摩擦达到一定程度时，即使你往水中放麻绳，麻绳也不会下沉，而只是在水里盘旋成一个圈。因此，人们总会感觉麻绳往水中伸得很长，这水的深度很大。

　　根据"鹦鹉螺号"下沉 16 千米压力为 1 600 个大气压，我们可以推算出现代的潜水艇最多只能下沉 250 米，因为通常情况下它们能承受的压力小于 25 个大气压。但是有一种特殊的设备却可以潜入很深的海里，这种设备是专为研究深海里的动物而准备的，它被称为"潜水球"（图 6-3）。

　　不知大家是否读过威尔斯的小说《海洋深处》，这本小说里提到了一种装置叫深水球，这种深水球就与潜水球有异曲同工之妙。小说主人公乘坐这种深水球可以到达 9 千米深的海洋里。

　　这个深水球通过装卸重物来实现船体的下沉和漂浮，当它携带重物时就会沉入海底，之后将重物卸载，就能很快地浮上水面。不过潜水球与此有所不同，它是通过船身的系索下沉到深海里的，曾有科学家已经通过这种方法成功到达了深约 900 米的海洋中，而且当他们入水后仍能顺畅地与船上的人进行交流。

图 6-3　钢制潜水球

6.5　17 年后重见天日

　　船只沉没于海洋是一件极其平常的事情，战争时期更是司空见惯。战争时，当船只沉海后，每个国家都会派出人员积极进行救援。相关数据显示，苏联在战争期间共救出了 150 多艘有价值的船只。其中还有一艘在白令海沉没了 17 年的破冰船，这艘名为"萨特阔"的破冰船于 1916 年沉没，直至 17 年后才被人们找到，再次整修使用。

阿基米德定律不仅适用于飞行技术，同样适用于打捞技术。在打捞"萨特阔号"时，潜水员们在 25 米的海底挖坑，固定钢带一端，然后将另一端拴在船体两侧的空心铁筒上。如图 6 - 4 所示，这种空心铁筒完全封闭，重达 50 吨，体积约有 250 立方米，排水量为 250 吨，因此它能承载 200 吨左右的重物，这种空心铁筒学名为"浮筒"。打捞工作者将钢带拴在浮筒上，然后像图 6 - 4 那样向浮筒中输入压缩空气，将浮筒中的水压出，使浮筒的重量减轻，让它在周围水的作用下向水面漂浮，以此来将沉船拉上水面，这全部的工作都完成于 25 米的水下。

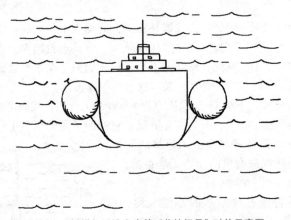

图6 - 4　打捞起沉没海底的"萨特阔号"时的示意图

尽管打捞前工作人员已经做好了各种准备工作，然而当实际打捞时，还是困难重重。工程师博布里茨基是这次打捞工作的负责人之一，他曾就这次打捞过程如是说道：

在打捞成功前，我们等待了很久。第一次，我们看见从水里升上来了东西，满心欢喜地以为是沉船，结果不过是一些散碎的浮筒和输气管而已；后两次，潜水员好不容易将沉船拉到了水面上，结果我们船上的人还没有把钢带拉住，船又沉下去了。

6.6　"永动机"的永不转动

物体在水中悬浮的原理适用于很多领域，如图 6 - 5、图 6 - 6 中，我们经常见到的"永动机"就是根据这一原理设计而成的。还有一个特点鲜明的塔也是如此，这座塔高达 20 米，设计师在塔内灌满水，塔顶和塔底底部各自装有一个缠着缆绳的滑轮，缆绳的缠绕使得塔整体看来像是一条环形带，缆绳上被拴有 14 个体积为 1 立方米的空方匣，这种正方体空方匣周身被铁皮包裹，密不透水。

图6-5 设想中的水力"永动机"

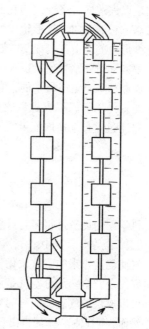

图6-6 水塔的纵剖面图

设计师设计这样的塔的原因是什么，方匣的工作原理又是什么呢？阿基米德原理告诉我们，方匣会因为它们排开水的力而被推向水面，这种力是水重与方匣数的乘积，图中共有 6 个方匣，也就是说这种力约有 6 吨。至于方匣的自重早在塔内外的升降过程中相互抵消了。

因此，缆绳会承受 6 吨左右的力，这股力方向垂直向上，会促使缆绳围绕滑轮转动起来，而且每转动一圈就会产生 1 200 000 焦耳的功。由此我们可以设想，如果整个国家到处都建这样的塔，我们不仅能获得取之不尽的功，还能获得用之不竭的电能。

可实际上，缆绳的转动绝不会如此简单。缆绳的转动是需要方匣从塔下进，塔上出的，可是方匣在从塔下进时就会遇到很大的阻碍。方匣入塔时，会受到两个力的作用，一个是重达 20 吨方向向下的压力，一个是重 6 吨方向向上的拉力，两个力的合力是无论如何不会把方匣拉进塔里的。

图 6-7 显示的是一款简单的"永动机"，这种"永动机"永动的就是底部的鼓形轮。根据阿基米德原理，只要我们将这个木制鼓形轮放入水中，水强大的浮力就会让鼓形轮永远运动下去。不过我劝你们千万别真去做这样的永动机，因为

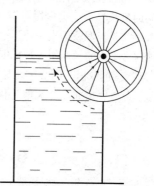

图6-7 另一种水力"永动机"

它注定以失败而告终。因为在我们刚刚提到的作用力中，我们只关注了它的大小，却忽略了它的方向，鼓形轮在水中受到的作用力方向是与轴心成一条直线的，也就是与鼓形轮的运动方向成 90°夹角，因此轮子根本不会转动，这是任何一个有常识的人都能知道的结果，所以我们无须花力量制造这种永远不会动的"永动机"。阿基米德原理本身是很科学的，它对于"永动机"的发明既是促进也是阻碍，可是这并不妨碍科学家们不懈地以它为原理，希望终有一日能成功地制造出一种"永动机"是通过重量来换取能量的。

6.7　科学术语的推广

科学家们创造过很多与自然科学有关的词语，例如"气体""大气""温度表""电流计"，等等。其中"气体"一词是由荷兰化学家赫尔蒙特受到希腊语"混沌"的启发而创造出来的，这位化学家同时还是位医生，与伽利略同时期。赫尔蒙特通过研究发现，有一部分空气是可以自燃和助燃的，而另一部分却不可以，于是他把这种可以燃烧的气态物质称为气体。

然而，"气体"一词自出现伊始，就被人们长久忽略，直到 1789 年孟格菲兄弟热气球上天事件才使这个词瞬间被人们广泛使用。不过就在同一年，著名化学家拉瓦锡在热气球事件前，率先使用了这个词。

同样是气态物质，赫尔蒙特将其取名为"气体"，而俄国自然科学家罗蒙诺索夫则在他的著述中将其命名为"弹性液质"。罗蒙诺索夫对科学名词的推广起到了重要的作用，他曾将"大气""气压计""空气泵""胶黏性""结晶""物质""压力计""光学""光酯""电酯"等科学术语引入俄语，并慢慢推广，直至今天成为全球最规范的科学术语表达方式。

对于科学术语的推广，罗蒙诺索夫自言："我是一个科学家，我有义务为仪器和物质命名，只是刚开始大家可能觉得这些名字很奇怪，但随着使用人群的增加和时间的延长，人们会慢慢习惯并接受的。"

事实是，罗蒙诺索夫的愿望真的实现了。不过在科学术语的推广上，也不是人人都能这么幸运的，例如《现代俄罗斯语详解词典》的编纂者B. 达里，就一直希望能将"大气"一词取消，用"宇气"或"地气"代替之，但遗憾的是，至今这都只是一个希望。此外，诸如以"天地"代指"纬线"等的希望最终也没能实现。

6.8　茶炊倒水现象

现在假设你的面前有一个茶炊，有 30 杯水的容量，我们先往一个茶杯里注水，大约半分钟能注满一杯，那么请问如果我要把这个茶炊里的水全部倒出，需要多长时间呢?

我想这个问题只要会简单计算的人都能很快给出答案, 没错, 就是 15 分钟。可是事实上, 如果你真的去做这个实验, 你会发现情况完全不同。倒空这个茶炊所用的时间并非 15 分钟, 而是半小时。

这又是怎么回事? 有这么复杂吗? 这个时间差究竟是如何造成的?

原来我们之前都默认茶炊里的水是匀速流出的, 可是实际情况并非如此, 茶炊中的水在减少一杯的量后, 炊具中的水平面下移, 相对的水压也会减小。这时倒出第 2 杯的量自然所耗的时间就比第 1 杯多, 也就是要超过半分钟。依此类推, 以后每一杯都比前一杯所耗的时间要长。任何液体只要它被盛在无盖的容器里, 当需要向外流动时, 它流出的速度一定与外面液柱的高度呈 $v = \sqrt{2gh}$ 的关系。这个关系还是伽利略的天才学生托里拆利计算出来的。

这里 v 为液体流出的速度; g 为重力加速度, h 为液体流出口与液面间的高度。由此我们发现, 其实液体的流出速度与密度无关, 因此密度不同的任何两种液体, 只要它们在相同的液面高度上, 它们所具有的速度就会完全相同, 如图 6-8 所示的酒精和水银就是如此。但是, 如果重力不同, 所耗的时间也就会不同, 因此如果把上述倒水的实验放在月球上, 那么它所需要的时间将会是地球上时间的 2.5 倍。

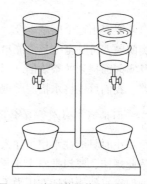

图 6-8 相同体积的水银和酒精, 哪一种流出的速度更快

如果我们细化上述实验, 当从茶炊里倾倒出 20 杯水时, 从龙头的孔算起, 茶炊里的水位只剩下原来的 $\frac{1}{4}$, 此时若再倾倒第 21 杯, 那么装满第 21 杯需要花第一杯 2 倍的时间。而若再倒水, 茶炊里的水位变成原来的 $\frac{1}{9}$, 那么装满一杯将需要花第一杯 3 倍的时间。茶炊中剩下的水越少, 倾倒的速度就会越慢。用数学公式表现即为: 当液体向外流出时, 流出的越多, 液面越矮, 那么下面倾倒得就会越慢, 因此同样量的液体, 如果是按这样液面渐次降低的方式流出所耗的时间, 将会是在液面不变时流出所耗时间的 2 倍。

6.9 一个被低估的高等数学问题

由上述茶炊倒水的问题, 我们可以联想到一个大家如雷贯耳的水槽问题。这个问题一定曾经困扰了很多人。简单举个例子:

一个水槽里有两根水管, 第一根水管把水槽注满水需要 5 小时, 第二根水管将水槽里的水排空需要 10 小时，如果此时将两根水管同时打开，那么注满这个水池需要多长时间？

这个问题其实最初并不是以这个形式出现的，最初它是由古希腊亚历山大城的希罗提出的，当时他是这样说的：

假设在一个水池里安装有四个喷泉，这四个喷泉分别向水池里注水，

第一个喷泉只需要 24 小时就可以注满。

第二个喷泉需要第一个的两倍，48 小时。

第三个时间更久，需要 72 小时。

而第四个喷泉流速最慢，共需耗费 4 天的时间。

如果我把这四个喷泉同时打开，注满这个水池共需要多少时间？

自希罗提出这个问题至今，已经过去了两千多年，一代又一代的人反复地研究着这类问题，可是至今都没能给出一个正确答案。

其实前面提到的茶炊倒水问题和这里的水槽问题是相通的。根据茶炊问题的解题思路，我们可以将水槽问题理解成这样：第一个小时里，第一根水管能往水槽里注水 $\frac{1}{5}$，但是第二根水管又会把其中 $\frac{1}{10}$ 的水排出，因此当两根水管同时投入使用时，每一小时只能往水槽中注入 10% 的水。

依此规律，要想把整个水槽注满，需要 10 个小时。不过情况并不是这么简单的，即使水真的能保证在压力不变时匀速流出，可是随着水量的增加，水位就会上升，此时水就无法再匀速流动了，故而针对第二根水管它是无法保证每小时恰好放出水槽中 10% 的水的，因此我们才说两千多年来并没有人真正解决过这个问题，它绝不是初等数学所能解答的。

6.10 马略特容器

根据前几节的学习，也许你会认为世界上不存在可以让液体能在水面降低时仍能保持匀速流动的容器，可事实上，这样的容器我们是可以制造出来的。

图 6-9 就是为了达到上述目的而制作的容器的示意图。这是一个颈部很窄，塞子上还插有玻璃管的瓶子。该瓶身上有一个龙头 C 位于玻璃管下端，有一个龙头 B 与瓶塞位置相当。若是打开龙头 C，水就会从里面匀速流出，直到水位达到 B 的位置。而若是将玻璃管往下插，一直插到 C 位置，那么整个瓶子里的水都会以很慢的速度均匀地流出。

这种现象发生的原因是什么呢？我们来慢慢分析一下这全部的过程。当我们打开 C 龙头时，玻璃管里的水会慢慢流进容器里，这时玻璃管中水位下降，直至到达

管的底部。同时容器中的水也开始往外流，空气
通过玻璃管流进容器里，在容器的水面上形成大
大小小的气泡。此时 B 位置受到的压力等同于大
气压，相互抵消后，那么 C 所承受的压力就等于
BC 那层水的压力，水的高度几乎不发生变化，所
以这种容器中的水能匀速流出。那么我要问：如
果我打开 B 位置的龙头，水的流动又该是怎样呢？

　　答案是水根本不往外流，因为容器内的压力
和大气压相等，两种压力互相抵消掉了。

　　如果在玻璃管身的位置有一个龙头 A，那么若
打开这个龙头，水不但不往外流，空气还会直接
从这里流进容器里。正如图 6 - 9 所示的马略特容
器，该容器是以物理学家马略特命名的。综上我
们就可以明白，之所以 C 口会匀速流水，是因为

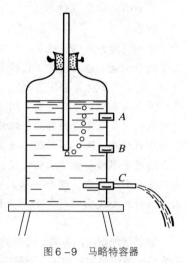

图 6 - 9　马略特容器

容器内的压力小于容器外的压力，所以在压力的合力作用下，水就会从容器里均匀
地流出。

6.11　空气的作用

　　17 世纪中叶曾有一场极其精彩的表演吸引了下至百姓上至皇室所有成员的目光，
这场表演没有一个人参与，全是由马来完成的。表演场上有 16 匹马，被分成了两组，
场中间有一个铜制的金属球，这个金属球是由两个半球组合而成的，两组马分别向不
同的方向去拉半球，想要把半球分开，可是不论马怎样用力，半球就是牢牢地粘在一
起。这究竟是什么作用的结果？市长奥托·冯·盖里克轻描淡写地说：“这就是空气的
力量。”

　　这场表演发生在 1654 年 5 月 8 日，曾轰动了全球，这位淡定的市长更是让大家
在战争的阴霾下关注到了科学。盖里克市长，也是当时著名的物理学家，将这种半
球称为“马德堡半球”，并在自己的书里记下了这个有名的“马德堡半球”实验。
他的这本书信息量很大，记录了很多他亲自做的或者经历的实验，1672 年在阿姆斯
特丹出版，和当时很多书一样有着十分复杂的名字：

奥托·冯·盖里克
在真空状态下进行的所谓新的马德堡实验
维尔茨堡大学教授卡斯帕尔·萧特为最初的描述者
此版本内容最为详尽
并附有各种新实验

上文中的"马德堡半球"实验就被刊印在该书的第23章：

这个实验为我们显现了空气的巨大压力，为了再次证实这种力量，我特意去定制了两个铜制半球。当时工艺技术不高，我原计划想要的半球直径是四分之三马德堡肘（1马德堡肘为550毫米），可实际拿到手的只有它的67%而已。不过幸运的是，至少两个铜制半球完全等同。我在一个半球外做了一个阀门，这个阀门是用来将球内的空气压出，同时防止球外空气漏入的。同时，每个半球上被安有两个拉环，这两个拉环都是固定不动的，将绳子穿过拉环再连到马身上。此外我还请人缝制了一个浸泡了石蜡和松节油的皮圈，用来拴住两个半球，以防空气进入。当阀门将球内空气全部抽走后，两个半球就真的紧紧地粘在了一起，短时间内是很难分开的，而分开时就会发出"砰"的一声巨响。

如果没能把阀门关紧，或是故意让其打开，以方便球内空气的进入，那么分开两个半球就变得极其简单了。当球内处于真空状态时，为何分开这样两个半球如此困难呢？空气的压力约为 1 千克/厘米^2，半球的直径是 0.67 马德堡肘（即 0.67×55 = 36.85 厘米），因此半球黏合处的圆的面积是 1 060 平方厘米。换言之，每个半球承受的压力将超过 1 吨，即每组的 8 匹马都要付出 1 吨的力才能让半球移动。虽然 1 吨的重量对于 8 匹马来说不大，但由于摩擦力的存在，马实际需要付出的力量就大得多了，其力量大约等同于拉一个净重 20 吨的货车，也就像一个静止状态的火车头。

在现实中，一匹马正常能拉动的力量是 80 千克，1 000÷80≈13，即只有当每组有 13 匹马时，才能够将半球拉开。我们人体中就有一些关节，如髋部关节就符合这种情况，空气的强大压力使得我们的关节不易脱落，非常结实（图 6 –10）。

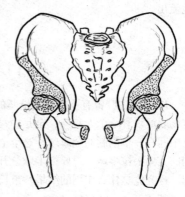

图6 –10　与马德堡半球一样，由于大气的压力，我们人体上的髋部关节上的骨骼才不会脱开

6.12　简易的新式喷泉

喷泉我相信很多人都见过，大部分人见到的喷泉应该是古代希腊力学家亚历山大城的希罗设计的，这也是现代最普遍的喷泉，这种喷泉被称为希罗喷泉。如图6 –11 所示，希罗喷泉上面是一个开放的容器 a，下面是两个封闭的像球一样的容器 b 和 c，三个容器间用三根导管串联起来。喷泉是在容器 a 和 b 球都装有水，而 c 球装满空气时开始工作的，其工作原理是：导管引导水从 a 流向 c，将 c 中间的空气排

出，使其进入 b 里。随后空气的挤压使得 b 中的水通过导管向上涌动，于是喷泉就在 a 上形成了。而当 b 中的水流到 c 后，喷泉又结束了涌动。

以上就是希罗喷泉最初的工作原理。后来由意大利的一位中学老师所改进，该老师由于设备所限，一直在苦苦寻找能简化的方法，功夫不负有心人，最终他成功了，设计出了一款能用简单设备完成的新式喷泉，如图 6 – 12 所示。原来喷泉底部的球状容器现在只需两个药瓶，导管则由橡皮管替代，然后将两根橡皮管的上端放入容器中即可。只要将喷泉的喷口接在橡皮管的下端，当 b 中的水经过 d 全部流进 c 时，将 b 和 c 调换一下位置，喷泉就会重新喷发。

此外，这种喷泉还便于研究容器与喷水的关系，只需改变容器的位置，即可测出容器水面的高度对于喷泉喷水的影响。

如图 6 – 13 所示，如果把水换成水银，空气换成水，液体从 c 流进 b 处，将 b 处的水推上去就

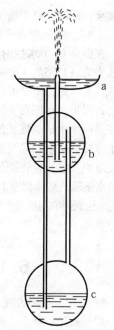

图 6 – 11 老式希罗喷泉

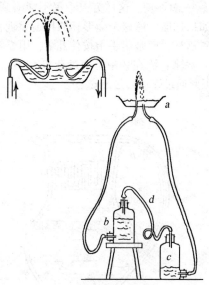

图 6 – 12 新式希罗喷泉

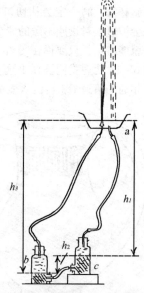

图6 – 13 水银压力下形成的喷泉，喷射高度能够达到两个容器水银面高度差的10倍

形成了喷泉，此时喷泉中喷出的液体高度将会增加很多倍。水银重量是水的13.5倍，图中的 h_1、h_2、h_3 分别表示各液面之间的高度差。此装置中水银承受来自左右两方面的力，左面是 h_3 个水柱的压力，右面是（$h_1 + 13.5h_2$）个水柱的压力，因此水银承受的压力为（$13.5h_2 + h_1 - h_3$）个水柱压力。

而 $h_3 - h_1 = h_2$，所以可用 $-h_2$ 代替 $h_1 - h_3$，于是得出：$13.5h_2 - h_2 = 12.5h_2$。

由公式得出，水银对 b 瓶内的重力压是 $12.5h_2$ 个水柱压力，换言之，喷泉喷射的高度将是两个水银高度差的12.5倍。不过这是在不计摩擦的情况下得到的结果，如果加上摩擦，这个结果就要再减小一些。

即使减小一些，这个数值本身仍然很大。如果我们希望喷射高度达到10米，只需要让两个水银瓶的高度相差1米就可以实现。而且，反复实验，你会发现，喷泉喷射的高度与水银瓶间的高度差有密切的关系，却与容器 a 和水银瓶之间的高度差毫无关系。

6.13　壶形杯中的机关

17—18世纪，很多贵族喜欢在家里准备一个壶状的酒杯，如图 6-14 所示，这个酒杯一般带握把，杯身上还被刻有各种纹理，然后用它装酒拿给穷人喝。这些贵族看似很大方，其实他们是在借用科学来戏弄这些身份低贱的穷人们。那么他们究竟是如何利用科学的呢？

其实那些刻在杯身的花纹就是潜在的切口，当穷人用这样的杯子喝酒时，他们只要一倾斜杯沿，酒一定会从切口处流出，一滴不剩。这样穷人不仅不能喝到酒，说不定还会被冠上对贵族不敬的罪名。但如果你能了解这个壶形杯的构造原理，其实很容易就能避免，只要你在喝酒时不倾斜酒杯，而是用手指按住孔 B，用壶嘴喝即可。图 6-15 就为我们解释了这一机关：原来，酒在杯中是通过孔 D 到握把 BD 与杯口间相通的暗道 C，再流入壶嘴的，因此通过壶嘴喝是最安全的。

图 6-14　18世纪末的壶形杯

图 6-15　壶形杯的内部构造

现在，这种巧妙的机关设置被应用在很多国家的陶瓷设计中。前不久，我就曾在一个朋友的家里见到了这样的杯子。

6.14　倒扣杯中水的重量

你能想象当一个杯子被倒扣在桌上，杯里的水会发生什么情况吗？会有重量吗？

或许你会说："杯子倒扣，杯里的水一定全部流出，杯里没有水了，当然杯中水也就不存在重量啊。"

那如果我再问你："假如把杯子倒扣，里面的水没有流空，那它的重量会是多少呢？"

现实生活中，想让倒扣杯中的水不流掉的方法是存在的，图 6 - 16 所示就是其中一种方法。只要我们拿一个天平，天平一端放上一个空的高脚杯，另一端放上一个盛满水的高脚杯，并将它倒置过来。由于杯口所在的位置是一个有水的容器，因此杯里的水不会流掉，这时你能想象到天平哪一端会下沉，哪一端会上升吗？

毋庸置疑，答案是倒置的高脚杯那一端更重一些。因为杯口承受的是全部气压的重力，而杯底承受的力是大气压与杯中水的重力的差，因此只有当空高脚杯中也注满水时，天平才会平衡。这也从侧面告诉我们，杯子倒扣情况下水的重量就等于杯口向上时整杯水的重量。

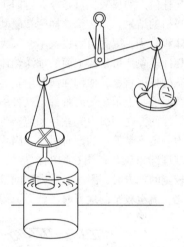

图 6 - 16　假如把杯子倒扣，里面的水没有流空，那它的重量会是多少呢

6.15　轮船间的引力作用

1912 年秋，当时世界上最大的轮船之一——"奥林匹克号"远洋轮正在海上航行，当它刚开出 100 米时，就遇上了一艘"豪克号"铁甲巡洋舰，巡洋舰体积比远洋轮小得多，两艘船本是各行其道（图 6 - 17），可是突然巡洋舰偏离了自己的航线，向远洋轮冲来，顷刻间，两船猛烈地撞到了一起，巡洋舰卡进了远洋轮的腹部，一个巨大的空洞就在瞬间形成了。

最终，经审理，海关法庭认定，本次事故的原因是远洋轮的船长没能采取有效措施避开巡洋舰的突发情况，因此远洋轮船长承担全部责任。当时这样的判决没有

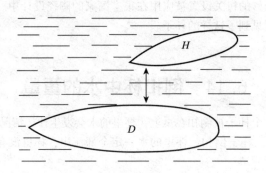

图6-17　相撞之前"奥林匹克号"与"豪克号"的相对位置

引起任何人的反驳，可是今天再回头想想，这完全是一场科学的必然，是两只船相互吸引的结果。其实像这样两艘船共同行驶的现象在过去是很平常的，只是当时的船体体积较小，因此引力也就不会很大，两船间的引力不大，就不会因相互吸引而造成相撞现象。可是像上面的远洋轮体积巨大，引力自然也就加大了很多倍。据海军舰队的指挥官称，他们在演习中就会很注意这方面，以免因为引力造成船只间的灾难，而事实上很多场海难都是这种引力导致的。

　　然而，这种引力究竟是如何产生的呢？通过前面的学习我们已经了解到，这种引力一定不是简单的万有引力，因为万有引力是非常小的。这种引力可以用"伯努利定理"来解释（图6-18）。假设有一条宽窄不均的管道，液体在管道中流动，流至较宽的地方时，因为管道内空间较大，液体在流动过程中对管壁的压力就会较大，反之，流至较窄的地方时，就会流得更快一些，对管壁的压力也更小。

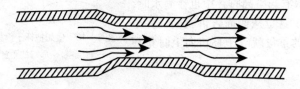

图6-18　水在管道狭窄的地方流速快，对管壁的压力也小

　　空气的流动也同样如此，最早解释这种现象的是两位物理学家克莱芒和德常梅，因此这种理论被称为"克莱芒-德常梅效应"或"气体静力学中的奇怪现象"。这种现象是受一位法国矿工的启发而被发现的，当时这位矿工奉命去关矿井中送风口的挡板，这里是空气的流入口，这位矿工关了很久，都被强大的空气所阻，此时只听"砰"的一声，挡板自己关上了，而且关闭的力度很大，以至于挡板和这名矿工差点一起被风力卷进了送风通道中。

　　其实我们日常所用的喷雾器就是利用这种原理制成的。如图6-19所示，当我们将空气压进一端纤细的横管道 a 时，空气压力减小，直管 b 上部就产生了较小的空气压力，于是空气就会将液体压向直管部位，而当液体到达直管口时，与气流相遇，就会在管口处变成雾状。通过对喷雾器的解释，我想对于上面两船的相撞我们就不难理解了。

当两艘船并列行驶时，它们的舷之间就形成一道水沟。由于远洋轮和巡洋舰的速度很大，对这条水沟而言，沟壁是运动的，而水变成相对静止了。因此当两艘船到水沟狭窄的位置时，海水对它们内壁的压力会比对它们外部的压力要小，因此在两种不同压力的作用下，体积小的船只发生的位移会远远大于体积大的船只的位移。同时两船会做相向运动，当大小船只相接近时就会产生巨大的引力，这种引力是水流作用的结果（图 6 – 20）。这也是为什么人不能在流速很急的水中游泳的原因。即使水流速度只有 1 米/秒，作用到人的身上，也会让人感到有 30 千克那么大的引力，此时人是很难保持平衡的。伯努利定理告诉我们，火车在急速行驶的过程中也会产生如此大的引力。今天，很多人对于伯努利定理知之甚少，下面我就引用一些相关论述来帮助大家理解。

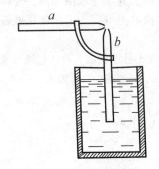

图 6 – 19　喷雾器原理图

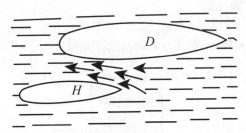

图 6 – 20　水流在两艘正在行驶的航船间
的流动情况

6.16　伯努利定理

1726 年，丹尼尔·伯努利第一次提出：在水流和气流中，速度与压力成反比例关系，速度大，压力就小，这就是伯努利定理。不过这个定理并不是处处通用的。图 6 – 21 就是对此的具体分析。

如图 6 – 21 所示，如果向导管 AB 中送气，当气体到达小的切面（如 a 处）时，压力小，速度大，c 管的液面高度上升；反之，当气体到达大的切面上（如 b 处）时，压力大，速度小，D 管的液面高度下降。

如图 6 – 22 所示，有一根导管 T，它被安放在铜制圆盘 DD 上，当空气从管 T 底部流出后，将沿圆盘 dd 的外围流动，圆盘 dd 与管 T 不相连，但空气的流动使得两个圆盘间形成一股速度极大的气流，随着这股气流离圆盘越来越近，速度逐渐减缓。而圆盘周围空气压力大，气流流动慢，圆盘间压力小，流动反而快。因此，压力大的圆盘周围的空气对于圆盘的靠近起到了更大的作用，使圆盘 dd 和圆盘 DD 在这种引力的作用下相互靠近。

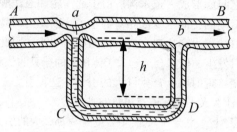
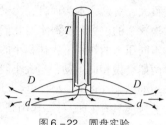

图6-21 伯努利定理，a处比b处受到
空气的压力小

图6-22 圆盘实验

图6-23将图6-22中的空气换成了水，但两个实验的原理完全一致。图6-23中圆盘DD的边缘向上凸起，水在流动时会自动由低水位上升至与水槽等高，使得圆盘下的水比上面的水压力更大，圆盘就会上升。其中轴P是专门为圆盘侧移准备的装置。

如图6-24所示，这是一个轻巧的小球，它在气流中处于悬浮状态。若让它离开气流，周围空气的压力又会将它很快推回到气流中，因为周围空气速度小，压力大。

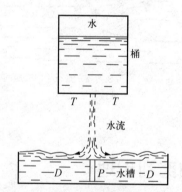
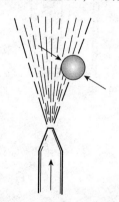

图6-23 水桶里的水流到圆盘DD里时，
轴P上的圆盘就会相应升高

图6-24 小球被气流支撑起来

图6-25是两条并排的船，两船可以是并排行驶在平静的水中，也可以是并排停在流动的水中。两船靠得很近，两船内侧的水流压力小，速度大，因此两船外侧的水流压力就会将其推得更近，相互的引力也就会随之更大。如果像图6-26那样，两船一个在前，一个在后，那么将两船推进的两个力F就会促使船的方向发生偏转，船B朝向A的力量变

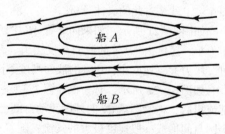

图6-25 平行行驶的两艘船会相互吸引

大，两艘船的驾驶员就会很难控制船。如果真出现这种情况，那么两船发生碰撞的概率就会大大增加。

图 6 - 27 是对图 6 - 26 的再次验证，当向两个吊起的小球中间吹气时，它们会互相靠近甚至发生碰撞。

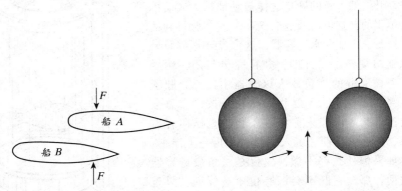

图 6 - 26　船 B 会因为吸引力撞向船 A　　图 6 - 27　向两个橡皮球中间吹气，两个小球就会靠近甚至相撞

6.17　鱼鳔与鱼沉浮的关系

鱼鳔有什么功用，很少有人能给予确切的回答，大部分人会认为，鱼鳔是为了让鱼通过收缩鳔来达到在水里升降的目的。

当鱼鳔鼓起时，鱼的体积增大，庞大的身躯使它可以排开更多的水，以此实现从水底升到水面的目的。反之，收缩鱼鳔，体积减小，排开的水少了，鱼也就自然下沉了。

这种目前最被人熟知的理论，早在 17 世纪已被佛罗伦萨科学院的科学家们认识到，但是直到 1685 年才由博雷里教授正式确立。不过这个流传了 200 年的定理最终被科学家莫罗·沙尔波奈尔推翻了。

实验证明，鱼鳔与鱼的升降的确有关系，若鱼鳔被切除，鱼就只能靠鳍来实现沉浮，可是坚持的时间很短，一旦鱼鳍不动，鱼会马上沉入水底。既然鱼鳔真的能帮助鱼在水中沉浮，那么莫罗·沙尔波奈尔为什么又推翻了前人的理论呢？原来鱼鳔虽然与鱼升降有关，但是作用很小，它只是通过排开与自己等重的水量，来让鱼在一定深度的水里停上一段时间。当鱼通过鳍的摆动下沉到深水区时，将会受到来自水的巨大压力，然后体积会缩小，排开的水也会相对减少，鱼就更向下沉。而随着下沉的位置越往下，压力就越大，体积就会越小，如此，鱼就直线往水下沉去。

反之，若是想让鱼浮起来，不过就是将上面的过程倒过来实现一次，即让鳔膨胀，增大鱼的体积，增大排水量，使鱼上升，然后越上升，体积越大，以至一直朝水面浮起。鱼鳔由于无法自由控制自己的体积，因此无法通过控制鱼鳔的大小来实现鱼的沉浮。

鱼无法用"压缩鱼鳔"的方法来控制沉浮，因为鱼鳔壁上并没有能自主改变自己体积的肌肉纤维。图6-28更是通过实验证明了鱼鳔的体积是被动升缩的。鱼的确是这样被动地扩大或缩小本身体积的，这可以通过图6-28的实验得到证实。准备一个盛满水的容器，这个容器是按照天然水池的规格来设计的，并且完全封闭，然后将一条被麻醉的鲤鱼放入该容器中，鱼会肚子朝上浮在水面上，不管你怎么往下按，它总会很快浮上来。而如果你将这条鱼一直压向容器底部，那么它就彻底沉入底部，不再往上浮了。但是如果你什么都不做，仅仅是将鱼放进容器中的话，那么它既不会沉底也不会浮起，只是在水中保持平衡。这就是证明鱼鳔被动升缩最有力的例子。

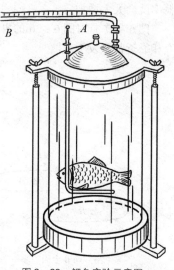

图6-28 鲤鱼实验示意图

因此我们证明了鱼鳔的体积是在外力作用下被动改变的，而这种改变对鱼本身而言，破坏了它在水中静止状态的平衡，加速了它的沉浮，以至于对鱼而言是有害而非有益的。

这就是鱼鳔对于鱼的升降起到的真正作用，至于它在其他方面的功用，还有待慢慢研究。

在现实中，上述鱼沉浮的现象也很常见，我相信很多人曾听过渔夫描述这样的画面："若鱼逃脱，它们会直接往水面游去，而不会朝深海逃去，同时鱼鳔会鼓得很大，甚至有时会鼓到嘴外去。"

6.18 涡流现象和特点

物理知识广博复杂，我们在中学所学到的只是一些简单的物理原理，而这些原理很多时候甚至无法解释我们日常生活中最常见的一些现象。譬如海洋掀巨浪、旗帜在风中飘舞、烟囱冒烟，等等，这些现象都不是简单的初中物理知识就能解决的，要了解这些，就必须懂得涡流现象及其原理。

图6-29所示的是物理实验上常见的"层流"现象。这是指一根管子里一种液体的所有微粒都在其间做平行运动，那么这种液体整体做的就是平静流动，又称层流。虽然这种现象在物理实验上很常见，但它并不是液体自身常见的状态。液体在管中流动时，更多的是做涡流运动，也叫湍流运动，如图6-30所示，就是液体在管中从管壁流向中部，我们日常生活中的自来水管中的水做的就是这种运动。而涡

流的产生是在液体的流速达到一定临界数值时出现的。

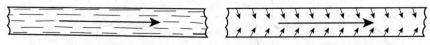

图6–29　在管里平静流动的液体　　　图6–30　水管里的湍流

如果我们在液体中掺入一些粉末，就能很清楚地看到这种涡流现象，我们今天的制冷技术很多就是运用这种原理来实现的。当管子的壁部被冷却后，涡流作用会让液体迅速向管壁方向靠近，以达到制冷的目的，而若没有涡流现象，这种制冷的速度就会慢得多。毕竟液体本身几乎是没有传热性能的，在没有外力的影响下，要使它变热或变冷都是一件很困难的事情。血液同样如此，是涡流使得血液能与身体其他组织进行能量交换，才使我们的血液不至冰冷。

涡流同样适用于露天沟渠和河床中水的流动。当用仪器去测量江河底部水的流动速度时，由于水流动的方向是在不断改变的，因此仪器在测量时一定会出现震动现象。在河床中流动的水，中间部位的水会沿着河床向前，两侧的水会由河壁流向中间，因此不论哪里的水都是在不断翻卷的，所以很多人认为河底的水温度更高或更低都是不对的，事实上它与河面的水温一样。

图6–31表现的是河底的沙波现象。这种现象在沙滩上很常见，是涡流在河底附近形成的细沙。这种沙波会受到河底水的平缓程度的影响，如果河底水平缓，那么沙面也会平缓。如图6–32所示，就是涡流现象最简单的证明方式，我们只需要将一根普通的绳子放入流动的水中，系住绳子的一端，那么另一端一定会形成蛇状，这就是涡流现象的证明。这也解释了为什么在风中旗帜会飘飞（图6–33）。

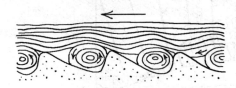 

图6–31　涡流作用下形成的沙波　　　图6–32　涡流作用下的绳子做波浪状运动

刚刚我们一直在说液体的涡流，现在我们来说说气体的涡流。例如风卷起尘埃、稻草这种现象，就是空气涡流存在的证据。波浪也是空气在水面运动时，由于中心部位压力小，致使水面隆起形成的。图6–34反映的是沙漠里和沙丘上形成的沙波，这都是涡流的表现形式。而我们常见的烟囱冒出团状的烟雾，也是涡流运动的结果，并且在惯性作用下，这种团状烟雾会延续一段时间（图6–35）。

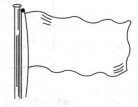

图6–33　旗帜在风中飘扬起来

图6-34 沙漠里形成的沙波

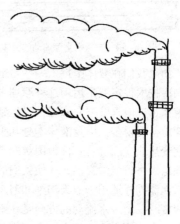

图6-35 烟刚从烟囱里冒出来
时在空气里呈团状

涡流同样存在于飞行中。图6-36表现的就是空气涡流对飞行的作用。飞机的机翼形状不规则，机翼下方大多是凸起的，这凸起的部分恰好既填补了附近空气的稀薄，又加强了机翼上方的涡流现象，这样机翼就可以得到来自下面的支撑力和来自上面的吸引力。我们生活中经常遇到的屋顶被风掀起、风把玻璃窗从内向外吹破等现象同样要拜涡流所赐，完全可以用空气在流动中压力减小来解释。

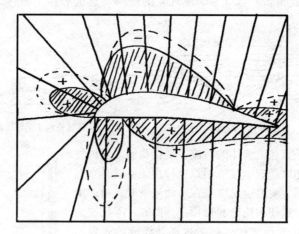

图6-36 支撑机翼的力量

（＋）指的是翼面高压区，（－）指的是翼面低压区。在气压差的支撑力和吸引力
的合力下，机翼便有了上升的力（实线指的是压力的分布情况；
虚线指的是飞机加速时的压力分布情况。）

涡流现象在我们生活中随处可见，天上的云彩之所以千姿百态也是涡流的作用。

因为当温度和湿度都不同的气团相遇时，各自都会形成涡流，云彩正是两个不同温度和湿度气团的生成物。

6.19　地心游记

　　就目前而言，现实生活中还没有一个人曾到达过地心，甚至地球表面以下几千米都无人涉足，但是小说中的主人公可以。儒勒·凡尔纳就将他的主人公送进了地心，他们分别是《地心游记》中的怪教授黎登布洛克和他的侄子阿克赛。他们在地心中经历了各种险境，其中之一就是空气密度的变化。空气密度与高度呈反比例关系，当高度越高时，空气密度就会越小，人就会越发感觉空气稀薄。反之，当人们到达海底底部时，你就会感到空气的压力太大，甚至有负重感。小说中的主人公是位教授，对此现象他一定了然于胸。他们曾在到达地下 48 千米时发生过这样一次对话：

　　怪教授说："现在的气压是多少？"
　　"太高了，感觉好难受啊。"
　　"那当然，越往下空气越稠密，我们现在减慢下降速度，应该会感觉稍微好一些的。"
　　"我的耳朵好疼啊。"
　　"这很正常！"
　　"好吧，不过这里也挺好的，回声好大，声音好响亮啊。"
　　"这是一定的，即使是聋子在这里估计都能听见声音。"
　　"可是如果空气密度再增加，就要接近水的密度了。"
　　"是啊，当达到 770 个大气压时，空气就会和水一样密实。"
　　"那如果再往下去呢？"
　　"密度更大。"
　　"那么我们究竟该如何降下去呢？"
　　"只要增加我们的重量，我们就会下降的，比如在我们身上装上重物，往口袋里装石头就是一个可行的方法。"
　　"叔叔，你太聪明了！"我不想多惹叔叔生气，以防发生什么意外，何况在现在的危情下，争论也是无济于事的。

6.20　幻想与数学

　　以上就是儒勒·凡尔纳想向我们揭示的地心情况，他通过两位主人公的对话让我们清楚感受到地心的特点，不过事实果真如此吗？其实只需一张纸、一支笔，我们就可以简单而准确地推翻以上理论。

由上节内容我们知道，气压与深度呈正比例关系，深度越深，气压越大，那么如果我们想使气压增大千分之一，我们该下降到什么位置呢？物理常识告诉我们，正常的气压等于760毫米汞柱的重量，因此，若我们是在水银中下降，那么就只需要下降 $760 \div 1\,000 = 0.76$ 毫米即可，而如果是在正常的空气中，这个数值就要大得多了，通过计算，我们可以得出，这个数值应该是水银下降数值的10 500倍，即8米。因此，不论我们在地球的什么位置，只要我们每下降8米，气压就增大千分之一。下面我们为了计算方便，将气压与深度的数值关系列出来，具体如下（在地表，正常气压为760毫米汞柱）：

深度/米	压力（为正常气压的倍数）
地表	1
地面下8	1.001
地下面 2×8	$(1.001)^2$
地下面 3×8	$(1.001)^3$
地下面 4×8	$(1.001)^4$

根据波义耳－马略特定律，我们得出当深度达到 $n \times 8$ 米时，气压将是正常压力的 $(1.001)^n$ 倍，同时如果压力不是很大时，空气的密度将与气压同倍数增长。

而小说《地心游记》中明确指出，两位主人公到达的深度是48千米，通过计算，我们能够很容易地得知48千米处的气压是正常气压的400倍，这里我们将重力和空气重量视为是恒定的。

上述计算中，要用到对数，这是法国著名的天文学家拉普拉斯通过无数次实验得出的理论。可能在学习中很多人会觉得对数很枯燥，不过《宇宙体系论》中拉普拉斯本人的一段话也许会改变你的这种观点，他说："对数的发明节约了我们大量的计算时间，使我们免于脑细胞的大量死亡，让天文工作者能活得更久一些。这项发明是天文事业的重大突破，更是人类的进步。人能在不借助任何外力的情况下发明出对数，这真的是一项伟大的发明啊。人的智慧果然是无穷的！"

因此当主人公到达48千米时，他说自己只有耳朵痛这是很值得揣摩的，因为在那种深度下空气的密度已经增加了315倍，这是个相当惊人的数字。甚至主人公还说人能到深度达120千米、325千米的地方，这更是无稽之谈，人所能承受的气压不超过3~4个大气压，可是在120千米和325千米深的地方，空气的压力早已达到了一个让人无法企及的高度。根据上面的公式计算，我们得出当深度达到53千米时，人已经达到极限了。但实际上，这个数据也不是很准确，毕竟高压情况下气压与密度间并不是完全的正比例关系，具体情况如下：

压力（单位：大气压）	200	400	600	1 500	1 800	2 100
密度（相对单位）	190	315	387	513	540	564

　　综上我们可以得出，空气密度增加的值是比不上压力增加的数值的，由此我们可以推翻小说中提到的在一定深度空气密度比水还大的说法。因为想让空气和水的密度相等，要达到 3 000 个大气压才行，而当达到这个数值时，空气也已经不能再压缩了。若想让空气再压缩为固态，就得同时对它进行冷却了。

　　不过这里我们有一点需要注意，虽然儒勒·凡尔纳的小说中有很多与科学违背之处，可是在小说出版之际，科学并没有发展到今天的程度，书中的错误还未得到证实。因此我们不能苛责这部小说，甚至该小说从一定程度上增强了人们对于科学的兴趣，从而促进了科学的不断发展。

　　同样是上面的公式，也可以帮助我们计算出矿工工作的安全深度，因为人所能承受的气压不超过 3 个大气压，那么根据对数公式，我们可以得出矿工的安全极限是 8.9 千米。

　　因此当人们处于 9 千米左右的深度时，还是安全的，换言之，如果有一天太平洋干涸，人们就可以自由地在曾经的海底里生活了。

6.21　矿井下的情形

　　虽然说在这个世界上，没有人曾到过地心，可是有一种人是人类中离地心最近的。他们就是矿井工作者。南非有一个全球最深的矿井，那里的工作人员就能到达 3 千米深的地方。巴西也有一个这样深的矿井，深度约为 2 300 米，法国作家迪坦曾到过那里，并用自己的笔写下了参观后的感受：

　　距离里约热内卢 400 千米的地方，有一个世界闻名的矿场，叫莫罗·维尔赫金矿。该矿场归属于一家英国公司，它被深埋在一个丛林环绕的山谷中。

　　矿井是随着矿脉的方向向内倾斜的，竖井和巷道交叉其间，人们为了开采黄金，不顾距离和危险毅然前行，终于开挖出了这样一个如此深度的矿井，这也算得上是一项伟大的突破了。

　　如果你在其间行走，一定要装备齐全且小心翼翼，帆布工作服和短皮工衣一个都不能少，以防井中任何一个石子的侵袭，这都将使无辜的人受灾。我们当时是在一个工长的陪同下进入巷道的，开始很明亮，越往里越黑暗，温度也越来越低。当我们乘坐金属吊笼到达第三个竖井时，我们已经到达海平面以下了，此时我们感到一股热浪，并看见了很多矿井工人赤裸着上身在里面辛苦地工作。他们为了帮助那些资本家淘到黄金，不仅要付出辛勤的劳动，甚至有时要付出生命的代价。

　　文章中，迪坦提到了矿井中恶劣的工作条件和炎热的温度，却恰恰忽略了空气的高压。通过计算，我们可以得出矿工所在处的空气密度增加了 1.33 倍。

　　由于矿井中的温度很高，空气增加的密度就会比 1.33 倍稍小一些，因此矿工在里面不会感到气压有太大的变化，而只是与盛夏和严冬的差异相当。但是井下的湿度很大，当温度升高时，人仍然会感到非常难受。南非的约翰内斯堡矿深达 2 553 米，只要矿内的温度达到 50 ℃，湿度就会达到 100%，为了让矿工能更好地工作，矿井里安装了相当于 2 000 吨冰块的"人造气温"装置。

6.22　平流层旅行

上面我们用气压与深度的公式在地下游览了一遭，现在让我们用同样的公式再到天上看看吧，不过这个公式在天上时，就要做一些小小的调整了：

$$p = 0.999^{\frac{h}{8}}$$

其中，p 表示空气的压力，h 表示所在的高度，计算单位是米。这里我们用 0.999 代替 1.001，因为每升高 8 米，气压就相应地降低 0.001。现在我们来看看当高度到达多高时，气压会减小一半，即 $p = 0.5$。代入公式得出：

$$0.5 = 0.999^{\frac{h}{8}}$$

由对数公式得 $h = 5.6$ 千米。也就是说，当我们到达 5.6 千米时，气压就会减少到原来的 $\frac{1}{2}$。现在让我们来平流层上旅游看看吧，我们分别乘坐"苏联号"和"航空家协会—1 号"平流层气球来到 19 千米和 22 千米的高空。这两个平流层气球都是苏联制造的，它们分别在 1933 年和 1934 年创造了世界升高记录。

现在我们上到 19 千米，气压为：

$$0.999^{\frac{19\,000}{8}} \approx 0.093（大气压）\approx 71（毫米汞柱）$$

"航空家协会—1"号将我们带上 22 千米的高度，气压应为

$$0.999^{\frac{22\,000}{8}} \approx 0.064（大气压）\approx 49（毫米汞柱）$$

此时如果你细心，可能会发现气球驾驶员记录的气压数值和我们不同，它们记录的数值是：19 千米高度是 50 毫米汞柱，22 千米高度是 45 毫米汞柱。

两个数值为什么会不同呢？究竟是谁错了呢？

结果当然是我们的计算错了。我们忽略了空气的温度，我们将全部空气层中的温度视为恒定的，可事实上温度与高度是呈反比的，当高度每增加 1 千米，温度就会下降 6.5 ℃，只有当高度达到 11 千米后，温度才会在很长时间内保持 −56 ℃。因此当把温度考虑在内后，我们才能计算出相对符合现实的数值，当然这样的数值和我们之前算出的地下深处的气压值一样，都只能是无限接近现实，而永远不可能得出准确结果。因此我们之前算出的地下深处的气压，也不是准确的结果。

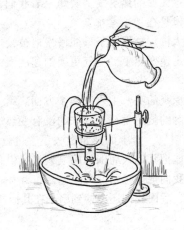

Chapter 7

热 现 象

7.1 扇子为什么使我们凉快

夏天，我们扇扇子的时候阵阵凉风袭来，会觉得非常凉爽，同屋的其他人也会得到丝丝凉意，扇扇子为什么会有这种效果呢？

首先来看看为什么我们会觉得热。夏天温度高，贴附在身上的空气变热之后就好像一层罩子穿在身上，这无形的热空气"炙烤"着我们，还阻碍了身上的热量散发，于是我们觉得很热，像是在"蒸桑拿"。

我们周围的空气流动太慢，这层罩子只能慢慢地被较重的没有变热的空气顶到上边去，可是新的空气又迅速变热了，空气更换的速度慢，就犹如永远穿着热空气的罩子，快让人窒息。

那么扇子是怎么带来凉爽的呢？主要有两个方面。第一，我们用扇子扇走了贴在身上的热空气，身上接触的就总是补充过来的没有变热的空气，我们能不停地把身上的热量传导给不热的空气，身上的热量散失了，也就自然觉得凉爽了。第二，扇扇子能加速空气流动，能把其他人周围的凉气调过来供自己降温，那么整个房间的空气温度就能一致了，我们也能感到凉爽。

简单讲了扇子的作用，后面我们还会谈到扇子在其他情况下的作用。

7.2 为什么冬天刮风的天气会更冷

圣彼得堡和莫斯科都是寒冷的城市，但人们常说无法忍受圣彼得堡的寒冷，这是为什么呢？东西伯利亚的寒冷闻名遐迩，但并不像想象的那样难以忍受，这又是为什么呢？原来列宁格勒的平均风速比莫斯科快 1.5 米/秒；而东西伯利亚的四季，特别是冬季几乎是不刮风的。如此说来，我们之所以感到冷，不单单是由于温度，还应考虑风的因素。

大家都感受过寒风刺骨的感觉，可人在没风的天气里仿佛就不会觉得那么冷。事实上，温度计上显示的刻度不会因为有风而有任何的变化，风不会改变温度，那么改变的是什么呢？答案是空气的流动速度。

空气流动加快，单位时间内皮肤接触的空气也越来越多，那么，单位时间内身体散失的热量也随之变多，这与扇扇子的原理是一样的，散失的热量多了，我们就感到冷了。另外，即使是冬季，皮肤也无时无刻不在蒸发水分，蒸发需要热量，这个热量从哪里来呢？就是我们周身的空气。如果空气流动得慢，贴近皮肤的空气中的水蒸气很快就会饱和，若是空气中的水蒸气饱和，蒸发便无法进行，可是刮风使空气流动得很快，我们周身的空气总是在不断更换，这样一来，不仅随时带走我们散发出来的热量，并且使之无法饱和、蒸发变快，还要从我们身上获取热量，人就觉得更冷了。

由以上两个方面我们可以知道，风的冷却作用不可小觑，是什么决定了其作用大小呢？我们来举例说明。假设空气的温度是 4 ℃，无风的时候，我们皮肤的温度是 31 ℃。如果这时刮起还不足以吹动树叶的风速为 2 米/秒的风，我们皮肤的温度却可以下降 7 ℃，如果风速是能使旗子飘扬的 6 米/秒，皮肤的温度就会下降22 ℃，即降到 9 ℃。由此可见，风的冷却作用大小取决于风的速度和空气的温度。

7.3　为什么沙漠刮热风

我们经常从电视上看到沙漠居民夏天穿长袍、戴皮帽，他们为何如此全副武装呢？我们上节说到，冬天刮风会让人觉得寒冷，那么夏天刮风是不是就应该让人觉得凉快呢？沙漠里夏天经常刮风，为什么沙漠居民还要裹起来呢？

热带地区，空气的温度常常高于我们的体温。我们都知道热传递，在热带气候中，已经不是我们把热量传给空气，而是空气把热量传给人体。这个时候空气流动越快，单位时间皮肤接触的空气越多，就会吸收越多的热量，也就更热。虽然蒸发作用在风中会更强，但仍不及热风传给人体的热量多。

这就是沙漠的风是热风的原因。

7.4　女士戴面纱能保暖吗

我们经常看到一些女士在秋冬戴着面纱，这薄薄的东西真的能保暖？想必很多人会提出这样的质疑，认为也许是心理作用吧。

有一位女士总是喜欢戴面纱，她说虽然面纱很薄，而且上面还有不少的孔洞，但是确实可以保暖，戴上它就不会冻脸。

其实回想一下我们前两节讨论的问题，面纱是否保暖的问题就迎刃而解了。我们知道，由于身体的温度高于空气的温度，贴附脸上的空气会变暖，相当于人脸的"面罩"。我们在此基础上再罩一层纱，等于人脸的第二层罩子，又怎么会没有效果呢？热空气的"面罩"由于有了面纱的保护就更不容易被吹散了。即使面纱上有孔洞，风也不是那么轻易就可以穿过去的。

所以，在天气不是非常寒冷的时候，用面纱保暖吧。

7.5　可以冷却水的水罐

"琼可里卡拉察"和"戈乌拉"这两个名字我们可能不太熟悉，这分别是西班牙人和埃及人对一种神奇杯子的称呼。它是南方各民族的日常用品，我们来看看它究竟神奇在哪儿呢？

这种杯子是用未经焙烧的黏土制成的，其神奇之处在于能使灌入的水比周围物体更凉，它的冷却原理其实非常简单。

由于黏土未经焙烧，杯子里的水会有一小部分渗透出来，渗透出来的水就会慢慢蒸发，蒸发吸热，容器及其里面的水的一部分热量被消耗，水就会变凉。

我们看到的一些游记里会把这种杯子描述得极其神奇，实际上它的冷却是有条件的。影响冷却作用的主要有两点：空气温度和湿度。当温度很高的时候，渗出去的水蒸发得就快，消耗的热量多，水也就更凉。而湿度高的时候则相反，空气湿度高蒸发不容易进行，冷却得就慢，水的温度也降低得有限。刮风和高温有异曲同工之妙，也会加速蒸发，促进冷却。

这种水罐的冷却不仅有条件，而且冷却作用也是有限的。举例来说：假如冷却罐的容量为5升，在炎热的夏季，空气温度为33 ℃，被蒸发掉的水分是0.1升，我们知道蒸发掉1升水大约需要580大卡的热量，那么现在被蒸发掉的水消耗了58大卡的热量。如果这些热量全是由罐子里的水提供，水温大约可降低12 ℃。但事实上，消耗的热量大多来自水罐壁和周围的空气，蒸发过程中又会有新的水贴附在水罐的壁上，又会因获取外界的热量而升温。如此算来，罐中的水只能降温大约6 ℃。

试想一下，33 ℃的气温减去6 ℃，罐子中的水是27 ℃，这样的水喝起来也不会太凉爽。所以在西班牙等地，这种神奇罐子主要还是用来保存冷水。

7.6　无须用冰的冷藏柜

通常我们都用冰来冷藏食品，其实有一种冷藏柜是靠蒸发制冷的，它的构造很简单，我们不妨试试。

用白铁皮，或者就用木头制作一个柜子，里面要有放食品的架子。柜子上面放一个盛冷水的容器，挂一块粗布在柜子后面，粗布一头浸湿在柜顶装冷水的容器里，另一头放在柜子下面另一个容器里。粗布上端被冷水浸湿后，水分就会迅速浸满布面，然后慢慢蒸发，蒸发吸热，柜子就有了冷藏的效果。

每晚更换冷水和保持容器、粗布的清洁是必要条件，把这种"冰柜"放在凉快的地方，没有冰的冰柜就可以启动了。

7.7　我们能忍受多高温度的高温

炎热的夏天总让我们觉得痛苦难耐，其实人忍受酷热的能力是极强的，加利福尼亚的"死亡之谷"的温度是 57 ℃，这是目前①地球上自然界的最高温度。显然我们不会生活在死亡之谷，可是每天还有很多人即使耐着高温仍正常地生活着。

红海的温度可达到 50 ℃ 以上，夏天的澳大利亚中部温度也常常达到 46 ℃，那么人体能忍受高温的极限到底是多少呢？

英国物理学家布拉格顿和钦特里曾做过这样的实验，他们将自己置身于已烤热的面包炉中长达数小时，以测定人能忍受的最高温度。实验表明，在干燥的空气中，人竟然能忍受逐渐增高至沸点的温度（100 ℃），有时甚至超过沸点。

人怎么能强大到接受 100 ℃ 的炙烤呢？我们不由产生疑问，其实人体能忍受 100 ℃ 的高温是需要条件的。首先，人体不能直接接触能源，这样人便可以通过大量排汗来抵御高温，排出来的汗会蒸发，蒸发吸热，紧贴皮肤的空气的热量被大量消耗，这层空气的温度降低后，人就能忍受了。除了不直接接触能源，人周围的空气还必须是干燥的。湿度大的空气中水分不容易蒸发，就像 24 ℃ 的列宁格勒（圣彼得堡）热得让你无法接受，就是因为湿度太高。

还有一个需要注意的问题，我们所说的温度均是在背阴处测定的。如果在阳光下测温度，温度计的水银柱会因为阳光的炙烤而迅速上升，这不是周围空气本来的温度，这样的测量是不准确的。而在背阴处没有了阳光这一干扰因素，测出的读数才有意义。

7.8　温度计也可做气压计

我们都见过温度计和气压计，虽然分别用来测量温度和气压，但它们都是通过里面液体的升降来观察结果的，那二者的原理有没有相同之处呢？可不可以合二为一呢？

古希腊的希罗就发明了一种既可以测温度也可以测气压的测温器（图 7 - 1）。空气温度高时，靠阳光把温度计内的球体晒热后，球体上部的空气膨胀给里面的液体压力，液体被压到球外，从曲管的末端滴入漏斗，再从漏斗流进下面的水槽中。温度降低时，球中的压力变小，水槽中的水在空气压力下爬上连接水槽和球体的另一根直管，继而排到球中。那么如何用它来测气压呢？基本原理相同，像是测温度的逆过程。当外界气压升高，水槽中的水随着直管被压进球中；当外界气压降低，球中原气压的空气会膨胀，将水沿曲管压入漏斗。

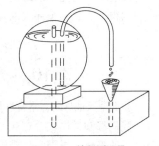

图 7 - 1　希罗测温器

---

① 作者别莱利曼写作本书的时间。

用这个测温器测出的数据显示，温度上升或下降 1 ℃，同气压计水银柱升降为 $\frac{760}{273}$，发生变化的空气体积等同于气压改变约 2.5 毫米汞柱。在气压升降幅度可高达 20 毫米汞柱以上的莫斯科，如果用希罗测温器来测气压，还有可能会误以为是温度升高了 8 ℃。

不光古代，我国现今市场上也有一种水力气压计，同样可以算作是个温度计，这也许是发明者和顾客都没有想到的吧。

如果用这种气压计来测浴盆中的水，不仅可以知道一会儿会不会有大雷雨，还可以知道水温是否适宜。

7.9　油灯为什么要罩玻璃罩

达·芬奇的手稿中有这样一句话："火的周围会形成气流，这种气流对火有助燃和促燃作用。"这是为什么呢？

火周围的空气温度高，热空气较冷空气轻，那些较重的冷空气会把热空气排挤出去，于是热空气向上走，便形成了气流。

应用这种气流助燃的例子有很多，比如灯罩和烟囱。灯被罩上罩子后，罩内的空气温度上升得更快，进而加快了气流流动，不断带走燃烧的生成物，带来新鲜的空气。灯罩越高会使冷热空气的重量差越大，燃烧进行得越快。随处可见的高入云霄的烟囱也是同样的道理。

在长达数千年时间里，人们使用的油灯是无罩的，是达·芬奇对油灯的改进做出了重大贡献，他为油灯加了金属筒做罩子，加快了油灯的燃烧。后又经过三千年，金属筒被透明的玻璃罩取代，也就形成了现在的样子。

玻璃罩不仅能使油灯通风更好，起到助燃和促燃的作用，还能避免灯被风吹灭。一举两得，真是一个伟大的发明。

7.10　为什么火焰不会自己熄灭

我们熄灭油灯时，常常从灯罩上面向罩里吹气，这样灯就熄灭了。这是什么原理呢？

我们都知道燃烧会产生二氧化碳和水蒸气，这两种物质既不可燃，也不助燃。由于火的炙烤，周围空气升温，热空气膨胀变轻会往上走，二氧化碳和水蒸气也被新鲜空气赶到了火焰上方。我们从灯罩上面吹气，把这些不助燃的物质吹到火焰上，灯就熄灭了。

如果我们不去吹灯，在燃料供应充足的情况下，灯是不会自行熄灭的，这是同样的道理。不可燃的气体不会滞留在火焰周围，会因变热膨胀而上升，油灯也就不会自行熄灭了。

7.11　儒勒·凡尔纳的小说遗漏的情节

《环绕月球》是由天才作家儒勒·凡尔纳所著，这本著作写了米歇尔·阿尔丹等三位勇士乘炮弹游行月球的故事。天才作家的描写非常有意思，可却遗漏了一点，没有描写在失重的厨房中应如何做饭。

书中的米歇尔·阿尔丹是一位厨师，儒勒·凡尔纳可能觉得无须为吃饭此等小事浪费笔墨。但事实上，在失重的厨房如何做炊事工作，如何把漂浮的食物烹调出美味，绝对是吸引人眼球的好材料，这是《环绕月球》中最大的疏漏。

7.12　在失重的厨房里做饭

我们上节说到凡尔纳所著《环绕月球》中有一个很大的疏漏——没有写出在失重条件下是如何烹饪的，下面我来为他补充个故事。

"朋友们，虽然我们坐上了失重的炮弹，但不能把食欲都丢了啊，我来给你们做顿大餐，你们从没吃过的，没有重量的!"米歇尔·阿尔丹对伙伴们说。

他先拿出一个大瓶子准备往锅里倒水，拔掉塞子后，水瓶好像空了一样，他知道水在里面，自言自语道："快进去吧，我知道你肚子里有水。"

阿尔丹使劲地往锅里倒水，可是水怎么也流不出来。尼柯尔见他这样费劲，便过来帮忙，他把瓶子倒过来，用手掌拍了一下瓶底，阿尔丹也用双手抖动瓶子。奇怪的现象出现了，瓶口爆起了一个拳头大的水泡。

"这是怎么回事? 你们快帮帮我，这饭做不成了。"阿尔丹大惊，另一个朋友赶忙过来观察后告诉他："亲爱的，在没有重力的地方，像这样的奇怪现象会经常出现，液体只有在有重力的情况下才能形成一定的形状来适应盛它的容器，也只有在有重力的时候水才会成股。我们这里没有重力，水就会像著名的普拉图实验中的油一样由于分子力而形成球体的形状。这个大水泡只是个水滴。"

"原来是这样啊!"阿尔丹恍然大悟，"我不管它，什么分子力原子力，我都得做饭啊!"阿尔丹有点愤懑地开始抖动瓶子向锅里倒水，锅在空中飘着，倒不进水不说，那些大水泡还在锅面滚动了起来，滚着滚着滚到锅的外壁去了，一瓶水把整个锅包裹起来了，还裹得严严实实。

旁边的尼柯尔一直在关注着阿尔丹做饭，他见阿尔丹已经恼羞成怒了，连忙安慰他："你不要着急，这是个很正常的现象，咱们在地球时也会有这种液体润湿固体的现象，不过因为这里没有重力，这种润湿现象太充分了。既然这种现象阻碍了煮饭，那咱们就想个办法来对付它!"

"什么办法？"阿尔丹着急了，"你快说啊！"这时巴尔比根先生不紧不慢地告诉他："平时咱们润湿物体，也常常用油啊，水油不相溶，你往锅上涂点油，水就不会润湿它了，就能到锅里去了。"

"这回我终于可以好好做饭啦！"阿尔丹非常高兴地照做了，果然锅里能存住水了。有了水，阿尔丹打开煤气，"这煤气可真暗淡！"他抱怨道。果然，没有半分钟，煤气就莫名其妙地熄灭了。

"我想，这里的煤气公司应该已经倒闭了。"尼柯尔笑笑说，"我们知道燃烧会产生水蒸气和二氧化碳，这些不可燃的气体自身温度比空气高，温度高就会膨胀变轻，所以不会滞留在火焰旁边，会被新鲜空气顶上去，火焰才得以继续燃烧。可是咱们这里没有重力，那些不可燃的气体不会上升，它们只能停留在火焰周围，火焰就熄灭了，这就好像灭火的原理一样，这里还不需要消防队呢！"

"灭火，灭火，我是要做饭，你告诉我灭火的原理也没用啊，快说说怎么样火才能不灭吧。"阿尔丹叫道。

"我来帮你。"巴尔比根说，"尼柯尔，咱们用人工助燃法，来，咱们准备向火焰吹气。阿尔丹，你把火再点着。"

阿尔丹又点着了火，尼柯尔和巴尔比根轮流地对着火上方吹气，让废气能往上走，可以有新鲜空气补充过来。就这样，一个小时过去了，锅中的水还是没有开。"阿尔丹，你不要着急，我们地球上的水开得快是因为它们有重力，可以产生对流，下层的水加热后会变轻，它就跑到上面来了，上面的水被挤到下面，也很快就热了。如果我们从上面烧水呢，那水无法对流，即使上层的水达到了沸点，下层的水还是冰凉的，如果有冰块就会很难融化，因为水的导热性很小。我们这个地方没有重力，各层的水无法对流，所以水就热得慢，我们多搅拌一下，就热得快了。"巴尔比根说，"还有，我们的水不能烧到100℃，因为水到了沸点会产生很多水蒸气，失重的情况下水蒸气与水的比重都是零，它们会混合到一起的，到时候成了泡沫就不能用了，所以接近100℃的时候就应该及时熄灭。"

阿尔丹照巴尔比根说的做了，水慢慢煮沸了，"这下终于可以做成饭啦！"阿尔丹想，他解开装豌豆的袋子，轻轻一掰，豌豆飞了！它们不停地在舱内撞壁，乱飞，更惨的是，尼柯尔不小心吸进一颗，差点被憋死。阿尔丹吓坏了，巴尔比根忙拿出用来采集"月球蝴蝶标本"的网兜，他们三个人开始捕捉这些飞豆，以防危险再次发生。

本来厨艺很高的阿尔丹在这样的条件下也无能为力了，接下来的烤牛排也很费力，阿尔丹必须把肉时刻叉牢，不然牛排就会被顶出锅外，因为牛排下面会形成油蒸汽，所以没有烤熟的肉随时都会被顶飞的！

几经周折，早饭终于在中午时分做得差不多了，可是怎么吃呢？朋友们都悬浮在空中，为了不相撞还要改变各种姿势，沙发、椅子这些东西在没有重力的地方形同虚设，怕也是不能在桌边用餐了。

好不容易吃了烤牛排，接下来的肉汤该怎么吃呢？阿尔丹用力敲打翻转的锅底，想把肉汤"打"出来，殊不知打出来的是个大水球。毫无疑问，这就是肉汤的变体了。对着一个大水球该怎么喝呢？阿尔丹先是用汤匙，可肉汤沾满了整个汤匙，液体又发挥它的润湿作用了。这次阿尔丹懂得用油来涂勺子了，可是肉汤在汤匙里变成了小球，而且无论如何也送不到嘴里。

还是尼柯尔最聪明，他想到用蜡纸卷纸筒去吸，因为蜡纸是油性的，和水不相溶。由于气态物质有无限的扩散性，空气没有重量可是会有压力，所以可以吸到肉汤。

这顿没有重量的饭终于结束了。

7.13　水能灭火的奥秘

发生火灾时，消防人员会用大量的水来灭火，我们在生活中也会自然地想到水能灭火，这里面到底有什么奥秘呢？

首先，我们要知道一个知识，一定量的冷水加热到100 ℃所需的热量仅为等量的沸水转化为水蒸气所需热量的20%。我们把水浇到炽热的物体上后，水会吸收大量的热量然后转化为水蒸气。

我们知道气体的密度小，所以生成的蒸汽的体积是原来水的体积的几百倍，大量的蒸汽把燃烧着的物体包裹起来，燃烧需要空气，而被包裹的物体接触不到空气，也就无法继续燃烧了。

有时候会有人向用来灭火的水里添加火药，这看似不可思议，其实跟用水灭火道理相同。火药迅速燃烧会生成很多不可燃气体，用这些气体来包裹燃烧的物体，更加大了灭火的力度。

7.14　神奇的以火制火

从这一节的开始，我们先来看看大草原起了大火时一位老人灭火救人的精彩故事，来自库柏的小说《大草原》。

风卷着火迅猛地吹来，大火距离他们只有四分之一英里了，年轻人都急了，他们望着老人盼着他拿主意。

"是行动的时候了。"老人不紧不慢地说，"小伙子们，快动手割掉这一片草，咱们得清出这块地面！姑娘们，快把易燃的衣物用被子盖好，然后到远离火场的那一头去。"

很快，直径大约20英尺的干草被割掉了，地面被清理出来了，老人在一切都安置好后带领小伙子们也到了空地远离火场的一头。老人把游客都聚集了起来，然后"轰"的一声在枪架上点燃了一把干透的草，紧接着扔进了灌木丛中（图7-2）。

老人走到空地内，看点燃的火吞噬了灌木丛后又冲向了草地。他胸有成竹地对游客们说："现在咱们可以看两拨火打仗了。"

看这情形，米德里大惊失色，他不禁大叫了起来："这不是引火烧身吗？这太冒险了！"

老人笑而不语，只见火越来越大地向三个方向烧了过去，游客这边的地没有草所以成了一片空白，火势越来越大，燃烧留下的空地也越来越大。慢慢地，虽然大火还在席卷着草地，但已经离他们越来越远了。

游客们都惊呆了，幸好有这位老者，不然他们今天非常有可能会葬身火海。

图 7 −2　用火来熄灭火

用火来灭火如奇迹般发生了，另一股火给大火来了个釜底抽薪，两股火彼此被吞没了。那么以火制火需要哪些条件呢？

最需要把控好的是时间和方向。我们发现老者在灭火的时候是不慌不忙的，其实是在等待一个时机，老者其实在观察大火上的气流。虽然风吹的方向是从燃烧着的草地到旅客的方向，而在贴近火的地方则不然，我们前几节提到过热空气会膨胀变轻，火场上空的空气变轻后会在其他空气的压力下上升，因此逼近火场的地方会有涌向火场的气流。当刚开始觉察出这种气流的时候，就是点火的最佳时机。

有了时机，放火还要选对方向。老者是迎着大火点的火，为什么他不选择朝相反方向烧去呢？我们知道，风是由大火的方向吹来的，如果顺着草地放火，那等于引火烧身，因为还要考虑火场周围气流的问题。

可见，以火制火法虽然原理简单，但非常不好把控，它需要丰富的经验和良好的心理素质。

7.15　水沸腾还有另一个条件

我们都认为水加热到 100 ℃水就会沸腾，其实不然。水沸腾还需要另外一个条件，它是什么呢？让我们做个小实验探究一下。

煮一锅水，拿一根铁丝一头拴住锅的手柄，一头系一个小玻璃瓶，小瓶里灌上水，放在锅中，但不能沉底。一直加热锅中的水至沸腾，观察小瓶里水的变化。

我们观察到，小瓶里的水始终没有沸腾。但瓶里的水已达到100 ℃的沸点，那为什么没有沸腾呢？原来是因为还有另一个条件没有满足。

这里有一个知识我们要知道，在一般条件下，纯水达到沸点后，无论再加热多久，温度都不会再上升。那么锅中的水和瓶中的水都是100 ℃，这会阻碍什么呢？答案是热传递。锅中的水不会再向瓶中的水传递热量了，而火还可以源源不断地向锅中的水传递热量。

没错，就此我们可以得出结论，瓶中的水之所以不沸腾，是因为缺少热量。水沸腾的条件不单是加热到100 ℃，它还需要很大的热量以从液态变为气态。根据研究结果，每毫升100 ℃的水转化为水蒸气需要500卡以上的热量。

我们会好奇，有没有什么方法使玻璃瓶里的水沸腾呢？答案是有的，那就是向锅里撒一把盐。因为盐水的沸点会比水的沸点高一些，盐水沸腾后还可以向瓶中进行热传递，瓶中的水达到100 ℃还有足够的热量，就会被煮沸了。

7.16　雪竟然能使水沸腾

上一节的最后我们将盐放进锅中，瓶中的水就沸腾了。这次我们把瓶子从锅里取出，加上塞子。瓶子取出后停止沸腾，我们把瓶子倒过来，用沸水浇瓶底，瓶里的水不会再沸腾，这时我们要想一个什么样的方法呢？

聪明的读者应该能够想到解决这个难题可应用的物理知识。当液体承受的压力减小时，它的沸点就会降低。实际上，由于加热，当初瓶中的部分空气已经被排了出去，压力减小了一些，那怎样才能使压力更小呢？

我在瓶底撒上一些雪，奇迹发生了，瓶中的水沸腾了。其实这个结果也在预料之中，由于雪冷却了瓶底，瓶里的水蒸气凝结成了水滴，瓶中的水受到的压力被进一步减小了。根据之前说的原理，液体承受的压力减小了，沸点就降低了，所以我们用手摸瓶底，发现温度并不高，即使瓶里呈现的是沸水。如图7-3所示，把冷水浇到瓶子上，原理也是一样的。

做这个实验时还有一个需要注意的问题，就是瓶子的选材。我们最好选择凸底的烧瓶或者盛油的铁皮桶。因为瓶子内的蒸汽会因雪而凝缩，外面的空气压力无法被瓶内的气压完全抵消，所以壁薄的玻璃瓶很可能会被压力挤破，烧瓶的拱形瓶底就没有问题。如果是铁皮桶则更好，桶中的蒸汽冷却为水后，铁皮桶会外界的大气压力压扁，不会损坏物品还有明显的实验现象（图7-4）。

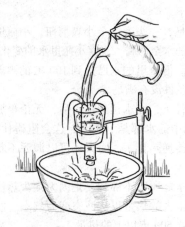 

图 7 -3　把冷水浇到瓶子上，
　　　　瓶里的水会沸腾起来

图 7 -4　铁皮桶被突然冷却后变了形

7.17　沸点与气压

我们以前讲过气压计和温度计合二为一的例子，其实有一个更简便的方法来进行换算，那就是利用沸点。

表 7 -1 列出了纯水在不同的大气压力下的沸点：

表 7 -1　纯水在不同气压下的沸点

气压/毫米汞柱	787.7	760	707	657.5	611	567	525.5	487	450
沸点/℃	101	100	98	96	94	92	90	88	86

知道这个表以后，我们可以通过测出不同地点水沸腾的温度来知道当地的气压。大气压力会随着山的高度增加而减小，而水面承受的压力越小，水的沸点就越低。总结一句话就是，越高的地方大气压越低，水的沸点越低。比如，勃朗峰峰顶的气压是 424 毫米汞柱，所以水放在敞开容器中的沸点是 84.5 ℃，而在瑞士的伯尔尼，平均气压有 713 毫米汞柱，水的沸点也比勃朗峰峰顶高很多，为 97.5 ℃。经计算，高度每上升 1 千米，水的沸点就下降 3 ℃。

美国著名作家马克·吐温还在《国外漫游记》中写了一则故事，就是他在阿尔卑斯山旅行时，由于不知道得到水的沸点后可以利用温度计的示数与大气压值的关系而闹出的小笑话。

我想进行一番科学考察，用气压计来测量我们所在地的高度。据我了解，有的测量计想要得到读数得放到开水中去煮，这真有意思，但我不知道它指的是气压计还是温度计，刚才我的测量没有成功，就把这两种都煮了吧，也许有意外发现呢。

我把温度计和气压计都煮了，可悲的是这两件器具都被我煮坏了。温度计盛水银的小球里，只有一滴水银在晃动，气压计也只剩下一根铜指针了。

无奈我又找来一支质量上乘的气压计，这次换个容器煮，我把它放到了厨子煮豆羹的瓦罐里，水烧沸后又煮了半个小时，可当我打开盖子时，惊人的事情发生了，一罐散发着强烈气压计气味的汤煮成了，而我的气压计完全报废。

厨子想了个古灵精怪的主意：把豆羹的名字换掉，就卖这气压计汤。谁能料想这道汤竟然大受欢迎，吸引了无数的顾客，我不得不每天让他用气压计来熬汤了。

故事中马克·吐温做的"气压计汤"确实好笑（图7-5），气压计是不用煮的，它可以直接显示出大气压来，我们再借助上面的表，就可以得出大气压随着海拔高度的增加而减小的规律了。

图7-5　马克·吐温的"气压计汤"

7.18　沸水是不是烫的呢

我们先来看凡尔纳《太阳系历险记》这部小说中的勤务兵宾·茹夫的一个小故事。故事的背景是，彗星撞上了地球，有两个地球人被撞到了彗星上，从此他们开始了在彗星上的生活。这是勤务兵宾·茹夫在彗星上做早饭时发生的故事：

宾·茹夫准备煮几个鸡蛋，他把水放进锅里，又把锅放到炉火上，有意思的是，他拿起鸡蛋准备放的时候，感觉鸡蛋像是被掏空了，他好像只是准备煮几个鸡蛋壳。

想着想着，水就煮开了，竟然还不到两分钟。

"天！今天这火是怎么了？"宾·茹夫感叹道。

塞尔瓦达克看他疑惑，便告诉他："不是火变旺了，只是水开得快了。"见宾·茹夫还是一脸的疑惑，他取出温度计插进沸水里，温度计显示了66 ℃。

"水没到100 ℃，只到66 ℃就开了！"宾·茹夫惊讶地说。

"没错，朋友，把鸡蛋再煮一刻钟吧。"

"那不会变硬吗？"

"你放心，不会的，鸡蛋那时候才刚好煮熟。"

如果不是到彗星上去，宾·茹夫无论如何也不会相信各地的沸水温度会不同，假如他在11 000米的高处，沸点也会降低到66 ℃。

不过这个 11 000 米的高处大气压为 190 毫米汞柱，仅仅是正常大气压的四分之一，即便是飞行员在如此空气稀薄的地方飞行也要戴上氧气罩，不然几乎无法呼吸。

我们如果把故事里的主人公搬离彗星，搬到火星，那里的大气压还不足 60～70 毫米汞柱，那锅里的水在 45 ℃时就会沸腾了；如果把他们搬到地球上 300 米的深井里，那里的气压比正常气压高，沸水的温度就会是 101 ℃，如果是 600 米深，沸水就是 102 ℃。

既然因气压的不同，沸水的温度便不同，那么我们可以利用一些科学方法，得到不同温度的沸水。想得到 200 ℃的沸水可以在蒸汽机锅炉中加 14 个大气压；想得到 20 ℃的沸水可以把水烧开的设备放在空气泵的罩子下面。

7.19　热冰

看了上一节，朋友们可能会问，既然有凉的沸水，那么会不会有热的冰呢？答案是：有。

英国的物理学家布里奇曼的研究表明，固态的水仍可保持比 0 ℃高的温度，条件就是在巨大的压力下。被他称为"五号冰"的冰是在 20 600 个超强大气压下产生的，我们摸不到它，因为它是在优质钢材制成的厚壁容器里制取的，我们只能靠间接的高科技方法观察它的种种特性。

"五号冰"主要有两方面特点，即温度和密度。它的温度是 76 ℃，如此温度的冰足以烫伤我们的手指。热冰的密度是 1.05 克/厘米^3，竟然比水还大。普通的冰在水中会漂浮，而它会下沉。

7.20　干冰

干冰就是固态的二氧化碳，由低压下的液态二氧化碳迅速冷却而成。干冰虽然叫冰，其实并不像冰，它有三个特点最不同于冰。其一是外形，干冰的外形更像压缩的雪；其二是密度，它比普通的冰重，在水中不是漂浮而是下沉；其三是触觉，虽然干冰有 –78 ℃的低温，但拿在手里并不会觉得冰凉，这是因为干冰一接触皮肤就会升华为二氧化碳，相反会对皮肤有保护作用，只有握紧它时，我们的手指才可能会冻伤。

干冰的作用主要是依靠其物理特性，干、冷和不可燃。

干冰总是干的，这是因为固态二氧化碳受热后会直接升华为气体，在正常大气压下液态二氧化碳是不存在的，因此二氧化碳可以干燥食物，它不会润湿周围的任何物体。此外，干冰的最大特性是温度低，可以用来冷藏食物，加上干的特点，用干冰冷藏食物可以防止食物发潮和变质，二氧化碳还可以抑制细菌生成。最后，二氧化碳因其不可燃性可以用作灭火剂，它甚至可以熄灭燃烧着的汽油。

　　了解了固态二氧化碳——干冰后，或许你会问，那用作制冷的液态二氧化碳是用什么生产的呢？这可是用了个大家不容易想到的东西——煤。

　　在工厂里，工人们把煤放进锅炉里，煤燃烧生成很多烟，把这些烟做净化处理，再加以碱性溶液处理，就提取出了二氧化碳。再经加热，二氧化碳会从溶液中析出，再经过 70 个大气压的高压冷却、压缩、液化后，装入厚壁筒就可以送往汽水厂了。液态二氧化碳的温度很低，还可用于冻结土壤和修筑地铁。

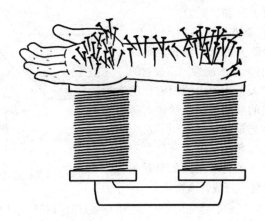

Chapter 8

磁　电

8.1　磁力的吸引

　　蜡烛火焰放置于磁力强的电磁铁的两极之间，形状会发生变化；肥皂泡放到磁力强的电磁铁的两极之间，也会被拉长（图8-1），这便是磁力的作用，如此奇妙的吸引力，如同慈母吸引自己的孩子一般，汉语中"磁"字是"慈"的谐音，便是意在如此，而法国人对磁石的称谓也有异曲同工之妙，磁石译为"aimant"，在法语中也被解释为"吸引"和"慈爱"。

　　赫拉克勒斯是希腊神话中的大力士，有一种石头被古希腊人称为"赫拉克勒斯石"，这种石头具有天然的磁性，不过它的磁力并不大。现代人运用通电线圈磁化的铁，即电磁铁，它的吸引力是天然磁石所无法比拟的，磁力起重机就是运用了这个原理，可以吊起几吨重的铁。对天然磁石的吸引力就惊诧不已的古希腊人如果看到这样的机器，不知会惊讶成什么样子。

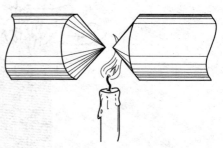

图8-1　电磁铁两极间的火焰形状会发生变化

　　日常生活中，除了我们熟知的铁有很强的磁力作用以外，具有磁力作用的物体还有很多，比如金、银、钴、镍、锰、铂、铝等，不过与铁相比，它们的吸引力就小很多。当然，也有抗磁性的物质，它们对磁力的吸引不为所动，如铅、硫、锌、铋。当然，液体和气体也可以被磁力吸引或排斥，只是作用力表现得十分微弱，只有在磁力特别大时，才会产生比较明显的作用。

8.2　指南针失灵了

　　地球上有没有这样一个地方，指南针的指针两头都朝南或者两头都朝北呢？这样的问题其实并不荒唐，虽然按照常识，我们认为指南针的指针永远是一头朝北，一头朝南，但是，地球的两个磁极和地理上的南北极并不重合，这样一提醒，你是否就能想到所问的地方在地球上的方位了呢？能够使指南针同时指向南或北的地方的确存在。

　　假如我们将指南针放在地理上的南极，你觉得它会指向哪个方向呢？如果从南极出发，无论朝哪个方向走，都是向北的，地理上南极的四面八方，除北之外没有别的方向。因此，并不是指南针失灵，而是特殊的地理位置导致指南针两个指针都会指向附近的磁极，也就是在此时此刻指南针会永远朝北。反之，如果去到地理上的北极，它指针的两头便都会朝南。

8.3 整齐排列的铁屑

　　磁力铁周围存在着磁力，人无法感觉到磁力的存在，但是利用铁屑，就可以间接显示出磁力的分布情况。实验中，我们在一张光滑的硬纸片或玻璃片上均匀地撒上铁屑，在纸片或玻璃片下放一块普通的磁铁，轻轻抖动铁屑，并敲叩纸片或玻璃片，磁力是能够穿透这些障碍物的，因此铁屑在磁力的作用下就会发生磁化，磁化了的铁屑被抖动时就会离开原先的位置，并在磁力的作用下转移到磁铁在这一点上应在的位置，即沿磁力线排列起来。这样，我们就通过铁屑的排列看到了无形的磁力线的分布情况。

　　设想一下，假如我们有了能直接感觉到磁力的器官，会有怎样的体验？那倒是很有趣的。

　　克赖德尔曾用虾做过磁力感应实验。他在小虾的耳朵里发现了一种小石子，这种小石子作为感觉纤维作用于小虾的平衡器官。实验发现，如果用一些铁屑代替这些小石子放入小虾的耳朵中，小虾并不会有什么反应，不过一旦拿一块磁铁靠近小虾，小虾的身体方向便会发生改变，它所在平面会变成磁力和重力的合力的平面。这种作用相同的小石子在人类的耳朵里存在于听觉器官的附近，我们称它为耳石，其作用力是沿垂直方向的。

　　在磁力的作用下，我们得到如图 8 - 2 所示的图形，铁屑分别从磁铁的两极辐射开来，在两极中间又连接起来，形成一条条或长或短的弧线，形成一组复杂的曲线图形。离磁极越近，铁屑组成的线越稠密，越清晰；反之，距离越远，线就越稀疏，越模糊。这证明，磁力的强度是与距离成反比的。

　　这使我们得以亲眼看到物理学家在头脑中描摹的图景，这是在每一块磁铁周围无形却又客观存在的。而图 8 - 3 则表现了大头针因为磁力作用而沿磁力线排列的有趣景象。我们将一簇簇硬发般的大头针竖立在胳膊上，将胳膊横放在电磁铁两极，

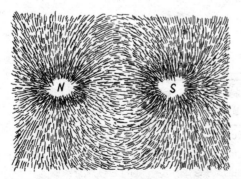

图 8 -2　铁屑在下面置有磁极的纸片上的排列图形

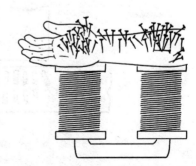

图 8 -3　磁力能够穿透手臂发生作用

人没有感觉磁力的器官，所以我们的胳膊对磁力的作用也没有任何反应，磁力线穿过胳膊也没有留下任何痕迹。然而大头针在磁力的作用下，却按一定的顺序排列开来，向我们指示出磁力的走向。

8.4　条钢如何变磁铁

将磁铁的一极放在条钢的一端，紧紧贴压并顺着条钢擦过，这样利用最简单和最古老的磁化法便能够制作出磁铁，但这只能制取小块弱磁力磁铁，利用电流作用才能制取强力磁铁。

如果我们将钢中的每一个铁原子都当作一块小小的磁体，包括磁化了的和没有磁化的。在没有磁化的钢里，每一块小磁体的磁力作用都会被相反方向排列的其他小磁体的磁力作用所抵消掉，所以这些原子磁体的排列是无序的［图8-4(a)］。而图8-4(b) 却与之恰恰相反，在磁铁里，所有同性的磁极都朝着同一方向，因此小磁体都整齐有序地排列着。

为什么用磁铁摩擦一块条钢，会使条钢变成磁铁呢？如图8-4(c) 所示，这是

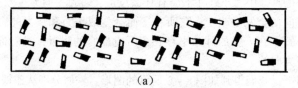

(a)

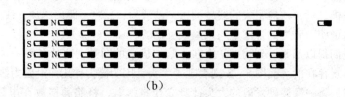

(b)

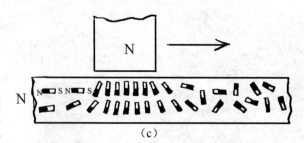

(c)

图8-4　钢中原子磁体的排列情况

（a）钢里还没有磁化的原子磁体的排列；（b）已经

磁化的原子磁体的排列；（c）磁化过程中原子磁体的排列

因为磁铁的吸引力使得钢中的原子磁体转向，使同性磁极都调到同一方向。原子磁体最初是把自己的南极转向磁铁的北极，后来在磁铁的移动作用下，它们的南极都转向条钢的中部，沿磁铁运动方向排列开来。

8.5　电磁起重机的威力

在现代金属加工技术中，电磁铁被广泛应用于固定和移动钢料、铁料和铸件。在冶金厂里，钢铁铸造之类的工厂中笨重铁料的装车和搬动是一项十分令人头疼的事情，但是自从有了电磁起重机，这便变得小菜一碟。现已制造出几百种各式多样的卡盘、操作台和辅助装置，使用它们可大大简化和加速金属加工作业。几十吨重的铁块或机器零件，铁片、铁丝、铁钉、废铁之类的铁料，同样可以不用装箱、打包就可方便地搬运。用这种起重机可以随意搬动，用其他办法麻烦的就不是一点半点了。

有的读者在看了电磁起重机介绍后可能会这样想：如果能用电磁起重机搬运高温的铁料，岂不便利很多！只是电磁起重机搬运的铁料的温度是有一定限度的，磁铁加热到 800 ℃就会失去磁性，因为温度过高，铁料就不能被磁化。

但是如果因为某种原因线圈里断电，则是致命的。一家杂志就曾报道过这样的事情：

在美国的一家工厂里，电磁吊车正在进行作业，将装在车皮里的铁锭投进冶炼炉里。突然尼亚加拉瀑布发电站因发生事故，瞬间工厂停了电。大块的铁锭由于没有牵引力而脱开了，电磁起重机的起重重量是很惊人的，如图 8–5 和图 8–6 所示，电磁盘直径为 1.5 米的起重机每次可吊起的重量达 16 吨之多，这个重量和一个车皮货物的重量相当，如果工作一昼夜，它能处理六百多吨的货物。还有的起重机一次

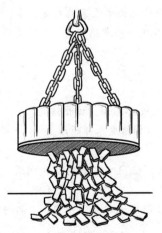
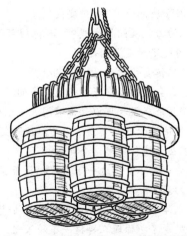

图 8–5　电磁起重机搬运铁片的情形　　　图 8–6　电磁起重机搬运桶装铁钉的情形

可起重的重量就有一个火车头那么重，足足有 75 吨！如此，停电后磁铁重重地砸在一个工人头上，简直惨不忍睹。如果仅仅因为停电就造成这样的损失，实在是太不安全了，于是人们在这种吊车上加装了一种特别的装置——扣爪。要起运的铁料被吊车吊起后，这种坚固的钢爪就从旁边落下来，紧紧扣住它们，可以中断供电，这样又可节约用电。此后铁料就由这处钢爪提着运送。

为了省力并简化工作的程序，使用这种威力巨大的电磁起重机收拢和搬运零散的铁片简直是一举两得。使用电磁起重机工作的时候，只要保持电磁铁的线圈内一直有电流通过，就不用担心重物掉下来，一块碎片都不会逃过电磁铁的吸引。冶金厂用这种电磁起重机可以减少很多手工的工作量，每台起重机一次搬运的量就相当于两百多名工人的工作量。图 8-6 便是这种电磁起重机搬运桶装铁钉的示意图，它竟然能同时搬运五大桶铁钉！

8.6　提不起来的箱子

如果在箱子的铁底下面放一个托垫，托垫下放有强力电磁铁的磁极，通上电后，一个本来一个人就能轻而易举提起来的箱子，现在就是找三个人也提不起来。这个箱子真的有那么重吗？这位法国"殖民者"表演的魔术原理很简单。其"玄机"不过是：在不通电时，箱子不难提起；可是只要往电磁铁的线圈通上电，那么就是用三个人的力气也奈何不得。

在名著《电的应用》里，作者描述了一名法国魔术师演出的过程。他请台下自认为力气很大的观众上台与他一同表演，舞台中央放着一个不算太大、带有把手的铁皮箱，一名中等个子的阿拉伯壮汉充满自信地走上台，看到舞台上只有一个铁箱，他满不在乎地问道："就是要提箱子吗？"魔术师将他由上至下地打量一番，笑着问他："你的力气真的很大吗？"阿拉伯男子一脸不在乎的表情说道："那还用说，我这块头力气绝对是没问题。"

"你确信自己的力量不会变小？"

"怎么会啊，我中午还吃了很多的。"

"那如果我说我可以让你瞬间连一个小孩的力气都不如，你相信吗？"

阿拉伯男子一撇嘴，不以为然地一笑，显然不相信魔术师的话。

"现在，请你提起这个箱子。"

大力士毫不费力地一下子就把箱子提了起来，他用嘲笑般的语气问道："就提这么轻的箱子？"

魔术师不慌不忙，抬手打了一个手势，并且严肃地对大力士说："你的力气已经被我吸走了，你现在再提一下箱子吧。"

大力士重新去提箱子，但是这次箱子似乎变得特别特别沉，不管他怎样使劲儿，箱子都好像黏在地上一样，一动不动。阿拉伯男子铆足劲儿往上提却仍然徒劳，他很是为难地离开了舞台，刚才的神气一下子就没有了。

于是，他相信了这就是魔术的力量。

其实这个魔术的原理非常简单，因为垫在箱子底下的强力电磁铁的磁极经过通电后，产生了很大的吸引力，电流的强度大小决定了吸引力的大小，因此即使力气再大也奈何不了。

在魔术舞台上，魔术师借助电磁铁无形的磁力表演了很多精彩的戏法，观众很难想到这其中竟是小小的磁铁起的作用。

8.7　运动员和电磁铁

生活中，我们经常会用到电磁铁，但是运动员在训练中也可以运用电磁铁，你想象得到吗？引力的大小可以通过调整电流强度而改变，教练员便是利用这样的原理锻炼运动员的臂力，练习中引力可以大到将不愿松开铁杠的运动员吊起的程度，这样同伴们齐心协力将他拉住，以达到更好的训练效果。训练用的起重器械也可以用电磁铁充当，将电磁铁吊在比运动员身体稍高的地方，运动员为了摆脱电磁器械的引力而抓住它下方的铁杠奋力下拉，在训练中起到了意想不到的效果。

8.8　农耕中的电磁铁

分离作物种子中的杂草种子，一粒一粒地分离十分辛苦，而利用电磁铁却轻而易举。在农业技术上，农民利用磁铁清除农作物种子里的杂草种子。具体的方法是将铁屑撒在混有杂草种子的作物种子里，这时粗糙的杂草种子会被铁屑自然粘附上，而光滑的作物种子则不会被附着。这样，我们便可以利用具有相应磁力的电磁铁去吸，自然也就能从农作物种子中把粘有铁屑的杂草种子轻松地分离出来了。

农业技术人员还利用这种方法，把较为粗糙的杂草种子从苜蓿、亚麻、三叶草之类作物的光滑种子中分离出来。依附在杂草种子上的绒毛很容易就被从一旁走过的动物传播到离母本植物很远的地方。杂草的这种特性被农业技术人员所利用，作为消除其种子的方法。

8.9　坐着磁力飞行器能上月球

从小船上向岸边抛重物，在抛东西的同时，小船会向河心退去，这是经典的作用力等于反作用力定律的表现，我们推动所抛物向一个方向运动的力，同时也会把我们自己连同小船一起推向相反方向。在抛磁球时，也会发生相同的情况，坐在槽车上的人，需要用很大力气抛球，这时他必然会把整个槽车向下推。就算槽车全无一点重量，用抛磁球的方法也只能使它在原地跳动，根本飞不起来。但等到后来槽车和磁球重新接近时，它们会由于引力回归原位。

但到底是因为磁球不足以把槽车吸起，还是坐在铁槽车里抛不起磁球呢？

其实这两个理由都不对。在本书中，我们曾提到一本有趣的著作《月国史话》，作者是法国作家西拉诺·德·贝尔热拉克。这部书中的主人公就是乘坐一种有趣的飞行器飞往月球的，而这种飞行器就是以磁力为动力的。但是，无论是作者还是读者，谁也不会相信真有这种飞行器。这其中大家也不能正确说出为什么这个设计不切实际。

只要它有足够的磁力，磁球是抛得起来的，而且它也能把槽车吸起来。然而尽管如此，这种飞行器也决然飞不起来。当然在西拉诺·德·贝尔热拉克生活的 17 世纪中叶，那时人们还不知道作用和反作用定律的存在，因此我们也只能说，这位法国讽刺作家所想象的虽然不切实际，但是充满了创造力。

下面我们来看看他在书中是怎样描述的：

我吩咐工匠用铁料打造了一辆槽车，我舒舒服服地坐在车的座位上，然后用手将一个磁铁球高高地抛过头顶，槽车便随之腾上空中。我不让槽车接近吸引它的磁球，每当将要接近时，我就再次把磁球抛起。有时我只是手拿着它，向上举起，终于接近月球上的登陆点了。槽车好像粘住了我一样，因为这时我手里还紧握着那颗磁球，它好像舍不得让我离开似的。我控制着抛球的动作，为的是防止着陆时跌伤，槽车的下降速度因磁球的引力而逐渐变慢。当我距离月球表面只有二三百俄丈（也就是两三百米）的时候，我就朝着与降落方向成直角的方向抛出磁球。最终，槽车贴近了月球的地面。这时我跳出槽车，软着陆在一片沙地上。

8.10 "悬棺"再现

"穆罕默德悬棺"，是伊斯兰教徒的一个信念，他们认为装殓"先知"遗体的棺材上无牵拉，下无支撑，是悬在坟墓中的。欧拉在其著作《关于各种物质的书信集》中对此的解释是站不住脚的，他写道："因为有些人造磁铁确实能吊起 100 磅的重量，所以人们传说穆罕默德的棺材是靠某种磁力支撑起来的，这似乎是可能的。"

即使用他说的磁铁吸引力可以使引力和重力在一段时间内保持平衡，但利用很小的外力，甚至空气流动的力量便可打破这种平衡，使得棺材被吸向墓室顶或是跌落到地上。就像不能使圆锥体尖顶朝下竖立一样，要让棺材悬着不动实在是不可能的，虽然有时候在理论上是可行的。

　　但是"悬棺"现象的再现也并非完全没有可能，磁铁不但具有吸引力，而且还具有排斥力，在此需解释的是，这样的现象利用的是它们之间互相的排斥力，而非磁铁与物体之间的相互吸引力，磁铁排斥力的性质总是被忽略。大家知道，同性的磁极是互相排斥的，传说中的穆罕默德悬棺就是利用这样的原理悬起来的。我们将两块被磁化的铁的同性磁极叠放在一起，也会互相排斥，如果上面那块重量适当，就不难悬在下面一块的上方，两块被磁化的铁就能在不接触的情况下保持稳定的平衡。这时只要有不能磁化的材料，比如玻璃做支撑，还可以阻止其在水平面上转动。

　　如果把磁铁的吸引力施加到运动着的物体上，也会产生这种悬浮现象。有人据此提出了一项没有摩擦力的电磁铁道的巧妙设计（图 8 - 7）。这项设计对每一个物理学爱好者都有益处。现实中也有这样的现象，一位工人在使用电磁起重机时发现了有趣的一幕：一个很大很重的铁球用链子固定在地面上，被电磁盘利用吸引力吸起，铁球与磁铁并没有接合，而是直接被吊起，中间大概留有十五至二十厘米的空余，这条铁链竟然能够直挺挺地站在地面上！甚至工人攀上铁链也一同被悬挂了起来，可见磁力的力量相当大。这与传说中的穆罕默德的悬棺极其相似（图 8 - 8）。

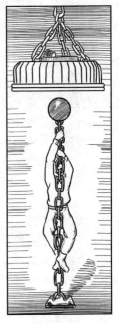

图 8 - 8　挂着重物的铁链在磁铁的吸引下竖立起来

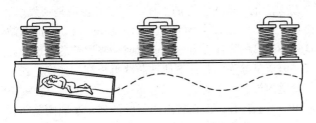

图 8 - 7　电磁铁道

8.11　悬着的列车

　　在托姆斯科工艺学院时，我花了近两年的时间做铜管实验。我选用的铜管直径为 32 厘米，铜管上安装着多块电磁铁，用铁管做一截小车，前后都有轮子，然后将装满磁铁的铜管放在小车上。在小车前方放置一个用沙袋支起的木板，如果小车前头凸起的部位撞到木板就会自动停下来。小车的速度约为 6 千米/小时，重 10 千克。由于环形管道长度和房间面积的限制，并没能完成超过这个速度的实验。但在我完成的原设计中，车的速度就很容易达到每小时 800 千米 ~ 1 000 千米。始发站上的螺线管长度就达到了约三千米。它在行驶时不用消耗任何能量，因为管道中没有空气，而且车与地板和天花板之间没有摩擦。

现在莫斯科的多家邮局改造了上述设计装置，用来转运较轻的邮寄品。这份电磁邮局的构造说明存放于圣彼得堡公共图书馆，可供读者借阅。运送路长 120 米，运行速度为 30 米/秒。

制造这套设备，省去了运行的动力、机务、乘务人员等开销，虽然其中铜管道的成本很高，比如每千米的运营成本为千分之几到百分之一或百分之二戈比，但双线每昼夜的运输量，仅单向就可达 15 000 人或 10 000 吨货物。车厢在这种电磁铁路上由于重量被电磁铁的吸引所抵消，因此是完全没有重量的，设计者所设计的车厢既不是在轨道上，也不是飞上天空或漂在水面上的，而是悬在强劲的磁力线上的，在这种没有任何支撑和接触的情况下，在无形存在的磁力线上飞速前进。

由于它们不受到一丝摩擦，因此一旦运动起来，无须机车牵引就能依靠惯性保持原有的速度来运行。这个原理使得我们明白了车厢能够飞速前进的原因。在一个被抽掉空气的真空环境中，车厢运动在消除了运动阻力的铜制管道中，而车厢因为已被电磁力悬起，由于在运动时并不和管道壁接触，摩擦力在车厢底部自然也无法产生。为此，为了吸住在管道中运动的铁制车厢，在整个铜制管道中，需要安装很多强力电磁铁，每隔一定的距离就要有一块，这样利用强大的吸引力才能保证它们不会跌落。那么车厢是什么样的呢？它就像是雪茄状的大圆筒，每节长 2.5 米，高 90 厘米。因为要在真空中运动，所以车厢是密闭的，像潜水艇一样，里面配有自动清洁空气的装置。

列车类似于炮弹发射的启动方法也是绝无仅有的，真的可以形容说是"发射"出去的，不过所利用的是电磁炮。在新式磁力铁路线上运行的列车，启动它的车站的构造具有螺线管的特性，这种螺线管的导线在有电流通过时会吸引铁芯。这种异常猛烈的吸引力在线圈足够长、电流足够强的条件下使铁芯获得极高的速度，列车就是靠这种力量发动的。由于管道内没有摩擦力，列车会靠惯性一直前奔，速度不会减小，直到车站的螺线管断电后才会停住。而在管道中行驶的列车车厢则是靠管道的"天花板"和"地板"之间强大的磁铁磁力支撑着，车厢被电磁铁向上吸引着，另外因为还有重力在向下拉，从而使车厢不会碰到"天花板"。当它还未能等到由于重力的作用而碰到"地板"时，便又被电磁铁吸回去……就这样，列车在空中始终处于电磁力控制之中而做波浪式运动，这种运动就像在宇宙空间运行的行星一样，既不受到摩擦力的阻碍，也不需要提供动力。

8.12　火星人的秘密武器

一个黑乎乎的东西从天而降，在飞船周围盘旋着，像一条展开的布一样把战场上空遮了个严严实实。本来勇猛地向前冲的一队队训练有素的骑兵，那种压倒火星人奋不顾身的英勇气势突然变成了惊心动魄的哭号。之前有几只飞船升空了，像是要运走撤退的兵员。他们不是准备撤退了吗？怎么又回来了？

所有的骑兵像是中了魔咒，瞬间乱作一团，那黑乎乎的吸盘竟然具有惊人的力量，只见刀枪腾空而起，向那个巨大的器械飞去，地面上骑兵的武器一下子就全部被吸走了，有些不肯松手的士兵，甚至一同被吸走。几分钟后，骑兵团的枪械全部被缴。那个器械继续向前滑行，没有一个人能抓得住手中的兵器。

空中磁铁又开始向步兵逼近。步兵们紧紧地抱住自己的枪，但无济于事，它们最终还是被那股不可抗拒的力量夺去了。几分钟后，第一步兵团也全部被缴械。那个器械又去追赶逃往城中的另一个团，准备用同样的办法俘获他们。

这种具有不可抗拒的魔力的器械是火星人最近发明的新型武器，它能将一切钢铁制品吸去。火星人在战场上不费吹灰之力缴获敌人手中的武器，自己又毫无伤亡，这全是会飞的磁铁的功劳。

后来，炮兵部队也遭受了同样的下场。

这是小说《在两个星球上》中对这场火星人与地球人大战的描写，这样吓人的武器是科幻小说家库尔特·拉斯维茨虚构出的一种具有神威的武器，在他的小说中，火星人利用他们拥有的这种电磁武器同地球军队作战。地球居民未战先败，盔甲被武器吸走，望风而逃。

类似的故事在《一千零一夜》中也有记载，这是当时在印度沿岸流传的一个故事，说的是海边有一座磁岩，所有经过海边的船只都会被巨大的磁力将所有铁器吸走，包括船上用来连接的钉子、螺丝、夹子等零件，一个不剩地被统统带走。古罗马博物学家普林尼在书中描述了磁力产生的巨大威力。实际上，这并不是一个传说，虽然现在我们倒也不用钢铁打造船只，但并不是因为我们害怕磁岩。所谓磁岩也就是富含磁铁矿藏的山，在冶金工业重镇马格尼托哥尔斯克就有著名的磁山马格尼特山，这种磁山的磁力很小，几乎可以忽略不计，现在不用钢铁打造船只是因为地磁的影响。

8.13　走不准的表

如果你不小心将金表放到磁力很强的蹄形磁铁的磁极上，那你可是要破费，对表彻底修理了，表内很多机件也要重新更换，如果是带有严实铁盖或钢盖的表却可以完好无损，这是为什么呢？因为金表或银表不能防磁，将其放在磁力很强的磁极上时，摆轮的游丝会被磁化，导致表走得不准，即使离开磁极，钢制机件的磁性依旧存在，因此表仍然无法恢复到正常状态。

不过本身容易被磁化的铁却可以完全阻挡磁力穿透的作用，成为一道坚实的屏障。实验中，我们将指南针放到一个铁环中间，在环外磁铁的吸引下，它的指针并不会发生任何偏转。因此，带有铁壳的怀表，其表内的钢制机件就可以免受磁力的影响（图8-9）。即使将这种表放到高功率发电机的线圈附近，它的精确度也丝毫不会受到磁力的影响。

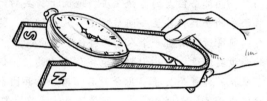

图8-9 本身容易被磁化的铁可以完全阻挡磁力穿透

当然，这个实验如果用金表来做，那代价就很大了。电气技工理想的计时工具也是铁盖表。如果事先采取得当的措施，就连虚拟的火星人的器械也不会有用武之地。

8.14 造不出的磁力"永动机"

早在1878年，即能量守恒定律问世30年之后，一位发明者将磁力"永动机"的荒谬构想乔装打扮了一番竟在德国获得了专利。这样的发明竟然骗过了专利审查委员会，然而，这位发明了"永动机"并且成功侥幸地拿到专利的幸运儿很快就对自己的发明失望了，两年之后就停止了缴纳专利税，于是这项荒唐的专利也就失去了法律效力，从此这个"发明"也就成了大家眼中一文不值的东西。

17世纪，切斯特城主教、英国人约翰·威尔金斯设计了一种磁力"永动机"，如图8-10所示，槽板M和N叠放在一起，并依靠在一放有磁铁A的小柱旁。这个槽板的上面有一个小孔，下面是弯曲的形状。这位发明家认为，如果将一个小铁球B放在上面的槽板上，它应该因为磁铁A的吸引而向上运动，按照常理，当它到达小孔的时候就会落到下面的槽板N里，继续向槽板的下

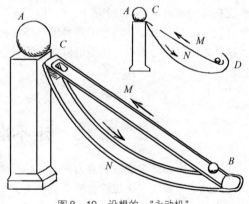

图8-10 设想的"永动机"

端滚去，顺着弯曲的槽板回到M的地方。然后在这个地方，由于有磁铁的吸引，会导致小球继续进行向上的运动，又会从小孔里落下，继续朝着N运动，再回到槽板，周而复始，一圈又一圈。他天真地认为这样就达到了永动的效果，能够让小球永远一圈圈地运动在槽板之间。

这种设计的谬误之处在哪里呢？

这名发明者认为小球在经过槽板 N 的时候，到达下面以后会以一种速度沿着 D 弯曲的地方绕到上面，原因何在呢？对此我们很容易想到是发明者凭空想象的，是不可能实现的，因为如果小球只是在重力的作用下进行运动的，这样它的加速度就是在重力作用下产生的，它便可以做到上面的运动。但是这里并非这样，小球除了受重力的作用，还受到磁力的作用，而且磁力的作用很大，它可以使得小球从 B 位置运动到 C 位置。如此看来，小球在槽板 N 上所做的运动并不是加速运动，而是减速运动，所以它不可能绕过 D 弯道而继续向上运动，即使它能滚动到槽板 N 的下端。虽然发明家曾想尽一切办法试图利用磁力发明出真正能够永远不停歇的机器，但具有巨大能量的磁铁也无法达到永动机这样的高要求，所有实验都以失败告终。

8.15　为何要给古籍充电

你有听说过给古籍书充电的吗？这是苏联科学院下设的文献修复实验室的发明，为了解决粘连书页难以分离的难题。以前博物馆的工作人员不管如何小心，都难免会使书页出现粘连而导致破损。实验室的方法是借助电使古籍分离开来，充电使得相邻各页得到同性电荷，这时它们就会相互排斥，于是便可以将书页毫无损伤地分离开来。这样处理过的书页便可以随意用手翻动，也易于进行裱糊，利用充电同性互斥的原理可算是为博物馆藏书的良好保存立了大功。

8.16　永动机的荒谬之处

"永动机"的设计者们发生的谬误，其实都如出一辙。当他们试图将永动机付诸实践的时候，却发现两台机器竟都无法运转，这其实是一个必然而唯一的结果，若想使两台机器具有完全的效率，让它们不停运转必备的条件就是这其中完全没有摩擦力。连接在一起的两台机器（联动机组）在没有摩擦的情况下，就如同任何滑轮一样可以实现永动，然而这种永动只要让这种机器去做功，它马上就会停止，结果毫无用处，所以自行运转是不可能的，况且一旦有摩擦，机器便不再运转。这样我们得到的并不是"永动"的动力机器，而只是一种现象。

事实上，我们用一个很简单的方法就可以做永动实验，利用两个滑轮按照两台机器的逻辑进行运转，将两个滑轮用皮带连接起来，只让其中一个转动起来，另一个滑轮便会随之转动。也可用一个滑轮组实现，通过转动左边的滑轮，从而带动右边的滑轮，而右边的滑轮又反过来带动了左边的滑轮。由此，永动幻想的荒谬性在刚才说的两种情况下变得十分明显。

设计永动机的人们总是热衷于通过结合动力和电力的原理而达到"永动"的效

果。如果想让电力由发电机直接传送给电动机，只需要通过滑轮和传动皮带的连接将电动机和发电机组合起来便可达到效果。发明者误以为只要这样就可以给发电机提供原始的动力，它就能够发电，并且带动电动机，通过皮带传达给发电机，使其继续运转。殊不知这样的运转并不能够"永恒"，理想的状态会因很多客观因素的影响而无法实现。

8.17　近似永恒的机器

有没有一台机器可以永远不停歇地运转呢？如果有，定会有人不惜高价买上一台，这便是很多发明家一直追求的永动机。

斯特列特在1903年设计的所谓"永动机"，人们通常称它"镭表"，它是在一个抽掉空气的玻璃瓶内的石英线（不导电）下端，连接一个小玻璃管，管内装有几毫克镭，镭能放射α、β、γ三种射线。在这种装置中，由负粒子（电子）组成的很容易穿过玻璃的β射线起着主要的作用。因为被镭放射到各个方向的粒子可以带走负电荷，这个装有镭的玻璃管就渐渐带上了正电荷。管的下端挂着两个小金片。这些正电荷转移到金质叶片C上，使之张开。我们在瓶壁的相应位置贴附着可以导走电流的金属片，当张开的叶片一触到瓶壁就失去电荷时就又合住了。其实这是一种结构并不复杂的装置（图8-11）。这些黄金叶片就像钟摆那样每两分钟张合一次，只要镭还能放射射线，这种表可以使用几年、几十年、几百年，但它只能叫作一台"无成本"的发动机，并不能称为永动机。

镭是异常稀有的元素，价格也十分昂贵。经科学家研究测定，镭的放射能力会逐渐减小，它的摆动频率也会随着电荷的减少而变小，1 600年后反射能力会减半，它的使用年限不超过1 000年。所以使用镭得不到什么效果，由于它单位时间内做功很小，无法达到机械所需求的能量，如果想有一定实效，就要用大量的镭。像镭表这种没什么价值的玩意儿却有着惊人的价格，运用到生活中实在是一种浪费。

尽管无法制造永远运行的机器，但若可以运转千百年，尽管它不是名副其实的永动机，这样一台"近似的永动机"，也能让人心满意足了，毕竟人的一生十分短暂，千百年和"永远"对于人类来说也没什么不一样。

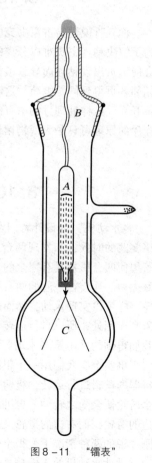

图8-11　"镭表"

但是颇为严谨的数学家对"近似永恒"的提法并不认同，在数学中，永恒就是无限的意思，他们认为，运动只有两种状态，永恒和不永恒，并不存在近似永恒，近似永恒其实就是不永恒。在实际生活中，一些注重务实的人认为有了这种近似的机器，研制永动机的难题也将解决，也就不用再去劳心费力了。

8.18　电线上飞鸟的安全问题

鸟类可以安全停落在高空的高压电线上，这种情景在城市里很常见。但也会有触电而死的小鸟，同样是站在高压线上，小鸟的命运怎么会有所不同呢？停落在电线上时，鸟儿的身体形成了电路的一个分路，它的电阻，也就是鸟两足之间的那段很短的电线，比另一个分路要大很多，因此这个分路的电流小到对鸟不会造成什么伤害。不过，如果鸟的翅膀、尾巴或喙触到电线杆，只要是同地面形成了回路，不管是什么方式，那电流就会即刻进入它的身体然后返回到地面，小鸟也就会触电而死。

因触到断落的电线被电击而死的的动物很多，这样的事情也屡见不鲜。新闻中经常播出市民由于触到电车电线或高压电线而身亡的事例，可见我们要远离这些危险事物，以保证自身的安全。我们本以为小鸟因为无法形成回路而逃过劫难，但如果停落在高压电线杆的托架上时磨喙的小鸟同样也会惨遭不幸。鸟一旦接触到有电流的导线就会被电

图 8-12　高压电线杆上为鸟类安装的绝缘栖架

死，而高压电线杆上的托架与地面并不绝缘，小鸟对此却一无所知。所以国家为了有利于林业的发展，采取了特殊的措施，在危险的地方安装特别装置，使鸟类无法靠近导线。此外，在高压电线杆的托架上安了绝缘的栖架，鸟儿不但可以停落，还可以在电线上磨喙，充分地给予了小鸟停歇时的安全。

8.19　闪电下静止的画面

闪电一划而过，车水马龙的街道似乎一下子被定格成静止的画面：奔跑的马瞬间停止，扬起的蹄子悬在半空，好似一幅油画；车子也定在那里，一根根轮辐都能看得一清二楚。是我们的眼睛出了问题吗？并不是我们眼睛的问题，这种看似静止的景观是在短促的电光照耀下形成的。

闪电的光持续的时间极短，用普通的方法难以测量，借助间接的方法测出，闪

电只能持续千分之几秒。如同一切电火花一样，在如此短暂的时间内，物体的位移也是难以目测的。我们在只有千分之几秒的时间里目测这样的景象，马车轮辐的位移也只有万分之几毫米，所以看起来就像是静止的一样。所以，我们在雷雨交加的夜晚，看到过电光闪过的那个瞬间的城市街景，也就不足为奇了。

8.20　闪电的价值

利用现代电工技术制造人工闪电，这看起来是不可能做到的，如今在实验室里已造出光长 15 米、电压 10 000 000 伏的闪电，不过它跟自然界的闪电相比，还是小的，但真正创造出自然的闪电已指日可待了。你是否考虑过，如果按照照明用电的比价，闪电消耗的电能的费用是多少呢？经过计算，能量比炮弹大一百多倍的闪电竟然只值 56 卢布！

这是怎样计算的呢？电功的计算就是用电流乘以电压，电流的测定可以通过打雷时，从避雷针引到线圈的电流对线圈铁芯磁化的程度得到，这个电流最大的强度为 200 000 安培，又知道闪电放电的电压为 50 000 000 伏，所以也就可以算出电功了。在计算时还要注意这里用的电压为平均数，因为放电时电压会逐渐减少，直到变为零，所以用初始电压的一半作为电压，那么算式为：

$$电功率 = \frac{50\ 000\ 000}{2} \times 200\ 000 = 5\ 000\ 000\ 000\ 000(瓦特)$$

即 5 000 000 000 千瓦。

数字如此之大，那闪电的价钱也一定很高，这是人们直观的猜想。其实不然，闪电持续的时间极短，不过 1‰ 秒，如果折合成千瓦时这一照明用电的计量单位，这些电能只可折合 $\frac{5\ 000\ 000\ 000}{3\ 600\ 000} \approx 1\ 400$ 千瓦时，一下子就小了很多。

1 千瓦时的价格是 4 戈比。不难算出闪电的价值是：

$$1\ 400 \times 4 = 5\ 600(戈比)$$

即 56 卢布。

这个价钱，简直让人无法接受。一直被古代人奉为天神的闪电，其价值在现在就只值区区 56 卢布。

8.21　在家制造"雷雨"

如果你找来一把硬橡胶的梳子，然后用它来梳头，梳完头后立刻将梳子拿到水龙头前，放出水，你会发现从水龙头中流出的水会变得紧实，而且其轨迹还会成一道弯，如图 8 – 13 所示，是向梳子偏斜的弯。通过这种奇妙的现象可以看出电对水流是有一定作用力的，这同水流在电荷作用下表面张力的改变有关。其中还有很多更复杂的因素。

　　若想避免摩擦起电引起的不良后果，有一种方法是镀银，这样就能够避免皮带
在轮轴上转动的时候起电，也就不会因为电火花引起火灾。这是因为用银包裹的导
电体不会因为电荷的急速汇聚而产生电流。

　　利用电对水的作用，我们可以在室内制造出雷电的效果，这个喷泉的高度应达
到半米，喷头要向上。首先我们在室内制造一个小小的喷泉，这并不难，只要将一
个橡皮管的一段放在高处的水桶里，或者直接将橡皮管接在水龙头上。若想使水流
能够呈细流般涌出，便要用出口较小的导水管。可将一根抽去铅芯的笔杆插在橡皮
管喷水的一端，更方便的做法，就是在这一段倒插一个漏斗（图 8 - 14）。

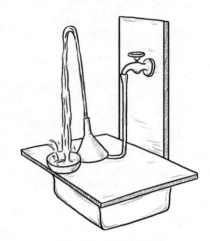

图 8 - 13　带电的梳子对水流有引力存在　　　　　图 8 - 14　自制"雷雨"

　　这时，我们拿一支经过绒布摩擦的火漆棒或硬橡胶梳子靠近喷泉，便会产生奇
妙的景象：本来喷出的一股细流在落下时竟合成一大股了，溅落到接水盘时，发出
如雷雨大作般的声响。物理学家博伊斯认为这种现象恰好解释了自然界中雷雨的雨
滴为什么会变大。如果把火漆棒拿开后，喷泉就会恢复成股股细流，雷雨大作般的
声响也会消失，重新变为潺潺的柔音细声。

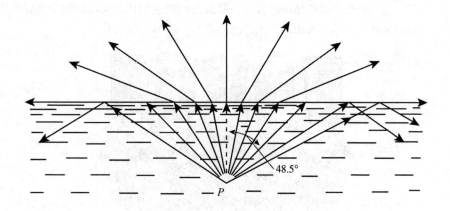

Chapter 9
光的反射与折射视觉

9.1　五个自己的照片

如果给你两面很大的平面镜，怎样才能用照相机将同一个人在一张照片中拍出更多的成像呢？如图9-1所示，一张照片中的五张像就是用同一个人拍摄出来的，这是怎样做到的呢？看起来很奇妙，其实这只是一种摄影的技术，可以在同一张照片中显现出一个人不同的形象。这样在这种特殊的照片中，会充分显现被拍摄者的所有特点，这也是很多摄影师所追求的，那就是拍到他们认为模特最完美最好的姿态，利用这种技术自然比普通的拍照方便得多。

图9-1　利用平面镜，同一人在同一张照片上
同时照出五个不同的面向

我们发现，当两面镜子呈不同角度时，能够拍出像的数量是不同的，因此可以说拍摄出像的多少与两面镜子所成的角度有一定的关系。比如：如果想拍到四个像，那么两面镜子成90°便可达到，如果想拍六个像，在60°的状态下就可以了，当然，在角度为45°时，还可以呈现出八个像。不过，越多的成像就会越模糊。

通常，最理想状态下的成像最多为五个像，图9-1就是将五张像同时呈现在一张照片上的。图9-2所示的是怎样达到这样的效果，这也是离不开镜子的。我们将两面镜子C直立，而照相人背朝照相机A，将镜子的角度调为72°，这样的角度就可以照出四个像，在每一个照相机的镜头中都不相同，与拍下的实像合在一起，也就是能够呈现出五个像。在拍照时要注意选用不带镜框的平面镜，以免拍出的照片会看出道具，还有，也可以在照相机前放置两块幕布，将镜头从幕布的缝隙中探出，这两项措施就可以保证镜子不会出现在照片中了。

五人合在一张照片中，其实并不难，读者在家也可以尝试一下。

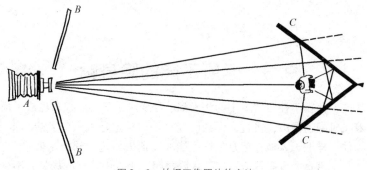

图9-2　拍摄五像照片的方法

9.2　巧用太阳的能量

　　将日光作为能源一直是人们的美好愿景，但是太阳能的利用效能一直都不是很高，因为太阳辐射的做功是有条件的，当太阳直射在地面上，并且还要全部转化为做功才能够达到理想中的能量。这里我们可以计算太阳直射所能获得的最大能量，这是可以精确计算的，也就是单位时间内从大气层单位面积直射的阳光所能给予地球表面的能量，也就是太阳常数，这个数值是恒定的，约为每分钟每平方厘米2卡①。除去被大气吸走的约25%的热量，剩下根据太阳常数和地球的表面积计算出地球表面每平方米每秒接受太阳直射获得的能量为1.368焦耳。这些热量便是太阳不断地输送给地球的。

　　人们想最大效率地用太阳能，但是用太阳能做机械工作的效率却一直较低，著名物理学家阿巴特研制的高效装置的效能也仅有15%，而现在已经实现的直接利用太阳能做动力的尝试离理想状态差得更远，效能只有5% ~6%。

　　不过，人们利用太阳能加热是很有效果的，比机械工作的效能高出很多倍。图9-3显示的是房顶上安装的太阳能热水器。即使在寒冷的月份里，只要天气晴朗，

图9-3　房顶上安装的太阳能热水器

_____

①　国际标准的能量单位是焦耳。1卡≈4.184焦耳。

热水器仍然可以使用。

9.3　无所不能的隐身帽

很多从前仅存在于神话故事中的法术都已经变成了现实，很多也成了前沿科技，当我们坐着飞机翻越群山，飞过大洋的时候，要知道这是古人的梦想，古人幻想自己能够像神仙一样上天入地。但是怎样才能瞬间消失，这样的技术似乎一直都没有人发明出来，难道真的没有地方可以让人隐身吗？小说中这样的场景并不少见：

柳德米拉想起当时的场景，
心里依旧久久不能平静：
她把帽子在头上不断地旋转，
正过来倒过去反复着试戴，
她把黑魔的帽子拿在手中
一会儿把头发放进去，
一会儿又压在眉毛下，
这是多么奇怪的事情！
她压低帽子，突然，
镜子里的她就消失了，柳德米拉又把帽子戴正，
于是她又出现了，
她把帽子反过来戴上，又不见了！
"这实在是太妙了！巫师，
这就是我以后的护身法宝啊。"
被俘的柳德米拉拥有了神奇的隐身帽，
这就是她出行的必备。
在隐身帽的掩护下，她轻而易举地就逃过了士兵的看守。
人们看不到她的踪影，
但是却能感觉到她经过的地方。
本来硕果累累的果树瞬间一个果实都不剩下了，
草地上有着脚印，桌上丰盛的饭菜不见了……
柳德米拉想来一个痛快的水浴，
她来到瀑布，夜色刚退去，
清晨卡拉尔从宫中走出，看见远处瀑布飞溅的水花，
但是却看不到人影，
他知道，那是正在沐浴的柳德米拉。

这幅场景出现在普希金的《鲁斯兰与柳德米拉》长诗中，诗中生动地再现隐身帽这个东西的奇妙场景，描写了它神奇的魔力。假如现实中有这样一顶帽子，你会像柳德米拉一样去瀑布淋浴吗？

9.4　你知道怎样才能隐身吗

生活中有没有透明的人存在呢？一位动物学家发现过透明的青蛙。1934 年，他来到一个儿童村，发现一只白色的青蛙，青蛙的皮肤很薄，它的肌肉和组织都是透亮的，可以清楚地看到其内部的器官和骨骼，甚至可以看到它的肠子和心脏，它们的运动也看得一清二楚，这只青蛙患有白化病。有一些患有白化病的动物因为体内组织缺乏色素，身体就变得十分透明。

不过英国作家威尔斯很早以前就写了部名为《隐身人》的小说，他通过自己的文字使读者相信，这个世界上是存在隐身人的，他创造出一个世界上从未有过的物理学家，也就是小说中天才的主人公，他发明了隐身术，这种方法能使人体内的组织，甚至色素变得透明。发明者也就是主人公将这种方法用在了自己身上，书中写到他完全隐身了，并向一个医生如此解释自己隐身的构想：

"假如我们把一片玻璃捣成碎末，这时玻璃变成了不透明的白色粉末。我们将它们抛洒到空中，会显得格外耀眼，这正是因为玻璃在捣碎后其表面积增大了，所以它能够折射和反射的光也就增多了。虽然玻璃片只有两面，但是玻璃粉末却有无数的面，每个颗粒都能折射和反射光，如果我们将玻璃粉末放入水中，由于捣碎后它的折射率与水的折射率近似，也就不会发生折射和反射现象了，也就是所谓的玻璃'隐身'了。

"其实这个利用的是连中学生都明白的道理，平时我们是借助光来看到物体的。你也知道，所有物体都是能够吸收、反射、折射光的，否则，物体本身就不能展现原形。比如你看到面前放着一只红色的不透明的箱子，是因为红色的涂料吸收了一部分的光，又把剩余的光反射了。但是如果箱子一点光也没有吸收的话，那你看到的箱子将会是一只白花花的箱子，这个时候只有箱子的棱角处能够反射和折射光，因此我们就只能看到箱子发光的框架。

"由于玻璃箱发出的光度较小，和红色箱子的原理有所不同，反射和折射的光比之要少些，所以看上去也不会像红色箱子那样是一具发光的骨架。如果我们将一片普通的玻璃放入密度比水大的液体中，由于光透过液体会变化，人眼几乎看不到它，所以被折射和反射的量也就随之变少了。这时的玻璃片宛如隐存于空气中的一股二氧化碳气或氢气一样，就成了一个隐形的物体。"坎普医生对他的解释充满了疑问，但依旧听了下去。

"我们可以做一个类似的实验（如图 9-4 所示）：用白色硬纸片做一个直径半

米的漏斗，把它放在一只25瓦的电灯下方，在漏斗中直插一根尽量垂直的玻璃棒，因为稍微偏斜就会使玻璃中轴部分显得较暗淡，边缘则显得明亮，所以需要反复调整，使得玻璃棒受光达到极为均匀的状态。调整好后从侧面宽度不超过1厘米的小孔中观察，完全看不到这个玻璃棒。

"把带棱的玻璃放入装有彩灯的箱内做实验，也可以看到类似现象。

"如果在一个四壁能充分均匀散射光线的房间内放置一个十分透明的物体，它就会发生隐形现象。从这个物体各点所接受的反射光丝毫不会因这个物体的存在而增加少许，于是没有任何光亮或阴影会显示这个物体存在。把玻璃放入任何一种折射率与它相同的液体中，当透明的物体置于与之折射率相同的介质中时就会隐形。我们略加思考就会认定：玻璃在空气中也能隐形，只需要使玻璃的折射率与空气的折射率相同即可，因为这种情况下光从玻璃穿过进入空气时绝不会被反射或折射。"

"但是人和玻璃毕竟不一样啊！"坎普医生打断他说道。

"胡说！人更会透光。

"人体的一切组织，除血中的血红素和毛发

图9-4 实验中玻璃棒隐形了

中的黑色素之外，都是无色透明的。在物理中，比方说用透明的纤维造出来的纸，发白但不透光，就像玻璃粉末发白而不透光是一样的。如果在白纸上涂上油，这张纸就会变得像玻璃一样透明，这是因为纸张纤维之间的空隙消失了。生活中还有很多物品和纸是一样的，是用表面折射和反射光，比如布、毛织品、木料的纤维，甚至我们身体中的骨骼、肌肉、毛发、指甲和神经也都同样如此。总之，想要别人看不到我们并不是一件麻烦的事情！"

到底主人公的隐身想法能不能实现呢？他在小说中的命运又是怎样的呢？请你继续读下去。

9.5 可怕的隐身人

假如你有隐身的能力，你想做什么事情呢？很多人小时候幻想自己有超能力，但这样的能力只有在小说、电影中才能够出现。科幻小说中经常利用这样的超能力叙述故事。英国作家威尔斯的小说《隐身人》中的主人公就倚仗自己的神奇法力向居民叫嚣："从现在开始，我就是这个城堡的统治者了，这将是新纪元的第一天，这个新纪元就叫作隐身人，而我将成为隐身人一世，不管你是统帅，还是警察，以及所有的官吏，都要听我的，女王的命令对我来说也是没用的。"

小说的作者利用他巧妙的文笔，将主人公变为隐身人之后的行为一一展现出来。没有人是隐身人的对手，他因为会隐身而不会受到任何伤害，反而可以随意地欺负没有这种法力的普通人。他靠这种能力随意地潜入城里各户人家，偷走东西也不会有人发现，城内的士兵拿他毫无办法，他可以一下子打败一大群全副武装的警察。他无法无天的作为使全城人都怕了，人们对他唯命是从，丝毫不敢违背，生怕被他无声地置于死地。小说中有一段文字充分表现了隐身人恶魔般的行径：

现在我刚登基，我将以宽大的胸怀对待你们。第一天，我就只绞死一人，这是为了给你们点颜色看看。今天就将是受刑犯坎普的最后一日，不管他躲藏到哪里，不管他布置多么森严，不管他穿上多坚实的盔甲，都是没有用的！死神已经向他走去，无声无息地靠近他！今天他死定了！你们都不要妄想去救他，不然你们将和他一同受死！

小说的最后，居民经过艰苦的努力终于制伏了这个使他们备受威胁、妄想称王称霸的隐形敌人。这样的人如果真的在现实中存在，那世界岂不是永远不得安宁。

9.6　近似隐身的透明体

隐身的法术到现在还没有人发明出来，不过德国解剖学家什巴里杰戈里茨在《隐身人》小说发布十年后做成了透明体的标本，尽管是死生物体的标本，但是能做出透明的标本在当时也是一项壮举。现在的很多博物馆里也收藏各种透明的标本，包括部分组织或者整个生物体。

什巴里杰戈里茨是在 1911 年发明出透明标本的，他的做法是将动物组织漂白、清洗后，再浸泡在一种具有强烈折射作用的无色液体中，也就是水杨酸甲酯，将制取的标本装入存有同种溶液的容器里保存起来。但是这样的浸泡最后得出的标本并不是隐形的，而是透明的。不过他在制作这个标本时，也不是追求真正的隐形，如果这样，对于医学上的解剖也就没有意义了。那么，有没有可以使标本彻底隐形的方法呢，那就要先找到与生物体组织相同折射率的液体，将其浸泡，到了空气中还要使它们的折射率与空气的折射率相同。如此不可能发生的情况下才能够做到隐形，到底能不能达到呢？至少现在还没有人做到过。

在小说《隐身人》中，作者精心安排着所有的情节，使读者跟着他一步步地对隐身人的存在信以为真，更相信他的法力无比强大。其实这部幻想小说描写的隐身术是符合物理原理的，物理中只要处于透明介质中的任何折射率差小于 0.05 的透明物体，都会隐形。

不过不知道威尔斯在创作这部小说的时候有没有想过，如果隐身人自己隐身了，那他能看到其他人吗？这一点估计机智的作者并没有想到，下一节我们就来探讨这个问题。

9.7　你相信隐身人其实是瞎子吗

如果我们一直沿着威尔斯指引的道路去探索这个世界上到底有没有"隐身人"，不知道结果最终会怎样。按照理想状态，威尔斯小说中主人公如果想隐藏自己，这个时候他的折射率必须等于空气的折射率，而这样的隐身是包括眼睛在内身体上所有的部位一起隐藏起来。我们在上一节提出了这样的疑问，既然眼睛已经透明，又怎么能看到其他人呢？想必威尔斯仔细思考了这个问题就会怀疑自己隐身人的故事能不能成立了，如此精彩的一部小说说不定就不能与读者见面了。

如果我们从眼睛的构造来分析，在眼睛中，玻璃体、晶状体等都能折射光线，从而使外界的物体呈现在视网膜上，但是在隐身所必需的折射率相同的条件下，光线从一种介质到另一种介质是不会改变方向的，那么眼睛上的折射也是不可能完成的，也就无法将外界图像聚合在一个点上。另外，隐身人的眼睛里不存在色素，如果想让光线能够停留在眼睛里，就必须在进入眼睛中发生微小的变化，让眼睛产生感觉。虽然有很多深海的生物利用透明的身体来进行自我防卫，但是它们的眼睛或多或少的都会有些颜色。"我们在捕捞出深海的动物时，它们身体血液中由于没有血红素，所以是透明的，我们只能靠它们黑色的小眼睛来进行辨认。"著名的海洋学家默里认为动物只要有眼睛这种器官就不会是透明的。

这样看来，隐身人其实完全是个瞎子，法力无边的神话一下子就被打破了。隐身人其实是什么也看不到的，这个一心称王称霸的人，他的威武形象也只是妄想，他只能是流浪在街头，想乞求别人的施舍却不可能有人援助他，因为大家根本就看不到他的存在，他叫嚣的时候所有的优越都化为乌有，隐身人注定是一个遭受苦难而无助的废物。不知道这个漏洞是威尔斯有意设置的还是他根本就没有考虑到。不过威尔斯的文学作品是以细节描写来使人们减少对幻想出来的虚拟部分的怀疑，如果非要沿着威尔斯的思路去寻找隐身人是否存在，其实没有任何价值可言，但是小说中饱满的艺术创造力却是他价值的所在。

9.8　找不到的动物

如果你曾经制作过昆虫标本，你一定知道，在寻找昆虫的时候，比如蝈蝈，它会一直不停地叫，你感觉它就在脚边叫，但在脚下一片绿色的草坪中，只能听见声音而看不到蝈蝈的身影。这就是因为蝈蝈绿色的身体保护了它，正是因为昆虫天生的保护色，很多时候想要发现它们是一件很困难的事情。

　　自然界中的许多动物在这方面的本领比人类的发明还要高明，它们可以依照周围环境的变化来变换自己身体的颜色以形成保护色。比如银鼠，冬天在雪地里很难被发现，而春天在土地上一样难以被发现，这是因为它在冬天下雪的时候身体会变成雪白色，这样就将自己融入白雪的世界。而当春天来临的时候，它的身体会变成褐色，这样它们的皮毛颜色就与裸露的土地的颜色相近，这样的变换使银鼠得到了保护色的充分庇护。

　　如此聪明的小动物还有很多，比如在沙漠里的很多动物，如狮子、鸟类、蜥蜴、蜘蛛、蠕虫等，它们都有着淡黄色的身体，是典型的沙漠物种，而在北方雪原上的动物，都有着白色的身体，在白茫茫一片的雪原上，基本上发现不到北极熊或者潜鸟，聪明的它们早已变得和雪一样白，生长在树皮上的动物简直就和树皮的颜色是一样的，像五彩的蝴蝶、毛毛虫以及毒蛾等。在自然界，拥有保护色的动物不下数千种，我们生活中的很多地方都能看到它们的踪影。

　　在军事中，保护色也应用于隐蔽与伪装，军人们称之为"自卫色"。给身体涂上适当的颜色，与周围环境融为一体，使敌人很难发现，这样的自卫其实和隐身效果类似。

　　除了陆地上的生物，在海洋里，也有很多生物有着保护色。比如在海里有很多褐色的海藻，于是动物们根据海藻的颜色变装，如果是生活在红色海藻周围的动物，它们一定也是红色的。而鱼类银色的鳞片也是它们免受猛兽攻击的保护措施，银色的鱼鳞如同镜子一般发亮而和背景的海水融为一体。当然，也有一些海洋生物是透明的，就像我们上节提到的一样，在无色透明的海域，它们自由地游走，比如水母、水生蠕虫及其他软体动物、虾类等。这便是达尔文时代以来的动物学家所发现的"保护色"延长动物寿命的现象。

9.9　军事中的隐身术

　　动物们这些聪明的方法如果能够应用在人类身上会有怎样的效果呢？其实这样的幻想已经在生活和军事技术中变为现实了。军事上的应用尤其广泛，比如在空军武器中就充分应用了自卫色和伪装。为了能使飞在敌机周围的飞机不被发现，很多战斗飞机都会被涂成与地面相应的颜色，比如褐色、暗绿色或紫色。为了在 750 米的空中难以被发现，飞机的底部是呈现与天空颜色相近的浅蓝色、浅红色或白色，这种色斑也会涂在飞机的外壳上，从地面看上去，这种色彩会同天幕的颜色融为一体，经过如此伪装的飞机如果到了 3 000 米的高空就会完全"消失"了。

　　德军在第一次世界大战期间将齐柏林飞艇表面装上光亮的铝板，铝板上便都是天空和云彩的映像。由于镜面能映出的背景色，是在一切环境里万能的自卫色，且飞艇在飞行中没有发动机的声音，再加上形状和颜色融入背景之中，因此从远处几乎发现不到飞艇的存在。

人们从充满创造性的自然界中学到了很多东西，这种"战术性伪装"就是借鉴了动物们的保护色而应用在军事中的好例子。在夜间飞行的轰炸机会被涂成黑色，军舰在海中行驶会被涂成铁灰色，现在的士兵虽然都身着单色的军装，但在战场上，士兵们的穿着却是五彩缤纷，以便隐身于各种不同的环境中，有的时候还要穿上缀挂着树皮杂草的草绿色伪装服，就连工事、大炮、坦克、军舰也都要用特制的插上草束的网伪装起来。

9.10　我们在水下能看得清楚吗

炎热的夏季，游泳池里总是有很多人，他们如小鱼般游来游去，但是我们发现，基本上会游泳的人都会戴着游泳镜。试想一下，如果不戴游泳镜，在水下睁开眼睛能看清水下的东西吗？

在之前一节中，我们曾经提到，隐身人之所以是个瞎子，和他眼睛与空气的折射率相关，那么在清澈透明的水下，人们的视力是否会下降，如果有变化是否也和折射率有关系呢？我们查到，水的折射率是 1.34。而人眼中各种透明体的折射率各有不同，晶状体为 1.43，水状液为 1.34，角膜和玻璃体也是 1.34。从数值就很容易看出来，除了晶状体的折射率不太相同，比水大十分之一之外，其他透明体与水的折射率是一样的。所以人的眼睛在水中与光线形成的焦点离视网膜距离很大，成像自然也就十分模糊，不过因为折射率的原因，本来高度近视的人在水中反而变成了视力正常者。所以，如果你的眼睛没有近视又想亲眼看见水下的景物，只要戴上一副高度数的近视眼镜就可以了。不过，由于视网膜与焦点的距离远，被折射在眼中的光线虽然可以在视网膜后面形成焦点，我们所能看到的景象也只能是比较模糊的。那么如何才能提高在水下的视力呢？

我们平时的眼镜所用的玻璃折射率只比水大一点点，大概是 1.5，用它制作的眼镜在水中折射光线的能力自然就很弱了。所以要想清晰地看清水下，就要用光折射率很高的玻璃，比如重铝玻璃，它的折射率可以达到 2，戴上这样的眼镜就好像在海中潜水时戴游泳镜一样。

水下眼镜的发明也和学习动物的本领分不开。大自然中鱼类的眼睛是动物眼睛中折射率最大的，它们的晶状体呈球形，在对光调位时并不会改变形状，如图 9−5 所示，这样的构造使得鱼类的眼睛一般都是暴突出来的，如果是平平

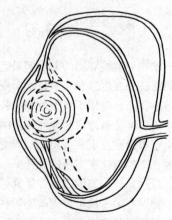

图 9−5　鱼眼睛的结构示意图

的，它们在水下也就变成瞎子了。

9.11 潜水员为何能看到海底美景

在很多美丽的海边，都会有潜水这个项目，我们可以通过潜水近距离地接触到海洋生物，不过在下水前，都会穿上潜水服，戴上潜水面具，将身体包括眼睛在内与海水彻底地隔离起来。正是戴上潜水面具这样的保护装置，使人们解决了眼睛在水下无能的问题，就好像儒勒·凡尔纳书中的鹦鹉螺号潜入海底时，因为玻璃的隔离，乘客们通过船舱的窗户也可以欣赏到水下的美景。

其实这个现象并不难解释，当水中的光线穿过玻璃的时候，是先遇到空气然后才进入到我们的眼睛中。在这种情况下，就如同我们能够在鱼缸旁看到游动小鱼的一举一动一样，在海里戴上面具后眼睛和在陆地上发挥的作用是一样的。其实利用光学原理也很容易解释这个问题，水中投射到平板玻璃上的来自任何方向的光线经过玻璃后都不会改变方向，只是再从空气进入眼睛时光线才会发生折射。

9.12 水中失效的放大镜

根据我们所学过的光线折射的原理，因为玻璃的折射率比周围空气的大，而水的折射率与玻璃相近，所以光线从水中进入置于其中的玻璃透镜时，角度上就不会产生很大的偏折，所以双凸透镜虽然在空气中有放大作用，可到了水中就会出现不一样的情况。我们在水中可以看到，放大镜的放大率比在空气中小了很多，相对应地，透镜缩小的幅度也会变小。因此很多人把双凸透镜，即放大镜放到水中后，发现放大镜完全不起作用，换了双凹透镜，即缩小镜，也不会有效果。这时候动动脑筋，很容易就可以用光学的知识解释，以至于不会被笑话。

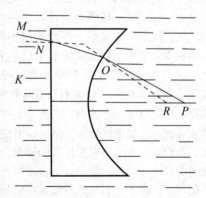

从图 9-6 中，我们可以通过具体的光学线图来解释。图中是一个空心透镜，即潜水员所使用的看水下的眼镜。我们将这种透镜放入水中，光线 MN 被折射后沿轨迹 MNOP 行进，经过透镜中时偏离法线，穿过透镜到外面时由重新靠近法线 OR，因而，这种透镜还有放大的功能。

图9-6　潜水员的空心平凹透镜。光线 MN 折射后，沿 MNOP 的路线。在透镜里面，它远离法线（OR），在透镜外靠近法线（OR），从而起到会聚透镜的作用

在与玻璃折射率相近的水中，放大镜已失去了放大的效果，那如果放入比玻璃折射率还要大的液体中，会出现怎样的情况呢？比如植物油，它的折射率就比玻璃大，我们将放大镜放入其中，神奇的现象发生了，本来在空气中放大的双凸透镜反而会缩小被看的物体，而双凹透镜则起到了放大的作用，在这种情况下，双凸透镜反而要被称为缩小镜，双凹透镜变为了放大镜。

9.13　看不见的硬币

我们将一个茶碗放在桌子上，在碗底放上一枚硬币，让你的同学坐在桌子旁，他所坐的位置因为碗壁的遮挡而正好无法看到硬币，那么你觉得有什么方法可以让你的同学一动不动却能够看到这枚硬币呢？其实这并不难，你可以像变魔术一样把硬币变到你同学面前。我们找来一杯水，将水一点点地倒进碗里，没想到随着水的增加，硬币竟然出现了。若把水重新吸走，碗里的硬币就又不见了。你的同学如果不了解光学的原理，一定对这样的现象感到十分吃惊。这时候你就可以给他当一个小老师，讲述这其中的奥妙所在。其实这个现象很常见，比如在图 9-7 中，把勺子放进装有水的杯子里，从杯子外面看，勺子就像被折断了一样，这个现象和硬币上升是同一个光学原理。

生活中也能发现很多这样的例子，比如人站在鱼缸前欣赏小鱼的时候，如果小鱼可以看得见的话，在它们看来，我们这些原本笔直地排列的看鱼者，会变成一道弧，而且是一道凸出对着鱼的弧线。这是因为光线在不同折射率的介质中给人的视觉效果不一样，从折射率较小的介质（空气）进入折射率较大的介质（水），就和从水进入到空气完全相反。如果不知道这样的原理有时

图 9-7　勺子就像被折断了一样

候还会出现危险。在池塘、河流和蓄水池等地方，从底部看上去感觉水很浅的地方，其实要比你想象的深度深三倍。没有游泳经验的人去这样的河里游泳可就十分危险了。他们忘记光线折射所造成的错觉，以为水深就像他们看到的一样，若是小朋友或者身高不高的人，他们跳下去才发现水深其实比想象中要深很多，但此时已经陷入困境了。由于折射现象导致水中的物品看起来会比实际高度高，因此这时候千万不要相信自己的眼睛所看到的东西。

接下来让我们看看具体的分析，通过光学线图能够让你更明了，如图 9-8 所示，A 点代表你的同学眼睛的位置，碗底的 m 处是放置硬币的地方，根据图示，光线从 A 点出发，在水里被折射后又从水面进入空气中，然后回到眼睛里，但是眼睛的位置却是在这些线的反向延长部分，于是自然也就会在比 m 处

高一点的地方看到碗底和硬币。如果光线进入眼睛的角度越大，那么就会在越近的地方看到硬币。就像我们在船上看池子底部，总觉得离我们越远的地方越浅，然后池底在我们的眼睛里就好像一个凹槽一样。还有图9-9中从水底看水面上的桥，得到的图片中桥变成了凸形，这和碗底硬币的实验也是一样的道理，至于这张照片是怎样拍摄的，在后面的章节中我们会为大家解读。

图9-8　杯中硬币的光学线图

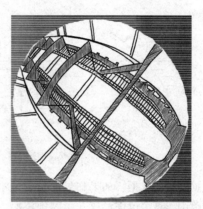

图9-9　从水底看到的横跨河面的铁路桥的模样

9.14　全反射——鱼类的必修知识点

如果鱼类也能上学学习物理的话，那么光学中的很多知识都是它们的必修课，比如"全反射"，了解了这个知识它们在水下就可以生活得更加自由自在。动物学家认为，多种鱼类的身体呈现银白色是和它们在水下的视觉特点有关的。这种颜色是鱼类对水面颜色适应的最终效果，我们从前面的内容知道从水下看水面就好像一面透明的镜子，这就是因为全反射，所以银白色的鱼在水里游动不容易被其下方的水生动物发现而被捕。

"全反射"让水面成为最完美的镜子，我们生活中用抛光的镁和银制成的镜子算是最好的镜子了，但是也只能反射部分光线，其余的都将会被吸收，但是水面却可以将射来的光线全部反射回去，可谓是完美的象征。

生活中还有类似的"全反射"的例子。例如图9-10所示，我们将一颗大头针插在一块圆形软木块上，这块木头倒放在水盆里，但奇怪的是，我们怎么也看不到这枚大头针，这枚针明明也不短，所用的木块也不大，为什么就看不到呢？这就要用光学的原理来解释了。

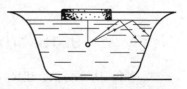

图9-10　在水中隐形了的别针

根据光学原理，从图9-11的三幅小图中我们发现，光线从折射率较大的介质进入折射率较小的介质，好比从水进入空气时，会产生不同的折射效果，这中间有一个临界角度，通过实验发现，这个角度应是48.5°。三幅图中显示了光线进入水面和射出水面的路线。如果是掠过水面的光线，它与法线基本上是以垂直关系进入的，这时就会出现临界角度。因此对水来说，到达临界角度的光线就不能正常前行了。如果理解了这样的原理，判断各种现象的原因也就容易多了。

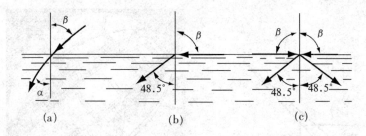

图9-11 光线从不同角度进入水中发生不同的折射情况

根据实验的数据，如果临界的角度是48.5°，那么光线可以进入水中的角度就有一个范围，这个范围形成一个圆锥体形，为97°。但是那些没有出水面的光线去哪儿了呢？光线在进入空气后，就会在水面以上的整个180°的空间中依各种不同角度散开（图9-12）。那些"不见了"的光线原来是水面将它们全部反射了回去，水下所有光线与水面相遇角度超过48.5°时，这些光线就没有机会和空气相遇了，它们将会被直接反射而不会产生折射现象。

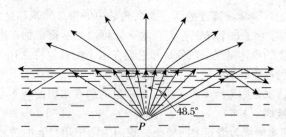

图9-12 光线从水中以不同的角度进入空气时也会发生不同的折射情况

9.15 小鱼眼中外面的世界

有一种很简单的方法，让我们能够以从水下观察的视角来看外面的世界，就像水中的小鱼看到的世界一样。我们可以将一面镜子放入池水中，通过调节镜面的角度，就可以在镜子的映像中观察到水面上的物体。试想一下，当一个游泳的人从小鱼所在水域走开时，当人走得越来越远时，在鱼类看来，人的身体会慢慢消失，最终竟只剩下一颗人头在移动，听起来这个画面有些惊悚，但是经过实验证明，现实就是这样的。从水下看到的世界是许多人想象不出的，世界会变得让你认不出来本来的模样。你可能想自己下水亲自来验证一下，但是之前我们讲过，人的眼睛在进入到水里后，是很难看清楚物体的。原因就是之前介绍的水的折射率和我们眼睛的折射率是相似的，视网膜上的映像自然也是看不清楚的，即使使用潜水装置，比如潜水面具或是直接从潜水艇中观察外面，效果都不理想。其次，在水面动荡的状态下，是很难透过水面看清外界的。

除了前文介绍的利用镜子的方法，还有一种方法也可以进行水下观察。这需要一台特殊的照相机，它并没有镜头，而是在相机中间放置一个感光金属片用来进光。这样，在感光片和光孔之间就充满了水，利用这种装满水的照相机装置就可以免去我们亲自下水一探究竟的过程了，映像可以直接通过相机照出的照片显示出来。之前的一幅从桥下看大桥的图片（图9－9）就是美国物理学家利用这样的方法照出的图片，笔直的桥面在影像中变成了弧形。

当然，也有看到的形状不发生改变的情况，若是在水下看头顶正上方的云彩，它的形状并不会像其他物体一样有变扁的趋势。因为正上方的物体与水面成直角，这样光线进入水面并不会发生折射现象，若是以锐角的状态进入水面，就会发生折射现象，从而导致形状的改变（图9－13）。而且锐角角度越小，所看到的物体越扁，直到消失不见，这就和小鱼只看到一个移动的脑袋是一样的。因此很多陆栖动物落入水中后会被水面上变形的世界吓倒，原因都是因为透明的水面的作用。在前面的章节我们也介绍过在水下观察的光学原理，但是透过镜头的玻璃和隔层中的空气看出去是要受到相反方向折射的影响的，由此可见，透过潜水面具或者潜水艇的观察并不能代表真正的水下观察的视角。我们知道，光线进入到水面后，最终经过折射、反射回空气的光线呈现一定的角度，有一个临界值，即48.5°，因此从水下仰望的时候，水面所呈现的形状并非平面，而是类似圆锥体的形状，从一条180°的弧居然变成一条97°的弧，缩小了将近一半，所以就会感觉自己是站在这个圆锥的顶点，面前是一个比直角大一点的视角。假如光线以与水面成10°左右的角进入时，那从水下就只能看到一道很窄的缝了。不过从水

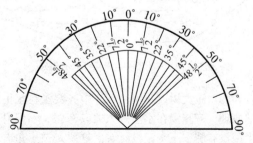

图9－13　从水里往外面看时，180°的
弧压缩在97°的角里离天顶越近，
压缩得越严重

下面往上看的时候，外面的世界会变得五彩缤纷，十分好看。这圈光晕是因为圆锥体上方不同颜色的折射率不同而产生的，所以就会形成一圈像彩虹一样的彩环，原本白色的阳光被分解开来，十分奇特。

要说看到的奇特景象，除了小鱼看到一颗人头在行走，水面像彩虹般绚烂外，还有一种情况，那就是如果物体的一部分在空气中，另一部分在水下，此时我们观察到的现象又会是怎样的呢？

图 9-14 用光线图解释了我们看到的奇怪现象，这幅图看起来有些复杂，不过，我们可以从几个不同的角度分别来看一下。如图，河水上有一根测量水深的标杆，从水下的 A 点处向外看，我们将所能看到的整个 360°区域分成六块，这六个区域分别能看到不同的景象。在视野 1 范围内，在一定亮度的时候可以看到所有的像，但是比较模糊。在视野 2 范围内，只能模糊地看到标杆的水下部分，虽然不清楚但是标杆的形状并不会发生改变。视野 3 的范围内看到的映像是在水面上的标杆，这时候产生全反射，虽然可以看到标杆，但是已经被压缩了。观察者在视野 4 的范围里看到的是河底的反映像，虽然可以看到水面上的部分，但水面上下的部分好像完全没有连接，标杆悬浮在水面上。如果不是图解了来看，很少有人会相信那一段竟然就是标杆的映像，因为实在是被缩短得厉害，所有的刻度线都挤在了一起。在视野 5 中可以看到全部的锥形的水面世界，视野 6 则是河底的反映像。

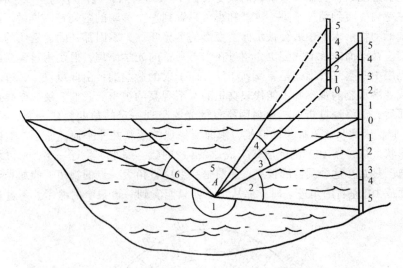

图 9-14　从水下往上看标杆的示意图

所以图 9-15 看到的水淹大树以及图 9-16 中齐腰浸在水里的人被水下小鱼看到的图像都是这样的原理，齐腰浸在水里的人尤其夸张，不但身体断成两截，而且竟然有四条腿，上半截没有腿，下半截没有头。这要是被小鱼看到了，小鱼一定会觉得是看到了惊世大怪物啊！

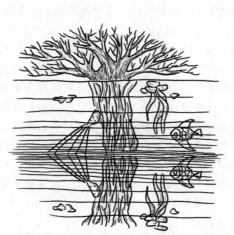

图 9 -15　从水底看被水淹没一半的树的情形　　图 9 -16　从水里看齐腰浸在水里的人的情形

9. 16　并不五彩的海底世界

　　如果我们到达水深三百米的海底，你能想象将是一幅怎样的景象吗？美国生物学家比博曾这样描述：

　　当我们抵达 300 米深的时候，本来我想辨别它到底是黑蓝色，还是深灰蓝色，可奇怪的是，本来蓝色消失之后，应该替代它的是紫色，也就是可视光谱中的下一种颜色，但是我并没有发现紫色，它似乎被吞噬了一样。继而出现的竟是一种似蓝非蓝的杂色，杂色过后颜色变得灰蒙蒙的，说不上来的一种暗色出现了，最终所有的杂色都不见了。我的周围一片漆黑，没有一丝阳光的照耀，所有的色彩也都消失了，如果不是人类拿着电灯来到这里，这里将继续着亿万年的黑暗。

　　关于黑暗的描述，他在后面还有一段：

　　这里黑暗的程度已经是我们难以形容的程度了，超出了我们的语言可以描述的范畴，如果黑色也有等级的话，那么这个水深条件下的黑的程度是刚才的好几倍。

现在是在750米深的水域里了，我们还在继续下降，马上就要到将近1 000米深的地方了，周围除了黑色什么都没有，这里的黑与陆地上的黑夜相比，就是没有月亮的漆黑一片，然而到这里估计也就是黄昏的水平，可见1 000米深的地方已是黑到极致了，除了"黑"，我没有任何词语了。

当然，海底并不是一下子就变黑了，在300米深之前，比博也曾看到过五颜六色的大海，只是水越深就越有世界末日的感觉罢了。他对色彩变化的描述是这样的：

我们坐着潜水球向下沉着，从一个金黄色的地方一下子降临到碧绿的世界中，一束绿光照过来，旁边的浪花泛着泡沫，我们的四周统统变为了绿色，我们的脸，我们的潜水球周围，一派绿色生机盎然般的景象。然而这样的颜色在甲板上看来却是暗青的。进入到水中的我们，眼睛里已没有了光谱中的暖色，它们彻底地被阻隔在海面外了，这些暖色光线只占了可视光谱的一小部分。不一会儿，黄色光线也不见了，取而代之的是绿色，这样的颜色只陪伴了我们三十米左右，在从三十米向六十米下沉的时候，水的颜色逐渐变为很深的绿色，继而出现蓝色，直到六十米的地方，已经变成了蓝绿色。到了一百八十米时，周围泛着蓝光，我只能用我的大脑来记录颜色的变化了，此时的亮度已经看不到纸和笔了。

9.17　眼睛的盲区

有的人不小心将自己的眼镜摔出裂缝又来不及去配新眼镜，起初可能会觉得眼镜上的裂缝很明显，但若长时间戴着的话，慢慢地你可能就看不到这条裂缝了，裂缝成了我们眼中的一个盲点。我们也可以通过给眼镜上贴一个很小的纸片来验证，在眼镜的边缘处贴一块小纸片，和裂缝一样，开始几天你会觉得小纸片很碍事，总觉得有一部分看不到，但是过一两个星期以后，你会发现小纸片并不妨碍我们看东西了，甚至你会忘记眼镜上还有这个东西。个中原因除了我们戴的时间长了习惯了，还有就是我们每一只眼睛都有一个盲点和盲区，但平时我们同时用两只眼睛合成来看，视野里的盲区就会互相抵消不见。

如果现在手边没有眼镜做这个实验的话，我们可以直接看图9-17，闭上左眼，将图片放到右眼前约20厘米处，用右眼紧盯图左边的小叉叉，然后将眼睛慢慢地靠近图片，在缓慢移动的过程中，我们发现右面图片里两圈中间重叠地方的

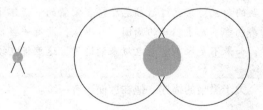

图9-17　用以发现盲点的实验图

黑色小圆圈突然消失了，明明在我们双眼可以看到的范围内，却看不到，但是左右的圆圈还能看得很清楚。如果不是真的实验，你肯定不会相信就在眼前的东西怎么会看不到。做了这个实验你是否相信了我们的眼睛有时就连眼前的东西也会看不见呢。这个验证盲点存在的简单实验最初是在 1668 年由著名物理学家马略特设计的，形式上有所不同但都是一个意思。他让路易十四的两个大臣相隔 2 米面对面而站，再让他们分别闭上一只眼睛，用另一只眼睛看着旁边的一个点，慢慢地他们竟发现看不到对方的脑袋了。

　　那么，人的盲区到底有多大呢？你可能会觉得也就如裂缝那么大吧，再大了我们岂不成了半瞎吗？如图 9 - 18 所示，如果我们只用一只眼睛看 10 米以外的建筑物，那么你正前方区域里会有直径约 1 米的一大块区域变为盲区。如果去看天空，这样的面积会更大，相当于 120 轮满月的面积大小。可见我们的盲区会随着距离的变化而不断变化着。

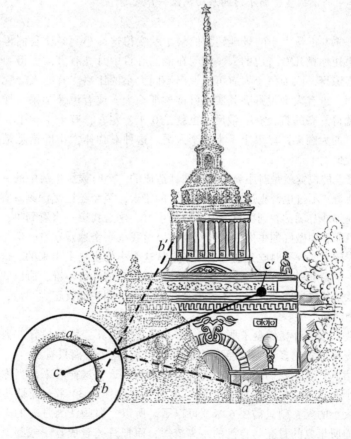

图9 - 18　只用一只眼睛看建筑物，与盲点 *C* 相对应的 *C'* 区域我们完全看不见了

人们很早就发现了盲点这个现象，但是直到 17 世纪才确定其原因是人眼的视网膜上存在盲点，这个地方在视神经进入眼球的时候没有被分成含有感光细胞的细枝。人们习惯于通过自己的想象来填补空白的部分，因此时间一长就发现不了眼睛是存在盲点的。就像图 9-17 中那么大的一个黑点我们却看不到一样。

9.18　月亮看上去有多大

在小说《庄稼汉》中，格里戈罗维奇有这么一段描述：

周围的景物就像微型模型一样，仿佛可以放在掌上来欣赏。房舍、山丘和小桦树林，它们像小玩具一样坐落在远处的村庄的小桥边，和村庄连成了一片，树木就像纺织玩具中的小绿茎，而小河的水面就像一片玻璃。

为什么原本正常大小的景观到我们眼里就变得这么小呢？让我们再来看一个例子。如果让你找几个身边的人，问问在他们心目中月亮有多大，得到的答案也许会让你很惊讶，因为每个人有可能说出不同大小的比喻。有的人会觉得月亮像盘子一样大，也有人会说月亮其实也就樱桃那么大，或者说像苹果一样大，有一位小说家觉得月亮的直径有一俄尺，也就是 0.7 米左右，有个中学生却说月亮好像平时聚餐的大圆桌，可以坐下十几个人呢。这种对物体大小的错觉是对距离的错觉所造成的。

不少错误的视觉就是对距离的错误估计造成的。小时候，生活中的一切对我来说都十分新奇，不过我曾犯过类似的视觉上的错误，至今还记忆深刻。有一天，我同小伙伴到郊外游玩，看到在草地上放牧的牛群，这是我第一次看到牛，平时生活在城市里只能看到做好的牛肉，所以看到牛以后我很兴奋地观察它。但是牛的大小完全让我失望了，我平时吃到的牛肉原来是从这么小的生物上出来的。这样的想法你听到了一定会觉得很可笑，由于我对牛与我的距离估计得不准，所以我就想当然地以为牛就是我看到的那么大，不过后来我近距离看到牛的真正大小后，也觉得自己之前的想法很可笑。

大多数人认为月亮像盘子那么大，那么让我们来算一算要想看上去像盘子一样大，月亮要离我们多远呢？经过科学家的计算，这个距离只有 30 米，这实在让人难以相信，月亮在我们的计算中离我们竟如此的近。这样看来，当你觉得月亮的目测大小和盘子相似时，那么这只"盘子"会离你约 30 米。而那些觉得月亮如苹果般大小的人，则只需要 6 米就可以了。所以，那些认为月亮的大小如同苹果者，他们所想象的月亮与自己的距离较短，而把月亮看成盘子或圆桌面者，他们所想象的距离相对较长。有些人觉得，月亮怎么会看起来那么小呢，其实用一个硬币就可以帮你解答。拿起硬币，对着月亮，离开眼睛 2 米左右，即硬币和眼睛之间的距离是硬币直径的 114 倍左右，此时我们发现硬币可以把天上的月亮全部挡住。

　　若把一个直径 6 厘米的苹果放到 6×57 厘米远的地方，视角的度数为1°。根据几何学的知识，我们知道当物体与眼睛之间的距离是物体直径的 57 倍的时候，物体和眼睛形成的角度为 1°。所以这个视角的度数会随着距离的增加而减少，成反比例关系，所以我们看月亮的视角度数也就是半度。如图 9-19，这种"能见度角"，或称"视角"，就是从所看物的两端引到眼睛的两条直线所形成的夹角。我们知道，度、分、秒为角的计量单位。在天文学家看来，月面大小的目测可不能以一个苹果或一只盘子来说，而应该用标准的术语，比如 0.5°视角，也就是说从月面的两边引到我们眼中来的两条直线形成了一个 0.5°的角，天文学家利用天体两端与我们眼睛形成的夹角来确定天体的目测大小，这也是目前确定天体目测大小唯一正确且没有任何歧义的方法。

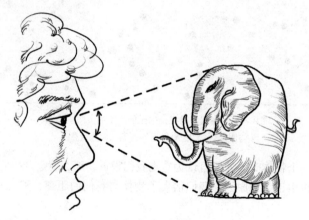

图 9-19　视角

9.19　肉眼看天体有多大

　　如果我们用肉眼观察天空中的行星和恒星，会发现它们都是一样小，都只能看到一个个小发光点。这是很容易理解的，因为除了明亮发光期的金星以外，没有任何行星和眼睛形成的视角能超过一分，也就是我们分辨物体大小的临界视角，一旦小于这个临界视角，每一种物体在我们眼中就变得只是一个点。

　　每颗行星的视角数据是不一样的，行星名称后有两个数据，前面是该行星离地球最近时的视角，后面则是最远时的视角（单位为秒）：

行星	最近视角（单位：秒）	最远视角（单位：秒）
水星	13	5
金星	64	10

火星	25	3.5
木星	50	31
土星	20	15
土星环	48	35

　　如果你很熟悉星座图或天体，那么当你看了图9-20所示的按照天然视角比例画下的大熊星座图后，脑海中一定会浮现你当时用望远镜观测这个星座的情景来。在明视距离内，这个星座在天空中出现的情景和我们在图上看到的情况是一样的。从天文历和有关资料中我们可以得知所有星座的各个主星之间的角距，这样就可以按"天然比例"绘制出一幅天文全图。制图时把纸面的每4.5毫米设为1°，用每小格1毫米见方的方格纸表示星球圆圈面积的大小，按其亮度的比例来画。

图9-20　按照天然视角的比例所绘的大熊星座图
（与眼睛保持25厘米远的距离来观察此图）

　　我们在看一个物体时，如果自认为它离我们很近，那么就会产生它是小的视觉。与此相反，如果由于某种原因，我们估大了物体与我们的距离，那么这个物体就看上去很大。

　　前面所显示的每个行星的角距，那些数值如果按天然比例直接表示在图纸上是不可能的。它们的视角即使能够达到1分也就是60秒，那距离也只有区区0.04毫米，用肉眼完全辨别不出这样小的物体。图9-21就是按照放大100倍的天文望远镜看到的情况画出的行星大小的图片。

　　在图9-21中，占有显著位置的是庞大的木星及其卫星。图上画的是木星离地球最近时的大小，其四个主要卫星排成了一线，其圆面也要比其他行星大许多，除了呈月牙形时的金星，它形成的长度几乎是月面的一半。

　　图最上方是土星、土星环及其最大的卫星土卫六，它们运行到离地球最近处时可以显示得清清楚楚。

　　图下方的那条弧线表示的是放大100倍后在天文望远镜里看到的月面（或日面）的边缘。弧线上面是水星的大小，分别是离地球最近和最远时的状态，再往上是在各种距离下的金星。当它离我们最近时，我们是看不到它的，因为那时它朝向我们的那一面是没有受到日光照射的。随着它的运动，到后来渐渐显示出月牙般的形状。在此后各种位相中，金星变得越来越小，在其变成满圆时，直径也只有它呈

月牙形时的 $\frac{1}{6}$。但即使这样，所有行星的圆面也都是小于金星的。

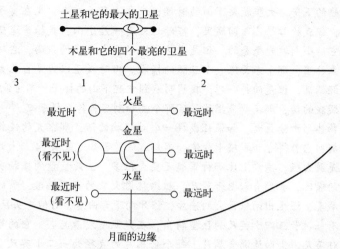

图9-21   将此图放在离眼睛25厘米远的地方，你看到的这些行星的
大小与放大100倍的天文望远镜下看到的大小相同

如图9-21所示，金星的上方是火星。我们发现左边的图还是太小了，但这已经是我们用天文望远镜放大100倍后看到的它距离地球最近时的大小。但这什么都看不清，只是一个黑点，于是我们将它再放大10倍，这样就是在放大1000倍的高度望远镜下的视野。可是在放大这么多倍的圆面上，很多东西都挤在了一起，真的能够觉察出由于火星海底植物引起过的星球色彩的细微变化或者辨别出"运河"之类外星人活动的踪影吗？这也不能怪很多观测者提出的数据与各种道听途说的消息相距甚远，甚至有些人自称曾经亲眼看见过的某些景象，也只不过是光学幻觉罢了。

9.20   爱伦·坡书中的天蛾

这是爱伦·坡短篇小说中的一段，它描写的是主人公由于视错觉而受到惊吓，明白个中原理后才发现是虚惊一场。虽然故事情节看起来有些荒诞，但内容的叙述绝对是有据可依的。这样的情况在我们的生活中也会经常出现，说不定你也有过同样的经历呢。

纽约霍乱流行的时候，城里每天散布着可怕的消息，于是我就到郊外僻静的别墅里躲起来。在那里，还是会收到城里传来的各种信息，如果没有这些干扰，我们本来可以过得很好。两个星期过去了，每天都会得知自己熟悉的人死亡的消息，这简直如噩梦一般每天扰乱着我。我们惶惶不可终日，有时候觉得就连吹来的风也充满了死亡的气息。别墅的主人反而并不惊慌，他总是安慰我，让我安心地住在别墅里。

一个炎热的下午，太阳就要下山的时候，我拿上了一本书，坐在窗子前。虽然手里拿着书，但我的心早已飞回城里，窗外远处有一座小山，我抬头遥望纽约的时候，看到了它。小山坡光秃秃的，但是突然出现了一个奇怪的东西，它从山顶爬下来，消失在森林里，那个东西像一个丑陋的怪物。当时我还以为是自己太担心城里的情况而神经错乱，但是回神一想，我明明看到它爬下山的样子，不可能是幻觉的。如果你也怀疑我的话，那我就来描述一下那个怪物到底长什么样子吧。

那个怪物体形十分巨大，如果让我找一个对照物的话，那么大的怪物我只能想到雄伟的军舰，它长得也和军舰十分像，不知道你是否知道装有74门大炮的那种军舰，简直就是放大版，感觉上比那种军舰还要大很多。如此巨型的怪物有着一个像长吸管一般的嘴巴，长度有六七十英尺，粗细就像大象的身体一般，嘴的周围长着密密麻麻的绒毛，还生出两根巨大的獠牙，獠牙向下弯曲着，好似一头巨型的野猪，在嘴旁，还有一对长三四十英尺的巨型特角，在光照下发着光芒。它的翅膀尤其吓人，长约300英尺，上面镶满金属片，每个金属片的直径为一二十英尺。而怪物白色的头部被黑色的胸脯映衬得格外明显，脑袋低垂着，对比鲜明。就在它向下跑的时候我仔细观察它的特征，就当我看到它黑色的胸脯时，突然，它张开它那巨型大口，发出一声剧烈的响声，听到这巨响，我的大脑突然像被雷击中一样，轰隆隆的，它消失在森林中，我也被吓得晕倒在地上。

过了一会儿，我醒了过来，朋友在旁边焦急地看着我，不知道发生了什么。我急忙向他解释我刚才看到的景象。我站在窗前，对着小山坡指去，形容了我看到的庞然大物，起初他以为我脑子出了问题，还笑我神经兮兮的，但是听到我十分具体的深入描述后，他好像也有些害怕了。我将看到怪物的整个过程仔细地述了一番，包括出现后，长的样子以及消失在哪里。朋友听完我的叙述后，好像想起了什么，说："还好你记得这个怪物长的样子，不然我也不知道这是什么奇怪的生物，我们家有本书上也有过这样的记载，你等一下，我去帮你拿来。"于是朋友拿来一本博物史的教科书，这是一本关于昆虫的书，里面介绍了一种动物，名叫天蛾，是鳞翅目天蛾科中的一种。打开书，里面有这样一段话：

"这种生物头低垂在胸部，生有两对带有薄膜的翅膀，翅膀上布满有金属光泽的五彩鳞片，腹部尖削，下腭延长，构成其进食器官，触须呈三棱形，两旁覆盖着长毛的退化触角，上下翅翼由坚固的细纤毛连接。因为它经常发出悲鸣般的声音，故被民间称为会带来厄运的动物。"

书中的描述简直和我看到的那只怪物一模一样。突然，朋友尖叫了一声："快看，那不就是吗？它正在往上爬呢！"我看过去，的确是它，不过它好像并没有想象中那么大，原来以为它是沿着山坡往上爬，其实它只是在我们窗户上的蜘蛛丝上爬呢。

9.21　显微镜是怎样放大物体的

在《话说玻璃的用处》一书中，俄罗斯科学家罗蒙诺索夫写道：

我的眼睛是大自然给予我的，
我用这双明目来看这个世界，
但还是有很多微小的生物，
会被我的眼睛忽略。
是因为我的视力不够好吗？
显微镜让我们看到了那些肉眼永远也看不到的构造，
微生物身体的构造，它们的心脏，它们的肢体，
小小的机体也很复杂，微小而不乏生命力，
它们的神经，它们的血管，
复杂的程度与海洋里的大鲸鱼并无差距，
如果没有显微镜的存在，
我至今还不知道隐藏在经脉背后的秘密。

于是，我们不禁要问，为什么在显微镜下可以看到如此微观的世界呢？就像爱伦·坡小说中的主人所说，在显微镜下可以看到"怪蛾"身上的细微之处，这用肉眼是看不到的。最寻常的答案莫过于说是因为它以一定的方式改变了光线的路线，但这只是这个问题表层的原因，并没有揭示显微镜真正作用的本质。其实显微镜并非单纯地将被观察的事物放大，它和望远镜的作用类似，是通过改变被观察物体所反射光线的进路，使我们的视角加大，从而物体在我们视网膜上所呈现出的映像也就更大，这样我们就以更大的视角来观察物体。这种映像作用在我们的神经末梢，视角变大后就会有更多的神经末梢接收到映像，这样原本聚集在一点上的物体，便能够放大来看了。

这个原理是我在上中学时，有一次受到一种奇特而令我困惑的现象的偶然启发而学习到的，并非从课本上获得的。我弄明白其中的道理后就一直在思考如果用这种视错觉可否创造出显微镜。当然，这样的想法在我实验多次后仍然以失败告终，我这才明白一点，那就是显微镜放大的是我们看物体的视角，而不是把物体真正放大。这样，物体在我们眼睛的视网膜上的映像就会变大，这才是最重要的（如图9-22）。但我仍然很庆幸那天我坐在关着的玻璃窗子前看到的景象给我启发。当时我看着小巷对面一座房子的砖墙，突然我看到有一只直径好几米大的眼睛从对面看过来，就那么盯着我，当我把它当作远处的东西时，它变得更大了。那时我还没有读过爱伦·坡的小说，当然我也没有想到那个眼睛就是自己的眼睛，那个大眼睛只

不过是自己眼睛在玻璃上的映像，傻傻的我当时被吓得一下子跑到很远的地方。其实显微镜的作用简单地说就是放大物体在我们视网膜上的映像，这样说，"显微镜或望远镜能放大100倍"，也就是指视角上比不使用它时大100倍。

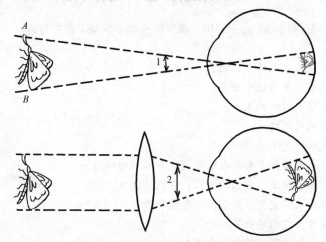

图9-22　透镜可将视网膜上的映像放大

此外，我们还要注意眼睛的一个重要的特点，即在很小的视角下，我们的神经末梢接受物体在视网膜上的映像时会比较慢，不能立即接受，只能暂时反映到一个感应元上，这样只要小于1′的视角下，观察某个个体或者局部，都会变成汇聚的一个点，而物体的形状和构造细节都不见了，这便是物体和我们眼睛距离过小产生的结果。

爱伦·坡的小说十分忠于大自然，他是一位真正的艺术家。在他的书中，他突出描写天蛾的形态有两处，在他的笔下，天蛾的构造与我们用肉眼看到的差别不大，他描写的林中怪物也是忠于自然而没有多加器官。我们肉眼看不到的细微之处，在小说中的最初的叙述中也都没有体现出来，比如直径为一二十英尺的金属片和有金属光泽的五彩鳞片，呈三棱形的触须，像野猪一样的獠牙和覆盖着长毛的触角等。

在回忆爱伦·坡在《天蛾》中描写的如何将映像放大的场景时，那种方式所呈现的映像无论远在森林里还是近在窗框上，视角的角度都不会发生改变，因此无论我们觉得看到的有多大，实际上也看不到细微之处。

假如这些光学仪器没有这个作用，那么也就失去了固有的放大功能，就像我之前看到的，眼睛在砖墙上的映像看起来放大了，但它与镜子中的映像相比较，我们看不到更多的细节。比如我们觉得月亮升起来的时候是越来越小的，可即使看到的月亮再大，我们依旧不可能在月亮的表面上发现一个小黑点。

所以说显微镜是一个伟大的发明，它不仅能够放大映像，更重要的是，它开阔了我们的视野，如果只是放大那便不能成为科学家研究的帮手，只能算个玩具，微观的世界让我们对世界的认识又提升了不少。

9.22　是视觉欺骗了我们吗

现在举一个大家熟悉的视错觉例子。如图 9 – 23 所示，左右两边一个是横条纹，一个是竖条纹，那么这两种条纹所形成的正方形哪一个大呢？这是一个大家都十分熟悉的视错觉例子。由于我们在估计左边图形的高度时，会不自觉地将图形中间的间隔变小，所以感觉这个方形的长要比它的高长一些。同理，我们在看右面的时候，就会自然地认为这个方形似乎更宽一些，其实，这两个图形都是等高等宽的正方形。图 9 – 24 也是类似的例子。之所以出现这样的错误，原因是一样的，也就是我们常常提到的"视错觉"，当然也存在"听错觉"，真的是我们视觉和听觉欺骗了我们吗？其实不然，如哲学家康德言所说："感官不会欺骗我们的原因并不是它们永远都能正确地判断，而是它们根本就不会进行判断。"所以视错觉这样的表述只是形象的，我们的器官本身并不会产生错觉，而是我们在看的同时会自然地进行一定的判断，正是这种大脑的判断使我们出现错误，而这并不能归咎于我们的感官。古罗马诗人卢克莱修早在两千多年前就写道："我们的眼睛并不识物之本真，因此不要把心灵的过错归之于眼睛。"

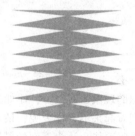

图 9 – 23　这两种条纹形成的
正方形哪一个大

图 9 – 24　这个图形的高与
宽哪一个大

9.23　我们是真的变瘦了吗

在商场买衣服时，很多人喜欢买有直条纹或有褶皱的衣服，问他们原因，很多人都说因为这样看起来会显瘦。而矮胖的人都会远离那些有横条纹的衣服，因为那样穿上看起来会显得更臃肿。其实我们的体重和体形并没有因为穿上这样的衣服而发生改变，那么为什么会显瘦呢？

在上一节中，我们讲到了视觉的失误，但无法一下都尽收眼底的图案也会有这样的失误吗？就像在服装上一样，我们的视野并不能够一下子看到整个衣服的全貌，在眼睛看到一小部分时，会不由自主地看一道道的条纹，看的时间长了，有时还会有眩晕的感觉，这是因为我们的眼睛在看的时候肌肉会用力，在用力的同时不自觉地将条纹向着同方向拉伸，也就是这个原因，在观察无法一下进入视野的物体时，眼睛会产生肌肉疲劳的感觉，甚至感到头晕。这样的疲劳在我们看小图的时候就不会产生，因为眼睛可以不转地盯着小图。这种错觉反而会给爱美之人一个制造假象的机会。

9.24　不一样大的椭圆

在平面图形中，也常常会产生视觉上的错觉。比如图 9 - 25 里 a、b 两点间的距离和 m、n 两点间的距离，你觉得它们哪两点间的距离要大一些呢？由于位于中间的第三条直线是从同一顶点引出的，这便产生了错觉，会让有些人仅从视觉上感觉 a、b 之间距离较大。

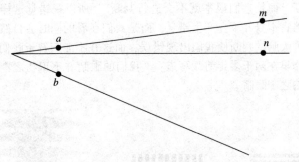

图 9 - 25　a、b 间的距离与 m、n 间的距离哪个更大些

类似的现象还有很多，比如怎么能让两个完全相同的椭圆看起来不一样大呢，请看图 9 - 26 中的两个椭圆，你很可能会认为下面的椭圆大一些，这是为什么呢？这是因为上面的小椭圆外面围着另一个椭圆，所以会有视觉上的错觉，再加上整个图形看起来有立体的感觉，三个椭圆和两条线构成的图形看起来并不在一个平面上，像一个小水桶，这样便更加会让我们坚信下面的大一些。但如果你用尺子量一下其长轴和短轴，就会发现两个椭圆其实一样大。

图 9 - 26　下面的椭圆与上面的小椭圆哪一个更大些

9.25　丰富的想象力

图 9 - 27 中的两条线也属于我们前一节中提出的问题，由于色差的影响我们会觉得本来相等的两条线段长度不同，经过大脑的判断，我们会觉得线段 AB 比线段

AC 短一些。我们前一节也提到了这一点，因为我们在观察的同时不知不觉地进行着判断，所以会产生很多错误的视觉。

图 9-27　*AB* 和 *AC* 哪条线段长

　　生理学家曾说："我们在观察事物时，是在用脑看，而不是用眼睛。"如果有意识地在观察时排除自己的想象，是否就会避免错觉呢？可以试一试下面几幅图。假如拿给别人看我们面前的这样一张图（图 9-28），问他这个图画了什么东西，你能得到的答案绝不仅仅是一种，因为有的人说像楼梯，有的人说像折纸，而且还是放在一张白纸上的类似手风琴的折纸，还有人会觉得像在墙上的壁龛。

　　这些答案都是合理的想象，因为从不同角度看此图，的确会得到不同的结果，如果你是从图的左半部看此图，那么看到的就是楼梯，如果你从右下角看过去，就能看到折纸了。当然，如果看的时间长了，你便会觉得这张图一会儿像这个，一会儿又像那个，这是因为人的注意力会随着时间变长而放松，想象力也会随之衰退，所以也就会出现这样的结果。那如果你再看图 9-29，你会看出多少种可能性呢？

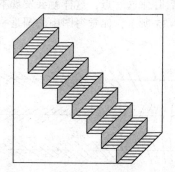

图9-28　在这幅图里，你看到了什么

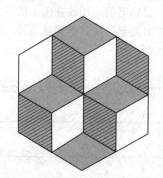

图9-29　这些立方体是怎样排列的

9.26　更多迷惑人的视错觉

对于视觉上的错觉，虽然有很多解释，但大多难以使人信服，即使说是因为大脑判断或者肌肉疲劳所致，但为什么又会因为这个导致错觉呢？在我们的大脑中到底进行着怎样的判断和推理，总觉得中间还有很多的奥秘。不过我们可以信服的是，这是一种无意识的行为，有时候不自主地卖弄聪明反而让我们自己被蒙骗而看不到真相，这种无意识的判断有时候会闹出不少笑话。

还有一种错觉也很有趣。请看图 9－30，你说，在左右两组短横线中，哪组的横线比较长些？和之前的问题类似，如果聪明的话，你会说这两组线一定是一样长的，其实也是如此，但仍有人会认为左边的那组看起来更长一些。这种错觉被我们称为烟斗错觉。还有很多

图 9－30　"烟斗"错觉，实际上左右两端的横线等长

例子，如果用尺子量的话，很多错觉就被自己推翻了。像图 9－31 中的直线被截成了 6 段，看起来并不是一样长的，但用尺子一量，立刻就推翻了视觉的印象。

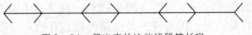

图 9－31　截出来的这些线段等长吗

图 9－32 和 9－33 中的横线也是一样的，看得越久，越觉得本来平行的直线在向中间靠拢。不过若是在电火花光照下的几幅图，就不会让我们产生错觉，因为电火花发光的瞬间我们眼睛来不及移动，可见如果眼睛不移动也许错觉就不会发生了。其实还有两种方法可以消除错觉，比如拿图 9－34 做示范，第一种方法是可以把这张图拿到同眼睛一般高的位置，然后将我们的视线沿着线的方向看过去；第二种方法是将一根铅笔的一端放在图上的一点，然后盯住这一点，这样就会发现本来两条感觉上相对突起的线其实都是直线。如图 9－35 所示，你觉得图中的圆是一个正圆还是椭圆呢？

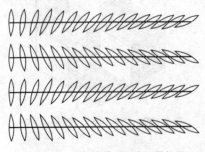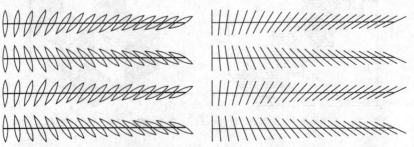

图 9－32　平行直线看上去不平行了　　　　图 9－33　平行直线看上去不平行了

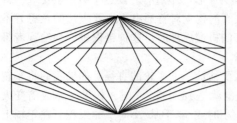

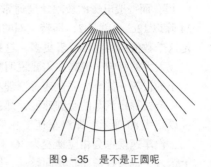

图9-34　你是不是也把两条直线看成了弧线　　　图9-35　是不是正圆呢

9.27　满是网眼的图片

　　有一些图案并非我们在正常距离的视角下能看到的，有时候需要离得远一些才能看出一些门道，有点"退一步海阔天空"的意味。如果以平时读书的距离让你看图9-36，你也许会认为它是一位聪明的雕塑家刻意而为，你也有可能以为这是谁不小心弄洒了墨水弄出的效果，其实都不是，这只是一幅再简单不过的图画，只是它被放大了十倍后展现在大家眼前。如果换个距离看这幅图，认为这只是一个布满了黑白点的网版的想法就会打消了。

图9-36　远距离看这张图，会发现这是一个女子的侧面头像

　　如果你拿着这本书离远了看，或者干脆把书放在书桌上，然后站起来离远一点，马上就会发现其实这是一个女子的侧画像，还能看到她的眼睛呢。我们看的书和杂志上的图画看起来很密实，如果放在放大镜下来看的话，都会变成和图9-36一样的效果。因为那些书也都是用这种网状物做成的，平时只是因为我们看书的距离近而看不到这些网眼罢了。根据之前我们讲述的视角原理，这幅网眼相对比较大的图片，离得较远时就会恢复原状了。

9.28　倒转的车轮

　　人们常说历史的车轮是不能倒转的，但当我们看影视剧中汽车奔驰的画面时，却发现这些飞驰的汽车的车轮似乎是不动的，有时甚至是倒转的。原因何在呢？其实细心的观众可以根据轮辐的数量算出车轮轮子每秒钟的转数。假设汽车的轮辐是

12 根，而一般电影的放映速度通常是每秒 24 个画面，那么车轮每秒的转数也就是 24 除以 12，也就是 2，即转一圈的时间为半秒。不过有时候这个数值会更大，甚至是这个数值的两三倍或者更多。这种失真的视觉对普通电影所要表达的意思并不会造成太大的影响，但是在需要说明精密的机械原理时，这种错误也许会给观者带来不小的误解，甚至会完全违背原理本身。

若要算出汽车的行驶速度，那就需要估计一下车轮的直径，如果我们将车轮直径设定为 80 厘米，那汽车速度相应地也就是 18 千米/小时，如果转速成倍变大的话，汽车速度也会相应地变为 36 千米/小时或 54 千米/小时。如果我们在轮辐上做上记号，记号好像在轮辐间跳动，因为轮辐和记号的转动方向是相反的。但是如果我们在轮缘上做记号，因为所有轮辐的形状都相同，轮缘和轮辐的转动方向看上去就刚好相反。

相信这种现象你在生活中也经常碰到，只要有运动的轮子就会有这样的现象。如果是第一次看到这种情景的人，肯定会感到迷惑不解的。我们透过栅栏空隙看旋转的车轮时，栅栏的条板每隔一定的时间就会阻断一次视线，我们是无法连续地看到轮辐的，因而我们也只能每隔一定的时间才看到它们。影片中车轮的画也不是连续的，按照每秒 24 张画面，中间也是隔着一定时间。这样就可以解释为什么我们看到车虽然在飞速前行，但轮子看起来却转得很慢或不动或干脆是反方向的。

在这里，若想计算出转速很大的轴转数，我们可以运用刚才所谈到的视错觉的知识。我们知道交流电的电灯亮度每隔 $\frac{1}{100}$ 秒就会减弱一次，并不是稳定的状态，但是在一般的条件下我们对这种亮度差并无感觉。如果这个转盘在 $\frac{1}{100}$ 秒内旋转 $\frac{1}{4}$ 周，现在我们将交流电的灯光照射在图 9 - 37 所示的转盘上。原本一抹灰色转盘盘面看起来好像不再转动，而且变成了黑白扇形相间的盘面。如果有了关于对车轮发生视错觉的知识，这种现象也就很好解释了。下面让我们看看可能使我们发生不动、变慢甚至反转的误解是如何产生的：

第一种是我们忽略了整数的转数。意思就是我们看到的只是每次转一周的一小部分，那只是发生了半圈的转动。车轮在转完一个整数转数后又转了小半圈，我们观察这种变换的画面时却忘记了前面还有整数转数，因此在我们看来车轮的转动十分慢，尽管车速依旧很快。

第二种情况，如图 9 - 37 第三列所示那样，在拍摄间隔时间段内，车轮只转了 315°，尚未转完一个整圈。所以在我们看来，这时候每一根轮辐都好像是在向相反方向转动。这种错觉在车轮不改变转速时会一直存在。

还有一种情况，在视线被阻断的时段内，为了叙述的简便，我们假设车轮的转数刚好是整数，可以是 3、5、18 或者 20，只要车轮的转动使轮辐间隔是整数就好，这一点也同样适用于其他两种情况。这种情况下我们观察到的画面同前一个画面相比，轮辐在画面上的位置没有改变。在下一个时间段，由于时间的间隔和车速不变，轮辐的位置不动，车轮的转数也仍是整数。如图 9 - 37 中间的一列，我们在画面上看到的轮辐就始终在同一个位置，因此也有了车轮并不转动的现象。

图 9 - 37　影片里车轮转动反常的示意图

9. 29　被放慢的"时间"

如果让你测定子弹的飞行速度，你会选择什么方法呢？有一种利用转盘测定的方法相对简单，也是我们在物理课本中会学习到的。这种方法可以精确地测定子弹的速度。我们在一个类似果盘大小的圆盘上画一个黑色的扇形，如图 9 - 38 所示，然后安装上轴，快速地转动起来，这时候找一个人对准圆盘的沿壁开枪，这样在沿壁上就会留下两个小孔。我们知道，如果圆盘没有被转动的话，两个小孔肯定与枪口是在同一直线上的。现在转盘转动起来，子弹先穿过一边，然后再从另一边飞出，这中间有一段的距离差，这时候子弹将会从点 c 飞出。我们知道圆盘的转速以及直径，这样就能够根据 b、c 两点间的弧长计算出子弹的飞行速度了。这个速度只要了解一点几何常识就能够很容易地算出来了。

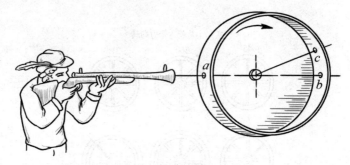

图 9 –38　使用圆盘计算子弹飞行速度

在《写给孩子的趣味物理学》中，我曾经讲过一种"时间放大镜"，是运用电影放映的原理制成的。还有另一种可以达到同样效果的道具，它的原理和上一节中的内容相似。我们已经知道，每秒强弱度变化 100 次的灯光照射在每秒转速为 25 转的转盘上时，盘面会呈现黑白相间的情况，看上去好像没有转动，如静止了一般（图 9 –39）。如果我们将灯光强弱变化频率增大为每秒 101 次，圆盘就不能在与原先变化相同的时间段内恰好和原来一样转上 10 周了，也就是说，那些黑白扇形就会比在原来的位置时慢一些。

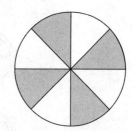

图 9 –39　用来计算发动机
转速的圆盘

此时，圆盘的转动似乎慢了 $\frac{1}{100}$ 周，当光度发生第二次变化时，它又慢了很多，随着光度的改变，转速逐渐变慢，直到后来转速仅有原来的 $\frac{1}{25}$，我们甚至产生它在以每秒 1 周的速度逆转的错觉。

如果我们想要避免这种逆向慢运动的视错觉效果，只要把加大光度强弱变化的频率改为减小这种频率就行了，这样运动就能依旧保持原来的方向。例如，当变化频率为每秒 99 次时，我们就会觉得转盘是在以每秒 1 周的速度正向转动。于是就有了这种"时间显微镜"，可以放慢到原速度的 $\frac{1}{25}$。其实它放慢的倍数可以更大些，如果光变化频率只有每 10 秒 999 次（即每秒 99.9 次），那么我们就会觉得转盘的速度是实际转速的 $\frac{1}{250}$，即每 10 秒转一周。

我们可以运用这个方法将任何一种快速的圆周运动减慢到适合我们肉眼观测的速度，比如在时间显微镜下，它们的转速可能被放慢到原速的百分之一乃至千分之一，用这种方法研究高速运转的机器运动就会方便很多。

9.30　利用视错觉发明的奇妙圆盘

这个神奇的圆盘就是尼普科夫圆盘，如图 9 - 40 所示，当我们转动它时，起初慢慢地转动，透过圆盘上的小窗观察每个小孔经过小窗时的情况，我们发现，经过小窗时离小窗上部分最近的是离盘中心最远的那个小孔。如果将圆盘转的速度逐渐加快，我们可以看到图片上第二个小孔低于第一个小孔，透过小孔看到的图像就是图片上接近小窗的上部分。第二个小孔经过小窗的时候显示的却是同前一画面相连的第二个画面，如图 9 - 41 所示。当第三个小孔通过时，我们又看到第三个画面，往后依次通过小窗都是如此。

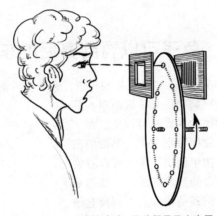

图 9 - 40　当圆盘转动时，画片便显示出来了

因此，圆盘的转速不是太快或太慢时，我们就能够看到这种画片的整个画面，就好像从小窗前面另一个观察口看圆盘一样。这种尼普科夫圆盘我们自己制作起来也不难，图 9 - 42 就是这种圆盘的示意图。

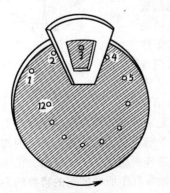

图 9 - 41　尼普科夫圆盘发生作用的示意图

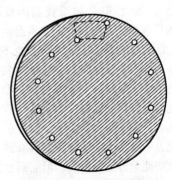

图 9 - 42　尼普科夫圆盘

找一块较为结实且比较厚的圆盘，在其内侧钻一圈小孔，这圈 2 毫米直径的小孔均匀地分布在一条螺旋线上，每一个小孔都依次向圆盘中心靠拢。将这个圆盘安装在转轴上，圆盘的前面放置一个用来观察的小窗，如图 9 - 40 所示，并在圆盘的后面同时放一个和小窗同样大小的纸片。

当我们转动圆盘时，转速不断加快就能看到奇妙的现象，想让圆盘加快最好的办法就是配一个小发动机，连接在转动圆盘的转轴上，从而提高圆盘转速。转速加快时，本来藏在后面的画片，透过小窗可以看得清清楚楚。圆盘逐渐变慢后纸片又会慢慢模糊，直到圆盘停止转动后，画片也随之不见了，就只能看到 2 毫米的小孔后面一点点的画面了。

尼普科夫圆盘是视错觉在技术应用上的有趣发明，同时也算是最早的电视机了。

9.31　兔子可以看到身后的东西吗

如果我们靠近一只小兔子，即使从后面靠近，它也会一溜烟地跑掉。这让我们十分奇怪，难道小兔子后脑勺也长了眼睛吗？其实这是因为兔子左右两眼的视野是可以交汇在一起的，这样它不用转头就能看到 360°一整圈的东西，如图 9 - 43 所示，图里画出了兔子可以看到的视野，我们看到了重合的两块区域，叠加起来正好是全方位的视角。但是兔子却看不到离它很近的东西，对于距离很近的东西，它反而需要歪过脑袋才能看到。

在动物界，几乎所有蹄类和反刍类动物的眼睛都是全方位的视角。图 9 - 44 是人的视野示意图，其实我们每只眼睛水平方向上可以看到的最大视角为 120°，但是如果我们的双眼不转动的话，两只眼睛的视角基本上是重合的，所以即使我们用两只眼睛看周围的物体，也不能够看到身后的东西。用双眼同时看物体的生物很少，大部分生物是两只眼睛分开看东西的，所以它们不仅

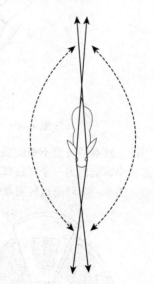

图 9 -43　兔子的两只眼睛的视野

能看到的视野比我们宽，而且看到的东西也是清晰的。马两眼的视野范围也不能在后面交合，如图 9 - 45 所示，但是它只要一歪脑袋就能看到整个方位内的东西，再远的地方一点小小的动静也能够看到，不过这样看起来并不大清晰。很多猛兽虽然并没有如此全方位的视角，但它们也能精准地看到距所要捕获的猎物的距离，从而捕获它们。

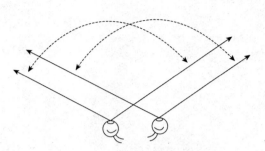

图 9 -44　人的两只眼睛的视野

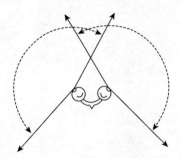

图 9 -45　马的两只眼睛的视野

9.32　黑暗中的猫都是灰色的吗

"在黄昏时分，阳光快要消失了，本来鲜艳的那一大束玫瑰花好像变了颜色。"这是契诃夫的作品《信》中的一句话。许多语言中都有类似的俗语，但为何没有阳光的时候物体的颜色会发生变化呢？

在太阳光强烈的照耀下，我们的眼睛会觉得所有颜色都变成了白色而看不到其他颜色，其实日光是有很多颜色的。我们可以通过物理实验来验证这种现象。如果我们用很弱的白光照在本身彩色的物体表面时，我们只能看到灰色，如果加大白光的力度，那么达到一定亮度时，我们才能看到物体本身的颜色，不过如果再加大光照的强度，我们就会只看到白光了。这其中便存在"色感下阈和色彩上阈"。所以契诃夫书中所讲的玫瑰花颜色变了，讲的就是在低于色感下阈时，一切物体看上去都会变成灰色的。

有一个问题是猫在黑暗的条件下是什么颜色的？物理学家会说猫是黑色的，的确，任何物体在没有光照的情况下都是看不见的。那么是说昏暗的灯光下不管是什么颜色的东西都会变成灰色吗？其实在老百姓看来，夜色很黑并不是没有一点光亮，只是光亮较弱罢了。所以黄昏的时候，一切东西，包括绿色的草坪，红色的鲜花，蓝色的墙面，都会显得灰蒙蒙的。所以俗语"所有夜里的猫看起来都是灰色的"就很容易被证实了，如果你很好奇，下次光线暗的时候也观察一下周围吧。

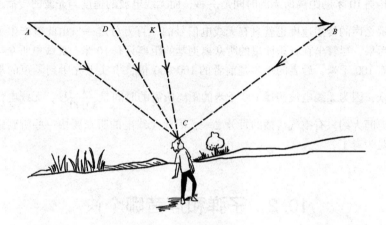

Chapter 10
声 波

10.1　无线电波和声音哪个快

　　假设现在有两个听众，一个坐在音乐厅内距钢琴 10 米远，另一个在音乐厅 100 千米外用无线电视听演奏，你认为他们两个谁能首先听到钢琴声？

　　其实这个不难计算，我们知道声的传播速度大约只有光的一百万分之一，声在空气中传播 10 米的距离所需的时间是 $\frac{1}{34}$ 秒，而无线电波的速度与光波的传播速度差不多，那么声的传播速度也就只有无线电信号的一百万分之一。由此就产生了一个有趣的后果，尽管坐在音乐厅里的听众离钢琴的距离只有 10 米，无线电听众与钢琴的距离有 100 千米，后者的距离是前者的 100 000 倍，事实上先听到琴声的却是无线电听众，因为无线电波传播 100 千米的距离所需的时间是 $\frac{1}{3\,000}$ 秒，无线电传播声所需的时间大约只有空气传播的百分之一，因此无线电的听众要快一些听到钢琴声也就不足为奇了。

10.2　子弹和声音哪个快

　　现实生活中，枪弹和炮弹并不常见，但是在战争年代，枪林弹雨的场面并不少见，现在我们也可以从影视剧中还原的场景看到当时的场景。要是让你来说，你觉得到底是炮弹快还是射击的声音快呢？

　　在战场上，如果你已经听到了射击的声音或子弹飞过的声音，那么其实子弹已经从你身边飞过去了，你也就没有生命危险了，因为被击中的人都是在听到枪声之前就被射中倒下的。这个原理也很简单，我们知道声音是匀速传播的，而子弹的飞行速度是匀速递减的，但是子弹在其大部分运行轨迹上是比声速要快的。现实中的步枪发射出子弹的速度几乎是声速的三倍，大约为 900 米/秒，所以自然是子弹飞得比较快了。

　　在凡尔纳的小说中，主人公坐着炮弹飞向月球，他对于自己没有听到大炮发射的声音感到十分不解。其实这是必然的，因为射击声和一切声音一样，在空气中的传播速度都是 340 米/秒，而炮弹的速度将近 11 000 米/秒，炮弹远远在声音的前面，所以，乘客听不到声音是再正常不过的事了。

10.3　是耳朵的问题，还是眼睛的问题

现实生活中我们听到的声音经常会和我们看见的景象完全脱节，此时，我们就会产生疑问，是我们的耳朵或者眼睛出了问题吗？其实都不是，是速度差使我们得出了错误的结论。比如当流星划过天空时也会发生轰响，但是按照我们的耳朵来判断，我们似乎听到这颗流星爆裂成了两半，然后朝着完全相反的方向飞走了。我们的听觉上当了，这样的现象根本就不存在，更有人说自己是亲眼看到流星裂成两半，这其实还是听觉在捣乱。如图 10 - 1 所示，假设我们站在点 C 这个位置，有颗流星沿线 AB 从我们上空飞过，我们看到的自然是流星最先出现在点 A 上，继而沿线 AB 一直飞行。

然而听到的声音却让我们感到困惑，按照听到的，流星在点 A 发出的声响，如果想传到我们的耳朵，也就是 C 点，只能是在它已飞达点 B 时才可能。因为从太空进入地球大气层的流星具有很高的速度，虽然大气的阻力使之有所减小，但它比声速仍高几十倍，由此可见流星的速度要比声速快得多，所以当流星到达点 D 时发出的声响传进我们的耳朵也就远早于它在点 A 时发出的声响。因此，得到的结果是流星首先出现在点 K，也就是正对我们头顶上，然后我们会听到两个声响，一个由 K 到 A，而另一个则是由 K 到 B 传去，它们分别向相反的方向，声音逐渐变弱。这是为什么呢？

事实上，我们本来先听到的是从点 D 传来的声响，而点 A 传来的声响是后来才听到的。从点 B 发出的声响是在点 D 发出的声响之后才到的，所以也就会在我们上空出现一个点 K，最早传到我们耳中的声音是从点 K 发出的。如果数学爱好者知道流星速度与声速之比，也就能够计算出这个点的具体位置。

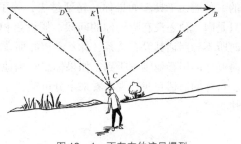

图 10 - 1　不存在的流星爆裂

这样的流星或子弹的例子在我们生活中还有很多，我们也经常会因为飞行物发出的声音的速度和其本身的速度而做出错误的判断，但是只要知道个中原理，很多奇妙的现象就可以解释。

10.4　声音速度变小后

假设声音的速度变为 340 毫米/秒，也就是减小到原来的 $\frac{1}{1\,000}$，这样的速度比

人步行的速度还要慢。若是这样会发生什么情况呢？

当你的朋友向你走来，你听到他说的话会发生颠倒，此时你会感觉你的朋友在胡言乱语。这是因为他刚发出的声音先传来，而之前发出的声音却传得较晚。还有一种情况，在通常状况下，如果屋子外面的人来回走动并且边走边说话，按照常理这并不会妨碍到你听到他说话，但是如果声音速度减小，他先说的话会和后说的话重叠在一起，这个时候你根本就听不清他说的话，只能听到一片嘈杂的噪声罢了。因此，如果音速变慢，还真是会给我们的生活带来很多不便。

10.5　漫长的交流

假设两地相距650千米，声速变为$\frac{1}{6}$千米/秒，那么，声音从一个地方到另一个地方需要多少时间呢？这很好算，是65分钟。照这个速度来看，如此说来，即使两个人从早到晚地说上一整天也就只能交谈十几句话，这样的速度不是急死人嘛。

以为声音在空气里传播速度已经很快的人可要改变一下想法了。我们在电视中经常看到主持人与在当地的记者进行连线通话时，记者总是过了一会儿才回答，这并不是他反应慢，而是声音传过去是需要时间的。就好像如果你和好朋友通话，在没有电话的时候，都是用旧式的传话筒，这是以前安装在商店各卖场和轮船机器中间的一种通话工具。如果你一句话过去，等了很久都没有答复，其实你不用担心，这只是因为他还没有听到你的问候。假设是相距1 000千米以上的两地之间，半个小时听不到回话都没有关系，你不必担心朋友是不是发生不测而深感焦虑，因为那个时候你的声音他刚刚听到，如果你想听到他的声音，过半个小时再过来听就可以了，这样的通话在我们现在看来十分可笑，但在那时，一个小时已经比用书信传达要快很多了。

10.6　历史上声音的传递

在历史上，关于声音的传播，有一个类似的光信号的传递法。革命者在沙皇统治时期经常运用这种防护措施来进行集会。他们从集会地点到警察局门口都埋伏有自己的人，当警报响起的时候，这些人就会拿出口袋里的手电筒，依次传递信号最终到达集会地。

历史上还有很多传递消息的方法。我们知道，根据声音在空气中传播的知识，如果可能的话，莫斯科的钟声可以直接传到彼得堡，那么声音会晚到半个小时，而彼得堡的士兵听到声音是在2.5个小时以后，当然，这种情况是理想状态。

历史上，俄国皇帝保罗一世在莫斯科登基的消息则是用几千名士兵来传的。当时在两城之间，每隔 200 米就会在道路旁布设一个士兵。离教堂最近的士兵在听到莫斯科教堂的第一声钟声响起就朝天空鸣枪，邻近他的士兵听到枪声后也会这样，如此就利用依次鸣枪的方式，过了三个小时，这个消息传到了彼得堡。于是，650 千米之外的彼得堡，在新皇帝登基三个小时以后也响起了礼炮声。这样虽然只多了半个小时，却一下子要花费几千人的力量才能达到。当然，当时的人并不知道电报、电话这些东西的存在，三个小时就能将信息传到那么远的地方，这在历史上已经算是很快的了。

10.7　快速的传讯鼓

　　一位居住在尼日利亚腹地伊巴达城的不列颠博物馆考古学家曾经在杂志上撰文提起过一种传讯鼓，它可以不停地敲击，"咚咚"声日夜不停。这种鼓是非洲、中美等地一些民族用来传递信息的方式，它利用声音信号进行传递。原始时期就有了这种特制的鼓，用上节说到的逐段逐人地进行阶段性传递，就可以在短时间内将重要信息传到四面八方（图 10 - 2）。

图 10 - 2　"传讯鼓"

　　考古学家记载了一个故事。一天清晨，他听到一些黑人非常用力地敲鼓传递消息。他十分好奇，于是上前询问缘由，一个正在敲鼓的军士告诉他海上发生了沉船事故，有一艘白人的船只沉了，很多白人遇难。科学家很是惊讶，只是敲鼓竟然能传递这么多的信息，他表示怀疑，也就没有在意军士的话。但是三天之后，他收到了"卢西塔尼亚号"失事的消息，这封电报由于通信线路中断而晚到，科学家这才想起三天前黑人告诉他的信息是正确的。他更惊讶了，因为在原始部落之间，他们都使用不同的语言进行交流，而当时部落之间还发生着战争，就是这样都没有妨碍他们用鼓声传送消息，使得住在这个部落每个地区的人们知晓。

　　传讯鼓在战争中起到了很重要的作用。在第一次意大利与阿比西尼亚（即现在的埃塞俄比亚）发生战争时，阿比西尼亚皇帝曼涅里克很快就获悉了意大利军队的动向，这让意大利司令部的人十分不解，他们并不知道这里流行着一种通信工具，那就是传讯鼓。

在古代还有很多用这样的方式进行信息传递的例子，比如第二次意阿战争初，在阿比尼西亚首都亚的斯亚贝巴，用传讯鼓的方式，仅仅用几个小时就向全国颁布了动员令，让这个国家的每个角落都能知道这条消息。在很多旅行家们的记述中，包括列奥·弗罗贝尼乌斯等人，他们认为在电报被发明出来前，欧洲人发明的光通信器都没有非洲土著人制作的一些音讯器具的性能优良。

还有一次在英国和布尔人的战争中，也有类似的情况发生。布尔人是居住在南非的由荷兰、法国和德国移民的后裔形成的混合民族，他们也会使用传讯鼓。在战争中，他们利用传讯鼓传递的信息比官方传递的战报快了好几天。

10.8　为什么听不到战争的枪响

在1871年普法战争的亲历者的回忆录中有这样一段话，物理学家丁达尔在他的书中也摘录了这段话：

昨天寒气逼人，大雾蒙蒙，几步之外就什么也看不清了。可今天（6日）早晨，一切都变了，和前一天早晨完全不同，我们仿佛生活在两个世界。今天早上天气晴朗，温度宜人，昨天还到处都是枪炮声，今天却如远离了战场一般，如此平静。我们都很惊讶，眼前的这一切让我们感觉仿佛是在梦里。难道战火硝烟都消失了吗？难道巴黎那里的大炮和碉堡也都不见了吗？难道我们重新回到了和平世界吗？带着这样的疑问，我坐车到蒙莫兰西，这里一片死寂，几名士兵还在讨论着战争的格局，他们都觉得政府已经开始和谈了，不然怎么会有如此安静的清晨呢？我继续向前，来到霍温斯，我在这里得到的消息让我的和平美梦破碎了，他们说德国人的大炮从早上八点开始就没有停过，南部也遭到了猛烈的攻击，而我们在蒙莫兰西竟然什么都不知道，完全没有枪弹的声音。这一切都和空气有关，昨天的阴霾天气使得声音也传得远一些，而今天天气太好了，给我们带来了生活也变得美好的假象。

这是因为不仅只有坚硬的物体能反射声音，像云之类的柔软物，甚至完全透明的空气，在一定条件下也可以反射声音。温度和水蒸气含量不同的气流也能产生空气回声。由于某种原因，当一部分空气的导声能力大于其他空气时，也能反射声音。当声音被无形的障碍物反射回来后，我们就会听到一些不知从何处飘来的声音，这种现象与光学中的全反射十分类似。

类似现象在第一次世界大战期间（1914—1918）曾多次发生。

丁达尔在海岸上做声音信号实验时偶然发现了这个有趣的现象："我们周围是

透明的空气，声音不知道从什么地方反射过来，发出魔幻般的回声。"

空中常有这种能发声的云，它很特殊，与一般的云雾迥然不同。丁达尔在书中所说的能发声的云就是这种云，它其实就是将一部分声音反射回来而形成的空气。它能存在于完全透明的空气中，于是就形成了所谓的空气回声。与流行的说法相反，这种回声在晴朗的天气里也能发生。观察和实验都证明这种空气回声确实存在。云能反射声音的现象使战争中的一些未解之谜得以破解。

10.9　你能听到所有的声音吗

巴甫洛夫的实验证明，与人类相比，狗的听觉频率范围更大，狗能听到振动频率高达 38 000 赫兹的声音，这种声音已经属于"超声"的范畴了。

大自然中存在着许多声音，但并非每种声音人类都能听到。人类听不到的声音，是因为附近发生的振动，我们的耳朵并不是都能感觉到。如果物体的振动频率高达 15 000～22 000 赫兹以上或者小于 16 赫兹，这样的声音就无法被我们的耳朵所听到。当然每个人能听到的声音的振动频率是不一样的。有些人在听到高音时异常迟钝，在别人觉得很嘈杂的地方，却全然没有感觉。一般老年人能听到的声音的振动频率的下限可低到 6 000 赫兹。许多昆虫（如蚊子和蟋蟀）鸣叫声的振动频率为 20 000 赫兹，这种声音也有一些人是听不见的。

英国著名的物理学家丁达尔通过研究证明，有些人听不到蟋蟀、蝙蝠发出的尖锐的鸣叫声，甚至连麻雀的叫声都听不到，他们的器官都很正常，可就是听不到如此高的声音。丁达尔曾经举过他朋友的一个例子，他跟这位朋友去瑞士游玩，道路两旁的草地里昆虫起劲地鸣叫着，奏出一曲曲交响乐般的响声，但他的朋友对于这种尖锐的声音，却毫无反应。

对于一些人来说，蝙蝠是一种不会鸣叫的动物。就算蝙蝠的吱吱叫声比昆虫刺耳的高音要低八度，即振动的频率小一半，但有些人因为听力限度值太低，因此对这种声音也听不到。

10.10　超声的多种应用

如今，超声波的应用领域非常广泛，发展前景广阔。它已在医学上得到应用，如今听不到的超声和看不到的紫外线一起为医疗事业服务。而在冶金工业中，超声技术成功得到运用。超声可以"透视"厚度达 1 米多的金属，也可以发现小到 1 毫米的杂质。人们利用它探查金属的气泡、杂质、裂缝等瑕疵。所谓超声"透视"金属法，就是在超声的作用下，在被检的金属上涂上油，这样超声波会因为金属中有杂质而漫散开来，形成阴影。于是，我们拍摄的图片上，在均匀的油面上就会出现一圈轮廓清晰的图像，那就是金属中有杂质处的轮廓。

超声波虽然已经超出了人类的听力范围，但是它的作用却能通过物体的振动反映出来。例如，我们把通电后振动的石英片放在盛油的容器里时，由于超声的作用，那部分油会泛起 10 厘米的波峰，有的油滴甚至会飞起 40 厘米。这时如果在容器里放进一根 1 米长的玻璃管的一端，而你的手抓着玻璃另一端，这时候会感到非常烫，以至会被烫伤，这就说明超声已经转化为热能了。不仅如此，超声还能对生物的机体产生巨大的作用，比如：藻类的纤丝会被摧断；动物的细胞会被胀裂，小鱼和青蛙会因血球破坏而在短时间内死亡；动物的温度会升高，一只老鼠在超声的作用下体温可达到 45 ℃。

超声波被人类广泛应用。针对上一节提到的"听不到的声音"，当代物理学家和技术专家已经掌握了生成超声波的方法，超声的振动频率可以高达10 000 000 000赫兹，比振动频率为每秒 3 480 次的钢琴的高"拉"音还高 18 个八度。

下面我们就讲述一种利用石英片的性能得到超声波的方法。从石英晶体上切割下来的石英片会因受到压缩而表面生电。相反，如果我们给石英片通电，用无线电技术里所用的电子管振荡器，这种振荡器的频率要同石英片固有振动周期吻合，那么在电荷的作用下，它会一张一缩交替进行，从而产生振动，也就是我们想要得到的超声振动。

10.11　电影《新格列佛游记》中的声音艺术

人们利用时间放大镜的方法对声音进行处理，就会产生声音变调的现象。如果留声机转动的速度高于或低于当初录音的速度（78 转/分或 33 转/分），也会发生变调现象，这就是用时间放大镜做出的效果。

我们很惊讶为什么在影片《新格列佛游记》中演员们为什么可以变声。影片中扮演小人们的是成年演员，喉头也小，讲起话来声音很高，而扮演巨人比佳的是个孩子，嗓门却很低沉。在这部影片中，小人的声调要比普通成人高八度，而巨人比佳的声调要比普通声调低八度。导演向我们解释说，他们只是根据声的物理特点对他们说话的原声进行了别出心裁的处理，他们用慢速转动的录音机为小人演员录音，用快速转动的录音机为比佳的扮演者录音，在放映时仍用普通的速度。拍摄时演员们只要按照本来的嗓音说话即可，用这种方法就可以在电影放映时达到预期的效果。

原来这是因为传到观众那里的小人们的声音的振动频率比正常的高，声调自然就变高了，而比佳的声音正好是相反的，他比正常的声音振动频率低了，声调也就变低了。

10.12　为什么一天可以看到两天的报纸

如果我说一个人可以在一天内买到两份日报，你可能觉得我精神出了问题，要不就是当日的报纸发了两遍。其实都不是，这种情况在生活中是存在的，下面让我来解释给你听。

从莫斯科开往最东边的海参崴，每天中午都有一班车，一般全程为10天左右。在同一时间，从符拉迪沃斯托克也会开出一列客车驶向莫斯科。先问你一个简单的问题，如果你在驶向海参崴的火车上的话，你觉得在路上，你会看到多少列开往莫斯科的火车呢？有的人会不加思索地回答10列，这就掉入陷阱了，其实仔细想想，你在路上不仅能够看到你的火车开出后从海参崴开出的10列火车，还有在这之前就已经开出的10列火车，因此一共能看到的应该是20列。

明白了这个问题就不难解答为什么一天能看两份日报了。我们知道，在每一列火车上都会出售当日当地的报纸，如果你很喜欢读新闻，到每一个车站都会买上一份报纸，那么10天下来，你的手里将会有厚厚一摞的报纸，数数看到底有多少份呢？聪明的人不数也会知道，你手里一定有20份报纸。

肯定还是有人不相信这样的事实，非要亲自去验证一下，那你可以找一趟稍微近一点的车，比如坐车从塞瓦斯托波尔到列宁格勒（圣彼得堡），只需要两天的时间。你去试试看是不是两天可以看到四天的报纸，因为这4份报纸中有2份是在你上车之前就出版了，另外2份则是在上车之后出版的。

本节研究的这个问题好像和物理学并没有太多的联系，然而如果你能明白一天之内可以看到莫斯科的2份日报的人就是来这里旅行的火车乘客这个道理，读后面的章节就会轻松很多。

10.13　火车汽笛声音调的高低

与上一节中我们讲到的"一天读两报"的原理类似，两列火车相向行驶互相接近时发出的汽笛音调，听起来要比背向离去渐行渐远时的音调高得多。

我们也可以用画图的方式阐述这一道理，说不定你会更加信服火车汽笛声波传播的方式（图10-3）。首先看火车静止时的情况。汽笛响起时会产生声波，为了能够更好地描述传播的情况，我们假设它只有4个波长。火车静止时汽笛声在每一个时间段内向任何方向传播的距离都是相同的，汽笛的声波用图上方的波状线表示，波段0分别到达观察者A和B的时间也是相同的。由于两个观察者听觉器官感受到的是同数频率的振动，因此两人听到的音调也是相同的。波段1、2、3等是同时到达两个观察者的。

图 10 - 3　火车的汽笛。上面的曲线表示火车停止运行时发出的声波，
下面的曲线表示从右向左运行的火车发出的声波

　　设想在某一瞬间，汽笛声是在点 *C* 上，在它发出 4 个波头后到达了点 *D*。这种情况下鸣着汽笛的火车是由 *B* 驶向 *A* 的，如图 10 - 3 下方的波状线所示，情况和之前就不同了。

　　波头 0 从 *C'* 出发，它到达观察者所在的 *A'*、*B'* 两点的时间相同，而从 *D* 点发出的波头分别到达这两个观察者的时间则不同，这是因为 *DA'* 的距离相对于 *DB'* 要短，这样也就导致到达 *A'* 的时间要比到点 *B'* 的时间要早。所有中间的波头，都是这样的，先到 *A'* 然后到 *B'*，这些波头相差的时间较短。在同一时间里，我们比较这种情况下的传播情况发现，这两个观察者中，*A'* 感受的波头量一定比观察者 *B'* 多，所以听到的音调也是 *A'* 的高一些，也就是我们在图中看到的，两个波长 *A'* 到 *B'* 以及 *B'* 到 *A'*，前者比后者要短。

　　我们将这种现象同上节的结论做个对比。我们知道，音调的高低取决于振动的频率，这其中的原因其实很好解释。在火车迎面开来的时候，如果你乐感不错便觉察出火车汽笛声有变化，当然，我们这里指的是音调高低的变化。当我们迎着火车走或者是站着不动或是背着声源走时，我们的听觉对频率的感受会因为所处的角度不同而发生变化。虽然迎面驶来的火车的汽笛声的振动频率固定不变，但若我们是在向声源靠近，听觉器官感受到的振动频率便要比汽笛声原本的振动频率大，音调有时候会因速度的不同差很多，当速度达到 50 千米/小时的时候，会产生将近一个全音程的高低差。不过这里已不是你对这个感受的判断了，因为你听到的就是高高的音调。而当你背着火车走时，你的听觉器官感受到的振动频率就下降了，于是听到的就是低沉的音调。

10.14　多普勒现象

物理学是一门极其广泛的学科，向我们揭示了生活中的很多奥秘。上到测量宇宙中相对运动的恒星，下到探寻只有万分之几毫米的光波中的秘密，也有几米的声波的规律，林林总总，包罗万象，可见物理知识的应用无处不在。

物理学中的"多普勒效应"不仅能揭示声音在我们生活中的现象，还可以帮助天文学家发现某些星球离我们的距离是越来越远还是越来越近，同时还能测定它们的速度。由于光也是和声音一样以波的形式进行传播的，我们眼睛看到的颜色的变化可以通过波头的增多，也就是音调的升高来判断。上节谈到的关于火车汽笛声的现象就是"多普勒效应"，是由物理学家多普勒发现的。这种不仅是声学现象，同时也是光学现象。天文学家就是采用多普勒效应来研究天体光谱上暗线的移动情况来判断星体的位移和方向的。

天狼星是天空中最明亮的行星，天文学家借助"多普勒效应"发现这颗行星正在远离地球，速度为75千米/秒。不过这颗行星再多远离我们几十亿千米也不影响我们看到它的亮度，因为它本身就已经离我们很远了。"多普勒效应"使天文学家更好地了解了天体的运动情况，让我们知道了更多发生在地球以外的事情。

10.15　物理学家逃罚单的理由

当一位司机由于疏忽或车速过快而闯了红灯，警察给他开罚单，估计他会乖乖地接受，不过著名物理学家罗伯特·伍德的这则轶事让我们看到科学家生活中要的"小聪明"。一次，伍德在回家的路上车速飚得很快，当他看到红灯时一下子来不及刹车而闯了红灯。路口处维持交通的警察走过来，要以闯红灯给予他罚款。这时伍德就用他的知识给警察上了一课：因为我坐在开得很快的车里，所以本来红色的信号灯在我看来明明是绿色的。这样的解释让警察很是不解，不过如果这位警察精通物理学，其实他可以算出，只有汽车的速度达到13 500万千米/小时，这位科学家的辩解才能实现，可见揭穿物理学家的小聪明很简单。下面让我们来看看具体计算的方法。

假设由光源（信号灯）发出波长为l的光，那么作为车中的观察者即伍德可以觉察到的光的波长为L，这时车速为v，光速为c，根据物理学理论，有这样的关系存在于这些数值之间：

$$\frac{L}{l} = 1 + \frac{v}{c}$$

我们知道，光速为 300 000 千米/秒，绿色光线的最长波长为 0. 005 6 毫米，而红色光线的最短波长为 0. 006 3 毫米，将把这些数字代入上面的公式中可以得到：

$$\frac{0.006\ 3}{0.005\ 6} = 1 + \frac{v}{300\ 000}$$

经过计算得出汽车的速度 $v = \frac{300\ 000}{8} = 37\ 500$ 千米/秒，即 13 500 万千米/小时。

如果以这种速度开车，伍德从警察身边驶到比太阳还远的地方就只需要一个小时多的时间，显然他的解释是多么荒谬，也许他只是在调侃警察的智商。后来不是十分聪明的警察似乎真的被物理学家的理论绕进去了，只按超速行驶对他处以罚款。

其实多普勒在 1842 年曾提出一个很新颖的见解，不过这个见解被证明是错误的，让我们来看看多普勒犯了怎样的错误。他发现，一个人在接近和远离声源或光源的时候，他的感官应该可以感觉到声波或光波波长的变化。于是他就提出一个想法，因为可以感受到波长的变化，所以我们看到的星球才会是五颜六色的。他觉得星球本身是没有那么多的颜色的，由于星球每时每刻都在运动，以不同的速度远离或接近我们，因此星球的颜色是我们看出来的，其实它本来是白色的。当星球远离我们时，会发出红色或黄色感觉的光波，当它接近我们的时候，则会发出绿蓝或紫色的光波。看到这样的猜想或许你也觉得不无道理，难道星球的颜色真的是我们眼睛"涂"上去的吗？

其实这个见解并不正确。如果我们的眼睛能够察觉颜色的变化，是因为运动而引起我们的察觉的话，那恒星的速度得很大才行。况且在蓝色光线变成紫色的同时，绿色光线变成蓝色，这其中紫外线的位置会被紫色光线挤占，红外线也会挤占红色光线的位置。也就是说，白光中的各种成分是不定期存在的，但是这些颜色在光谱上的位置变动合成起来并不会引起我们视觉的变化。我们可以用精密的仪器测量光谱中的暗线位移，我们可以根据观察到的光线来确定与观察者做相对运动的星球的运动速度。性能良好的分光镜可以测出它们精确到 1 千米/秒的速度来。

10.16　人走的速度和声速一样后

中学时期，我曾与一位天文学家就如果我们以声速离开时所听到的演奏的音调到底是不是在离开的瞬间演奏的音调这个问题发生过争论，他就坚定地认为我们以声速离开的瞬间就应该听到那个瞬间演奏的音调。此地摘引他写给我的信中的一段，看看他是如何向我论证的：

假设在某一高度，有一个声音，它一直在响，从过去到将来，它能够一直响下去。所以在这个空间的观测者都能一直听到这个声音，而且，音的强度不会减弱，那么为什么我们以声音的速度走到某一个观测的位置就会听不到它呢？

其实这个推论并不正确。对于一个以声速离去的人而言，声波就是相对静止的，相对静止没有产生运动，声波根本不能引起他耳膜的振动，因此人也听不到任何声音，他就会以为乐队已经停止了演奏。如果按照这个逻辑推理，因为这天的报纸是和乘客一起上路的，而此后的日报就要由后来的邮车运送了，所以乘坐从列宁格勒（圣彼得堡）开出的火车的人，在沿途的车站上会看到卖报人手里拿来的都是他出发那天出版的日报，这是很明白的道理，所以如果我们离开音乐会是以声音传播的速度时，我们离开那一刻乐队演奏的那个音调必然是我们所听到的。

为什么这里的结果和刚才所说的沿途多站都是同一天日报的情形完全不同呢？原因是我们在这里用错了类比法。同一天在各站看到日报的乘客如果忘记自己是在坐火车的旅途中，说不定他会以为他离开莫斯科后日报就不卖了呢。这种感觉类似于前面所说的以声速离开音乐会的人以为乐队停止了演奏的误会。这个问题虽然不太复杂，有趣的是有时科学家也会被简单的道理搞晕。之前和我争论的科学家以之前同样的谬论认定，以光速离开闪电的观测者一定可以看到这个闪电。他在给我的信中这样说道：

假如我们设想在空间中有许多只眼睛连排在一起，然后你依次来到每一只眼睛所在的位置上。这样由于每只眼睛都能接收到它前面那只眼睛所接收的光线，而且都能形成同样的视觉效果。这样你在任何位置就都能看到闪电。

毋庸置疑，这个说法和之前的一样都是错误的。在他所说的条件下，我们既不会看到闪电，也不会听到声音。从前面一节列出的式子中也可以得出这个结论：设定式子中的 $v = -c$，算出波长的数值等于无限，无限其实就等于没有波。可见这个科学家的想法是多么荒谬。